VW GOLF
DIE GTI-STORY

Eberhard Kittler

Motor
buch
Verlag

Impressum

Umschlaggestaltung: Sven Rauert unter Verwendung von Bildern aus dem Archiv des Autors.

Bildnachweis Innenteil: Der überwiegende Teil der Fotos stammt von der Volkswagen AG, der Stiftung AutoMuseum Volkswagen, Volkswagen Classic, der Autostadt sowie der Motorpresse Stuttgart.

Weitere Fotos steuerten Dietrich Dimmler, Andreas Peters, Joachim Quednau, Matthias Reinhardt, Perry Stathakis, Michael Willmann sowie der Autor bei.

Die Herkunft von speziellen zusätzlichen Illustrationen ist direkt am Bild vermerkt.

Einige Abbildungen in diesem Buch wurden unter Einsatz von Künstlicher Intelligenz (KI) nachträglich bearbeitet, die Nutzung dieser Technologien dient ausschließlich der gestalterischen und illustrativen Unterstützung der Inhalte.

ISBN: 978-3-613-04840-9

Ein Unternehmen der Paul Pietsch Verlage GmbH & Co. KG

1. Auflage 2026

Sie finden uns im Internet unter www.motorbuch-verlag.de

Produkthinweis:
Dieses Buch wurde nach den geltenden Vorschriften der General Product Safety Regulation (GPSR) entwickelt. Bei Fragen oder Problemen wenden Sie sich bitte an den Verlag unter der folgenden E-Mail-Adresse: gpsr@paul-pietsch-verlage.de

Lektorat: Joachim Kuch
Innengestaltung: Janna Marten, echtweiß Kreativagentur, 69120 Heidelberg
Druck und Bindung: Conzella, 85609 Aschheim-Dornach
Printed in Germany

Inhalt

Das Buch zum Fünfzigsten

Vorwort.

Demokratisierung der linken Spur

Heute ist die GTI-Historie eine Heldensaga vom Allerfeinsten, voller Kult, Legendenbildung und fast schon prophetischer Vorsehung. Tatsächlich aber ging es Volkswagen Anfang der 70er-Jahre überhaupt nicht gut, und die Weiterführung der bisherigen Erfolgsgeschichte war höchst fraglich. Denn die Nachfrage nach dem seit 1948 für das breite Publikum bereitgestellten Käfer war drastisch eingebrochen – was für ein so großes Automobilwerk eine Katastrophe bedeutete. Nach endlosem Gezerre und zahllosen, sich teilweise widersprechenden Konzeptentwürfen wagten die Wolfsburger den Neuanfang mit dem Golf. Sie hatten nur eine einzige Chance; sonst wäre es wohl vorbei gewesen.

Der mutige Schritt erwies sich als goldrichtig – nicht nur, weil das neue Auto genau das richtige war. Vielmehr war die Marke so stark, dass die Käuferschaft ihr vertraute und den Strategiewechsel vom rundlichen Heckmotor-Hecktriebler auf einen 40 cm kürzeren, kantigen Kompakten mit Frontmotor und Frontantrieb mitmachte. Gezeichnet hatte den Neuen der geniale italienische Blechkünstler Giorgetto Giugiaro (*1938).

Dank der großen Stückzahlen, des umfassenden Service- und Händlernetzes und von Anfang an solider Technik konnte der Golf vom Start weg punkten – wenngleich er in wirtschaftlich sehr kritischer Zeit eingeführt wurde. Für mehr Attraktivität und noch bessere Absatzchancen sorgten engagierte Techniker aus der zweiten Reihe, nicht der schwerfällige Vertrieb. Sie erdachten und realisierten bis 1976 gleich zwei Asse, wie sie der Wettbewerb noch nicht hatte: eine Dieselvariante und daneben eine Sportversion namens GTI. Sie ist der Held dieses Buches.

Besagter Golf GTI ist ein Phänomen: eine Marke innerhalb der Marke Volkswagen, eine automobile Weltanschauung, ein unverwechselbares Design-Statement, das mittlerweile deutlich über 2,5 Millionen Mal (Jahresende 2025) verkauft wurde – ein Original unter den sportlichen Kompakten. Die Gesamtproduktion des Golfs in all seinen Facetten liegt aktuell bei rund 38 Millionen Exemplaren. Mit dem GTI wurde tatsächlich ein in dieser Form noch nie dagewesenes neues Segment etabliert – jenes der in Großserie gefertigten, kompakten Sportlimousinen. »93,2 % aller Europäer kennen das Kürzel GTI«, behauptete Motorjournalist Thomas Fuths (*1962). Selbst wenn es weniger sein sollten, hat sich der kompakte Sportwagen doch tief ins kollektive Bewusstsein eingebrannt.

»Der GTI demokratisierte die Überholspur, er schreckte die behäbige Mittelklasse auf und blies mit mildem Röhren den Muff aus den Talaren. Der GTI war eine Demonstration der Jugend, er trug die neuen Zeiten heran, und er wurde die APO der linken Spur. Auf langen Strecken und gut besetzter Autobahn glühte die Lichthupe«, so dichtete Motorpoet Wolfgang Peters (*1946) in Anspielung auf die damaligen politischen Verhältnisse.

Diesen Ansatz hat sich das kompakte Auto bis heute nicht ganz nehmen lassen – hat doch der GTI die Zeiten bis zur inzwischen achten Generation überlebt, ihm zur Seite die noch schärfere R-Version (die manche für den legitimen Nachfolger des Ur-GTI halten). Der GTI bleibt stets beim Frontantrieb und beim Vierzylinder, so hieß es – das ließe jenseits genug Raum für andere sportliche Modellvarianten.

Wirklich? Schon ab Generation 2 gab es Ausnahmen: zunächst mit einem Allradmodell, in Generation 4 sogar mit einem Fünfzylinder. Selbst das Credo, sich beim GTI grundsätzlich auf zwei- und viertürige Steilhecklimousinen zu beschränken, wurde in Generation 6 mit einem Cabrio konterkariert … Zudem führte Volkswagen auch in den Modellreihen Polo und up! sportive GTI-Versionen ein.

Das Buch hat seinen Schwerpunkt auf die frühen Generationen gelegt, weil sie den ursprünglichen Werten am nächsten waren und weil sie ein Statement von Unvernunft und Jugendlichkeit verkörperten, dem die Fans – wie übrigens auch der Autor – immer ein bisschen nachgetrauert haben. Vieles von dem hier Dargestellten mag dem Leser bekannt sein, doch es steckt eine Menge Zusatzrecherche dahinter – vor allem dank der Befragung von Zeitzeugen, von denen manche heute nicht mehr unter uns sind. Dennoch ließen sich manche Behauptungen nicht verifizieren. Wer mehr weiß, sollte sich bitte unbedingt beim Verlag melden!

Die nachfolgenden Modellreihen mussten kürzer abgehandelt werden, weil schlicht und einfach zu wenig Spezielles aufgetan werden konnte. Ganz besonders gilt dies für Generation 4. Anschließend hatte sich Volkswagen glücklicherweise wieder mit mehr Empathie dem Thema GTI zugewandt – realisierte dies aber im Prinzip nur noch mit einem, dem 2,0-Liter-TSI-Motor. Auch dies machte die inhaltliche Fülle überschaubar. Aber Respekt dafür, dass ab Generation 5 einige Urtugenden zurückgekehrt sind – auch wenn der GTI nun in der Summe seiner Eigenschaften ein eher vernünftiges, sehr perfektes Auto voller elektronischer Helferlein geworden ist. Vielleicht täte ihm für die Zukunft ein noch eigenständigerer, puristischerer und jugendlich-frecherer Auftritt gut – so, wie ihn einige der Auszubildenden-Projekte verkörpern, die beim Wörthersee-Treffen präsentiert worden sind.

Aller Ehren wert ist es, dass aktuell bei der Edition 50 bereits über 300 PS via Frontantrieb auf die Straße gebracht werden. Klar, ohne aufwendige und teure Elektronik wäre dies nicht möglich gewesen. Was zuvor der Golf 7 GTI Clubsport S so begeisternd vorexerziert hat, ist nun im 8er-Sondermodell in ähnlicher Form zu erleben. Testfahrten mit dem Neuen haben den skeptischen Autor vom Saulus zum Paulus werden lassen. Bitte weiter so! Und gut, dass dem Verbrenner – nach übereifrigen Selbstbeschränkungen der EU – glücklicherweise nun wohl doch eine Zukunft beschieden sein wird.

Dass ausgerechnet der Golf respektive der GTI künftig nicht mehr in Wolfsburg, sondern ausschließlich im mexikanischen Puebla gebaut wird, scheint Wirklichkeit zu werden. Schauen wir mal. Und sollte es tatsächlich zu adäquaten, alltagstauglichen und emotionalisierenden Elektroversionen mit der Bezeichnung Golf GTI kommen, dann stehen uns spannende Zeiten bevor. Entscheiden wird der Kunde.

»Der GTI schreckte die behäbige Mittelklasse auf und blies mit mildem Röhren den Muff aus den Talaren.«

Viel Freude beim Lesen und viel Erkenntnisgewinn,

Ihr

NLOP
DUNLOP
WOB-V 294

Golf 1 GTI.

Die wilden, frühen Jahre

Kultmobil dank genialer Idee

GTI steht für »Grand Tourisme Injection«, sinnbildlich übersetzt für Fahrfreude, Fahrdynamik und Fahrzeugperfektion. Hier wurde die wenig auffällige Golf-Karosserie mit dem Einspritzmotor des Audi 80 GTE gekreuzt – so entstand, eigentlich ungeplant, ein echtes Kultmobil. Die mittlerweile legendäre Bezeichnung erfolgte durch namenlos gebliebene Vertriebsleute von Volkswagen, nachdem das Kürzel GTE im Zusammenhang mit dem Kompaktwagen verworfen worden war.

Erste Ideen zu einem solchen Auto stammten von 1973, als Volkswagen als »sportliche Variante« des Käfers den Gelb-Schwarzen Renner (GSR) herausbrachte, der nur rein optisch ein bisschen auf Krawall machte, aber den gewohnten 1,6-Liter-Boxer mit nur 50 PS (37 kW) im Heck hatte. Zwar brachte dieses Modell politischen Ärger (»zu aggressiv«), andererseits aber die Gewissheit, dass ein sportives Modell von Volkswagen durchaus Sinn machen würde.

Während der Entwicklung des Golfs war übrigens eine letztlich verworfene Variante nahezu serienreif: Der von Porsche im Auftrag entwickelte EA 266, dessen Unterflur-Mittelmotor 110 PS (82 kW) aus 1,5 Liter gebracht hätte. Doch man entschied sich letztlich für einen braven Fronttriebler mit Frontmotor. Und das war gut so. Von 1974 bis 1983 entstanden 6,9 Mio Golf 1.

Andere waren damals in puncto Sportlichkeit schon viel weiter: So hatte Ford 1973 den kompakten Escort RS2000 mit 2,0-Liter-Motor und zunächst 100 PS/74 kW herausgebracht. Opel konterte 1975 mit dem Kadett C GT/E (1,9 Liter, 105 PS/77 kW). Zur gefragten Massenware wurden diese Hecktriebler jedoch nicht – vielleicht, weil sie auch äußerlich zu sportlich und zu wenig dezent daherkamen (und keineswegs preisgünstiger waren)? Oder weil potenzielle Käufer um die Dauerhaltbarkeit besorgt waren? BMW, als »Erfinder« der kompakten Sportlimousine, war mit seinem 2002 schon zu teuer geworden. Paroli bieten konnte in Deutschland nur der künftige Audi 80 GTE. Und, wie sich zeigen wird, der GTI.

Der 3.500mal gebaute Gelb-Schwarze Renner war ein erster Versuch in puncto Sportlichkeit.

Ford Escort RS2000 »Hundeknochen«, Zivilversion mit 100 PS/74 kW (1973) ab 11.790 DM.

EA266 – der verworfene »Golf« von Porsche-Technikchef Ferdinand Piëch.

Opel konterte mit dem Kadett C GT/E ab 12.950 DM (Werbefoto mit Walter Röhrl).

Die Väter des GTI

Den Verdienst, den GTI verwirklicht zu haben, teilen sich zwei Volkswagen-Mitarbeiter – wobei die Wahrheit über die Urheberschaft bis heute nicht geklärt worden ist. Bei Volkswagen gibt es aber bis in die Gegenwart hinein Leute, die diese Ursprungsgeschichte in Frage stellen, weil sie eben nicht explizit in den Unternehmensunterlagen ausgewiesen ist …

Fakt ist jedenfalls, dass schon ab 1973 ein kleines Team an einer Sport-Ausführung des künftigen Golfs (EA 337) zu arbeiten begann: Alfons Löwenberg (1936-2024) trug als früherer Opel-Mitarbeiter und Motorsportler (ab März 1971 bei VW) die Idee einer Golf-Sportausführung in die Volkswagen-Abteilung Forschung und Entwicklung (kurz FE). In einer Mail an den Autor unkte er 2021: »Der GTI ist, ohne dies so geplant zu haben, letztlich die Fortsetzung des Rallye-Kadett!«

Am 18. März 1973 verfasste Versuchsingenieur Löwenberg eine interne Mitteilung (IM) an einige Führungskräfte: Man möge doch einmal darüber nachdenken, ob Volkswagen nicht ein konsequent sportliches Modell auf die Räder stellen könne. Er sei sicher, mit einem modernen Fronttriebler mit hoher Leistung ein gänzlich neues Publikum erschließen zu können.

Laut seiner Gedächtnisprotokolle nannte er das künftige Sportgerät »Golf S«. Er schlug vor, dafür den 100 PS starken 1.6i-Motor aus dem Audi 80 GT (B1) zu nehmen, dazu einen Motorölkühler aus dem VW-Zubehörregal, breitere Räder (später 15 Zoll) und belüftete Bremsscheiben, das Lederlenkrad des GSR und weitere Komponenten aus dem Konzernbaukasten. 180 km/h sollte das Auto erreichen können, schrieb Löwenberg am 7. November 2007 an den Autor.

»Ich war immer offen für Dinge, die andere in diesem Metier noch nicht probiert hatten«, berichtete er dem *KÜS-Magazin* im Juni 2016. Was heute Standard in der Fahrzeug-Entwicklung ist, sei vor 40 Jahren noch ein Wagnis gewesen. »Am Anfang hielt man unser Vorhaben bei Volkswagen für eine Schnapsidee«, erzählte er. »Ich glaube aber, dass wir damals mit diesem Auto einfach in die Zeit passten.«

Denn spätestens zu diesem Zeitpunkt kam der zweite Verfechter des Sport-Golfs ins Spiel – unklar, inwieweit und wie lange er bis dahin in die frühen Überlegungen Löwenbergs involviert war. Auf jeden Fall gilt Anton Konrad (1937-2024), Sport- und Pressechef von Volkswagen, ebenfalls als einer der GTI-Väter. Er war Begründer eines »Geheimbunds«, der zusammen mit einigen Mitstreitern am sprichwörtlichen »heimischen Küchentisch« die Idee vom Sport-Golf weiterspann.

»Ohne die Zivilcourage einiger hausinterner Visionäre hätte es den GTI niemals gegeben.«

Der alles andere als konfliktscheue Alfons Löwenberg, hier am EA 272 im AutoMuseum (2019).

Herbert Schuster, Anton Konrad und Giorgetto Giugiaro 2016 im AutoMuseum.

Entwicklungschef Ernst Fiala, Anton Konrad und Entwicklungsingenieur Hermann Hablitzel.

Verdeckte Entwicklung

In der Volkswagen-Pressemitteilung – PM – mit der Überschrift »Die GTI-Keimzelle« vom 19. März 2009 wird das Ganze etwas vereinfacht dargestellt: Die ursprüngliche Idee Löwenbergs sei von den involvierten Managern sehr zurückhaltend beurteilt worden. »Lediglich Fahrwerksspezialist Herbert Horntrich und (Golf-) Chefentwickler Hermann Hablitzel (1917-2005) interessieren sich zumindest ansatzweise für die Idee Löwenbergs. Doch Löwenberg lässt nicht locker und findet weitere Brüder im Geiste. Wie beispielsweise Marketing-Mann Horst-Dieter Schwittlinsky (1933-2021) und Anton Konrad, den damaligen Volkswagen-Pressechef. Vor allem Konrad, zuvor langjähriger Geschäftsführer des Formel-V-Verbands und selbst Hobby-Rennfahrer, ist von der Idee begeistert. Er weiß aber auch, dass das zarte Pflänzchen namens Sportlichkeit konzernintern höchst diskret zu kultivieren ist. Denn die hohen Entwicklungskosten für das neue Modell, das 1974 als Golf auf den Markt kommen soll, belasten die Kassen ohnehin.«

Weiter heißt es in der Pressemeldung: »Also bittet Konrad die verdeckten Entwickler der Arbeitsgruppe Sport-Golf in seine Privatwohnung. Bei Bier und Schnittchen sortieren Hablitzel, Horntrich, Konrad, Löwenberg und Schwittlinsky im Stil von Verschwörern die Möglichkeiten.« Dabei war auch Jürgen Adler (1939-1990, Schwittlinskys Assistent und Spezialist für den Innenraum), während Gunther Kuhl (Motorsport) und Alfons Löwenberg »etwas später hinzugekommen seien«. Mitwirkende waren zudem Fahrwerksspezialist Detlef Banholzer und Motorenspezialist Alfred Beier (nebenbei auch Rennfahrer).

Die 2009er-PM fährt fort: »Hablitzel ist jetzt voll im Boot. Mit seiner stillen Duldung machen sich Löwenberg und Horntrich bald darauf an die Arbeit. Versehen einen Scirocco-Prototyp mit einem knochenharten Fahrwerk, legen ihn drastisch tiefer, frisieren den nominell 85 PS starken 1,5-Liter-Motor des (künftigen) Scirocco mit einem Registervergaser auf rund 100 PS (100 PS/74 kW bei 6.000/min, 132 Nm bei 4.000/min – d.V.) und krönen das Ganze mit einem Auspuff, der einem Ofenrohr ähnlich sieht und entsprechend klingt.« Das Ganze ereignete sich so im November 1974.

Anton Konrad, als Bindeglied zwischen Versuch und Marketing, wird so zitiert: Ein »brüllendes Ungeheuer« sei so entstanden, und die geheime Arbeitsgruppe wäre sich einig gewesen, dass es so nicht gehe. Der Sport-Golf solle zwar sportlich wirken, aber immer noch dezent bleiben. »Also konzipieren Löwenberg und Horntrich eine zivilere Version: Sie gerät nicht mehr ganz so kompromisslos, aber immer noch ganz schön flott. Das Ergebnis hinterlässt bei der gesamten Undercover-Truppe schon einen deutlich besseren Eindruck – und Hablitzel fasst sich ein Herz, berichtet dem seit Februar 1973 als Entwicklungsvorstand agierenden Professor Ernst Fiala (*1928 – d.V.) von dem sportlichen Spielmobil und fragt ihn nach seinem Urteil. Das fällt vernichtend aus: ‚Viel zu teuer, Ihr seid verrückt', befindet Fiala kurz und bündig.«

Sechs damals noch gelb lackierte Prototypen in sehr unterschiedlichen Konfigurationen waren aufgebaut und getestet worden – vom konsequent auf maximale Sportlichkeit getrimmten Ballermann bis hin zur letztlich realisierten, fast schon komfortablen Understatement-Version. Zunächst besorgten aber noch Vergasermotoren den Antrieb (Konrad: »diverse Einzelstücke mit wilden Motoren«), das legendäre Einspritzer-Triebwerk kam anschließend hinzu. Das erste GTI-Musterfahrzeug lief unauffällig als Golf LS getarnt auf deutschen Straßen – nichts ließ erahnen, welcher Motor unter der Fronthaube werkelte.

Bereits im Herbst 1974 begannen Untersuchungen potenzieller Sport-Golfs auf dem Prüfgelände Ehra-Lessien. Dabei wurden unterschiedliche Reifen (175/70 SR 13, 185/70 SR 13 und 205/60 HR 13) sowie verschieden breite Räder (5.0J x 13, 5.5J x 13 und 6.0J x 13) erprobt. Federn und Dämpfer wurden gleichermaßen getestet. Der letzte der drei Wagen, damals noch als »TTS« bezeichnet, hatte einen 1,6-Liter-Motor mit Registervergaser und 100 PS sowie einen größeren Blech-Spoiler. Letztlich war er der eigentliche Vorläufer des GTI.

Hablitzel und seine Mannen ließen sich vom scharfen Gegenwind aus dem eigenen Hause nicht entmutigen. Im Volkswagen-Newsroom vom 15.05.2020 heißt es lapidar (und man fragt sich, ob Entwicklungschef Fiala nun übergangen wurde): »Anfang März 1975 stellt Hablitzel das Projekt ‚Sport-Golf' offiziell dem Vorstandsvorsitzenden Toni Schmücker (1921–1996 – d.V.) vor. Der gibt sein ‚go'.« Als Datum für den Startschuss gilt besagte Vorstellung vor der sogenannten »Produktstrategie-Kommission« (PSK) am 6. März. Der vorher im Graubereich der Fahrzeugentwicklung befindliche Prototyp auf Scirocco-Basis wurde schließlich am 28. Mai 1975 im Rahmen einer Grundsatzentscheidung offiziell zum Fahrwerks-Versuchsträger erklärt (EA 195).

Inoffiziell wurde indes auch darüber hinaus weiterentwickelt. Teilweise, so ist von Zeitzeugen wie Dr. Wolfgang Lincke (*1934, Nachfolger von H. Hablitzel) zu vernehmen, nach Feierabend und unentgeltlich. Anerkennung holte man sich dabei auch von außen: Wie auch immer gelang es, beim Eifelrennen 1975 einen mit Breitreifen besohlten 100-PS-Golf mit dem via Zweistufen-Registervergaser befeuerten 1,5-Liter als Pace Car einzusetzen.

Anton Konrad 2012 im Interview: »Wir durften eigentlich nur Serienteile verwenden.« Löwenberg betrieb – so die 2009er-PM – Feinarbeit am Motor, Horntrich stimmte das Fahrwerk auf die vorgesehene pralle Bereifung ab: 205/60 HR 13 hieß das Format, das damals selbst einen Porsche 911 alt aussehen ließ: Dieser Inbegriff des teutonischen Sportwagens war 1974 tatsächlich noch auf schmalen 185/70ern unterwegs!

Nach sehr viel Skepsis witterte schließlich auch der Vertrieb zarte Marktchancen für einen sportiven Golf. Die Protagonisten hatten immer wieder die Breitensport-Idee ins Spiel gebracht – gemäß Anhang J des FIA-Reglements hätten 5.000 Einheiten gereicht, um den Golf werbewirksam für den Motorsport in der Gruppe 1 (Serientourenwagen) zurechtzumachen. Ein wichtigerer Grund mag auch gewesen sein, dass man für die bevorstehende IAA in Frankfurt noch einen zugkräftigen Hingucker benötigte. So gewann plötzlich das Projekt von allen Seiten an Dynamik.

Sportives Fahrwerk

Herbert Schuster (*1942), der im Juli 1975 von Audi gekommene neue Leiter des Pkw-Versuchs (und zuvor wohl eher Skeptiker in puncto Sport-Golf), erklärte die Fahrwerksentwicklung sogleich zur Chefsache. Aus Kostengründen ließ er aber die Breite der Räder von 6,0 auf 5,5 Zoll und die der Stahlgürtelreifen auf das Format 175/70 HR 13 schrumpfen. Viele Kunden rüsteten später auf eine üppigere Bereifung um – beispielsweise die Zeitschrift *Rallye Racing* verpasste ihrem Test-GTI 5.5J x 15-LM-Räder mit 195/90-15-Pirellis.

Volkswagen spendierte immerhin exklusiv Stabilisatoren für Vorder- und Hinterachse (16,5/20,5 mm) und ließ eine Feder-/Dämpferabstimmung entwickeln, die eine gute Synthese aus Komfort und Sportlichkeit bildete. Damit war das ursprünglich vorgesehene, »sehr sportliche und knackig-harte GTI-Fahrwerkskonzept« vom Tisch, wie sich Tester Dirk-Michael Conradt (*1951) entsinnt. Das Fahrwerk – vorn Federbeinachse mit Dreiecksleknkern, hinten Verbundlenkerachse (mit stärkerem Achsträgerprofil) – stammte ja prinzipiell vom Golf, brachte aber infolge der gekürzten Federn eine Tieferlegung der Karosserie (vorn um 10, hinten um 20 mm). Die Spur wurde um 14 mm verbreitert. Servo-Lenkunterstützung war damals natürlich noch kein Thema.

Auch in puncto Bremsen wurde nachgeschärft: Vorn gelangten innenbelüftete Scheiben, ein größerer Bremskraftverstärker und hinten ein ebenfalls exklusiver Bremskraftregler zum Einsatz. Die vorderen Scheibenbremsen kamen übrigens vom Scirocco, klärte Konrad auf. Die Hinterachse musste sich indes während der Laufzeit des ersten GTI mit Trommeln begnügen. Ein ABS-System war bekanntermaßen noch gar nicht verfügbar

Gelbe Prototypen mit in sehr unterschiedlichen Konfigurationen, aber noch mit Vergasermotoren mit 85 bis 100 PS/63 bis 82 kW.

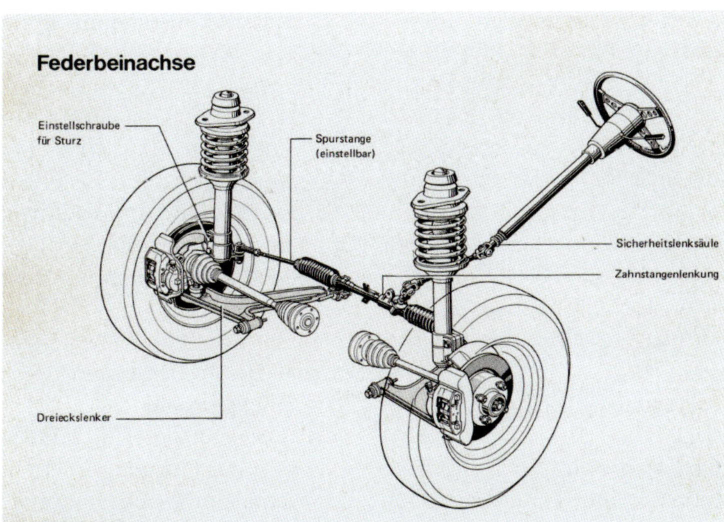

Federbein-Vorderachse (Spurstangen innen, wie beim K70 an Zahnstange befestigt), mit verstärktem Stabilisator.

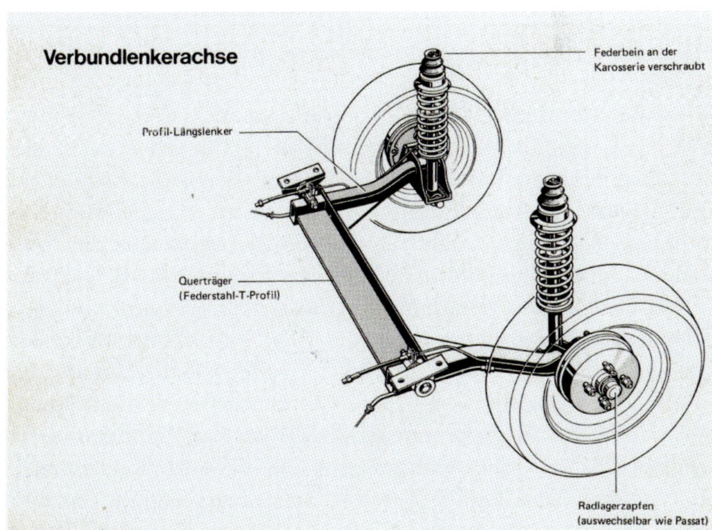

Verbundlkenker-Hinterachse mit Längslenker-Querträger-Einheiten. In ihrem Inneren war der Stabilisator untergebracht.

Organspende von Audi.

In »Kooperation mit Audi« – so fabulierte die zuvor erwähnte 2009er-Pressemitteilung – entstand der »hochmoderne 1,6-Liter-Einspritzer mit 110 PS«. In Wirklichkeit handelte es sich zunächst um eine Organspende. Anton Konrad, der einen guten Draht zum damaligen Audi-Chefentwickler Ferdinand Piëch (1937-2019) hatte, erzählte dem von der Volkswagen-Idee und bat ihn um eine Belieferung mit einer überschaubaren Anzahl von 1,6-Liter-Vierzylinder-Einspritzern mit 110 PS (82 kW), wie sie im damals unmittelbar vor dem Start stehenden Audi 80 GTE (Baureihe B1) unter die Fronthaube hockten. Piëch stimmte zu – wobei damals noch von 5.000 Exemplaren ausgegangen wurde.

Es handelte sich prinzipiell um einen seit 1972 eingesetzten, unter Franz Hauk (1925–2020) entwickelten und zunächst auch in Ingolstadt, dann in Salzgitter gebauten EA 827 (Gleichstrom, Stichmaß 88 mm). Er wurde als Zweiventiler längs bei Audi und ab 1973 auch bei VW eingesetzt. In seinen Grundzügen ist er bis heute in modernisierter Form als EA 888 weltweit im Einsatz.

Dieser Motor befeuerte den Passat und dann den Golf als 1,6-Liter (70 PS), hier allerdings noch beatmet über einen Register-Fallstromvergaser. Im Golf musste der Motor quer installiert werden, ein anspruchsvoller Job für Karlheinz Menzel und sein Team. Der ebenfalls der 827er-Reihe zugehörige »kleine« 1,3-Liter des Passats hatte einen Einfach-Fallstromvergaser. Zugeliefert wurden diese Vergaser von Solex.

Der wassergekühlte, als 1,6-Liter leicht langhubige GTI-Motor verfügte über einen Alu-Kopf mit Tassenstößeln, wobei die Nockenwelle über einen Zahnriemen angetrieben wurde (ab Modelljahr 1980 optimierte G-Nockenwelle). Sie betätigte die parallel hängenden Ventile. Das Zylinderkurbelgehäuse selbst bestand aus Grauguss. Damals wurde noch eine Nebenwelle zum Antrieb von Zündverteiler, Ölpumpe und Benzinpumpe eingesetzt, die erst Mitte der 90er beim neuen EA 113 eliminiert worden ist. Als Einsatzdatum wurde laut Modellpflegeprogramm der 1. Juni 1976 genannt.

Bei der Motorenkonstruktion handelte es sich wie erwähnt nicht etwa um einen Querstrommotor mit Ein- und Auslass auf unterschiedlichen Seiten, sondern die Ein- und Auslasskanäle waren auf einer gemeinsamen Seite angeordnet (Gleichstrom). Eine Besonderheit des im Audi 80 GTE (und dann im GTI) eingebauten 827er-Motors mit 1,6 Liter Hubraum war der Heron-Brennraum als Mulde im Kolben (also nicht Brennraum oben im Kopf), was lange schwere Kolben bedingte. Zudem hingen die Ventile anders als bei echten Hochleistungsmotoren nicht V-förmig, sondern parallel senkrecht.

Das Wichtigste aber war – wie erwähnt – die K-Jetronic-Benzineinspritzung ins Saugrohr von Bosch, die auch die Einhaltung der strengen US-Abgasgesetze absichern sollte. Sie hatte sich bereits in der US-Version des Audi 80 bewährt. Volkswagen erklärte das Einspritzsystem streng ingenieursmäßig: »Die für die Einspritzfunktion erforderlichen Informationen des Motor-Betriebszustands werden auf mechanischem Wege weitergeleitet und umgesetzt. Die Gemischdosierung wird durch Luftmesser und Kraftstoffmengenteile von der Ansaugluftmenge beeinflusst. Die Einspritzung erfolgt kontinuierlich (darum die Bezeichnung K – d.V.): Mit Motorstart wird permanent eine betriebsgerecht dosierte Kraftstoffmenge in den Ansaugkanälen vorgelagert. Anders bei elektronisch gesteuerten Anlagen wie der Bosch Motronic, wo getrennt nach Zylindergruppen in Intervallen eingespritzt wird.«

Der 1,6-Liter-Motor (Kennbuchstabe »EG«) war wurde höher verdichtet (9,5 : 1 statt 8,2 : 1) und brauchte Super (98 ROZ). Exklusiv für den GTI kam ein zusätzlicher Ölkühler zum Einsatz, nachdem zunächst wegen der höheren Öltemperaturen der Einbau einer Aluölwanne geprüft worden war, diese aber die Bodenfreiheit zu sehr reduziert hätte.

Vier Ventile pro Brennraum waren damals noch kein Thema. Das Einlassventil maß 38 mm, beim Auslass waren es 31 mm. Auch an eine Direkteinspritzung wie bei den späteren TSI/FSI-Aggregaten dachte man damals noch nicht. Im Golf saß der Motor – das sei nochmals betont – natürlich quer. Piëch so ganz nebenbei zu Konrad: »Der Motor lässt sich locker bis auf 200 PS/147 kW bringen …« Besagtes Triebwerk erfreute jedenfalls nicht zuletzt durch seine Drehfreude – erst bei 6.900/min schlug der Drehzahlbegrenzer zu. Das damalige Leistungsgewicht des Golf GTI von 7,4 kg/PS lag im Umfeld der Konkurrenz aus Rüsselsheim und Köln.

Auf dem europäischen Markt wurden übrigens auch weder für den 1,6- noch für den 1,8-Liter im 1er-GTI eine Katalysator-Option ab Werk angeboten. Allerdings wurden ab Mitte der 80er Nachrüst-Lösungen entwickelt (beispielsweise später der Wurm-Kat). Die Technik steckte damals noch in den Kinderschuhen: Dreiwege-Katalysatoren sind erstmals Anfang der 70er-Jahre auf den Markt gebracht worden.

Audi 80 GTE, mit Halogen-Doppelscheinwerfern und ausschließlich als Zweitürer.

Quer installierter 1,6-Liter-GTI-Motor. Das Triebwerk allein wog zirka 100 kg.

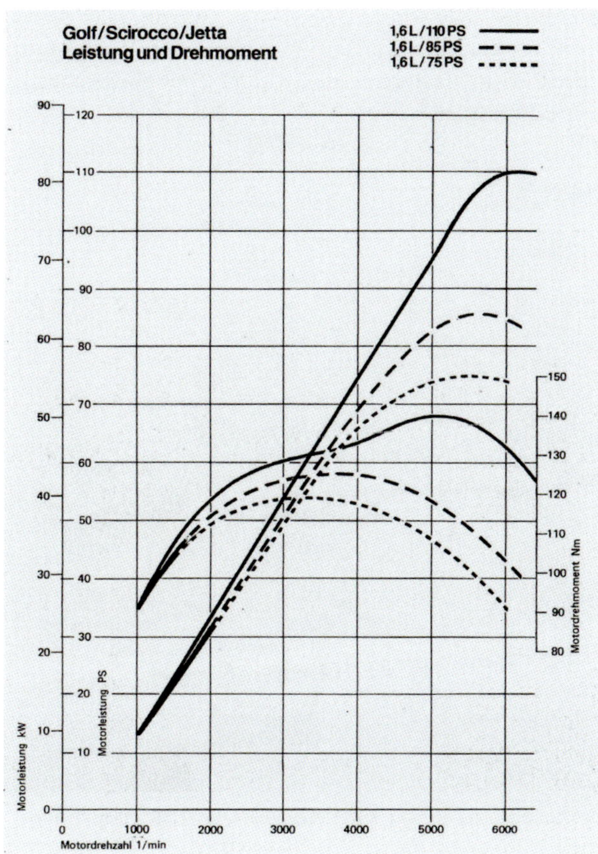

Leistung/Drehmoment 1,6 Liter GTI gegenüber Golf LS (75 PS/55 kW) und Scirocco TS (85 PS/63 kW). (Quelle: autogramm 3/1976)

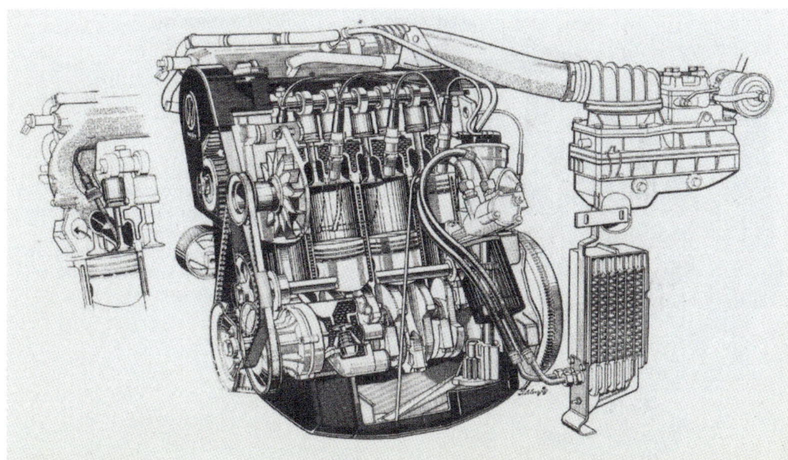

1.6-L-Einspritzer mit obenliegender Nockenwelle, direkt betätigten Ventilen und fünffach gelagerter Kurbelwelle sowie serienmäßigem Ölkühler (im Luftstrom neben dem Wasserkühler). Die Zylinderlaufbuchsen wurden im Interesse einer größeren Bohrung zusammengegossen. (Quelle: Hack)

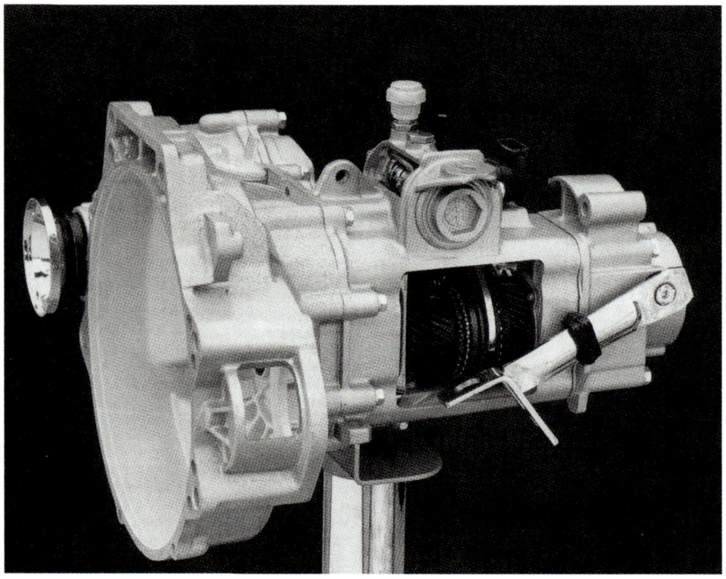

Seitlich an den GTI-Quermotor angeflanschtes Vierganggetriebe, hier als Messe-Exponat.

Zunächst mit vier Gängen

Seine Kraft gab der Motor zunächst über ein GE-Vierganggetriebe aus der im Volkswagen-Werk Kassel hergestellten 020er-Baureihe Richtung Vorderräder weiter. Es handelte sich um das gleiche wie bei der 70/75-PS-Version bis 7/1979. In Aludruckguss ausgeführt und 30 bis 35 kg schwer, war es relativ lang abgestuft. Was bei höheren Drehzahlen für ein unüberhörbares Geräuschniveau sorgte. Wie damals üblich, wurde das Getriebe via Gestänge betätigt.

Erst ab August 1979 (Modelljahr 1980) gab es dann ein kürzer abgestuftes Fünfganggetriebe (mit Schaltschema oben auf dem Schaltknüppel-Knauf) – meist handelte es sich um die sogenannte 4S-Ausführung (auch in ACD-Version genutzt).

Alternativ wurde dann ein kaum gefragtes 4+E-Getriebe (langer letzter Gang 0,75 übersetzt, Höchstgeschwindigkeit im vierten Gang) nachgereicht – bemühte sich doch VW damals um umweltfreundlichere Technologien wie beispielsweise mit den Formel-E-Modellen. Eine Wandlerautomatik ist dem GTI damals allerdings nicht zugedacht worden, während zivile Gölfe einschließlich des späteren Cabrios mit einem Dreigang-Automaten angeboten wurden. Heute allerdings nutzt man die sportiv agierenden Doppelkupplungsgetriebe. Und Allradantrieb war überhaupt kein Thema – und ist es, von Ausnahmen abgesehen, im Golf GTI bis heute geblieben.

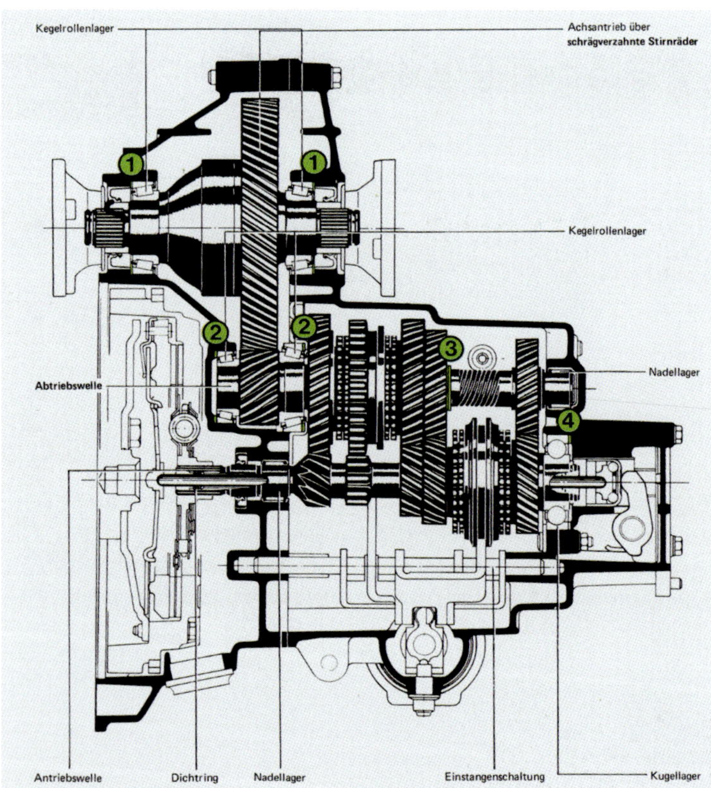

Viergang-Schaltbox (Kennbuchstabe GE) der 020er-Baureihe, eingebaut als GC auch im 70/75-PS-Golf.

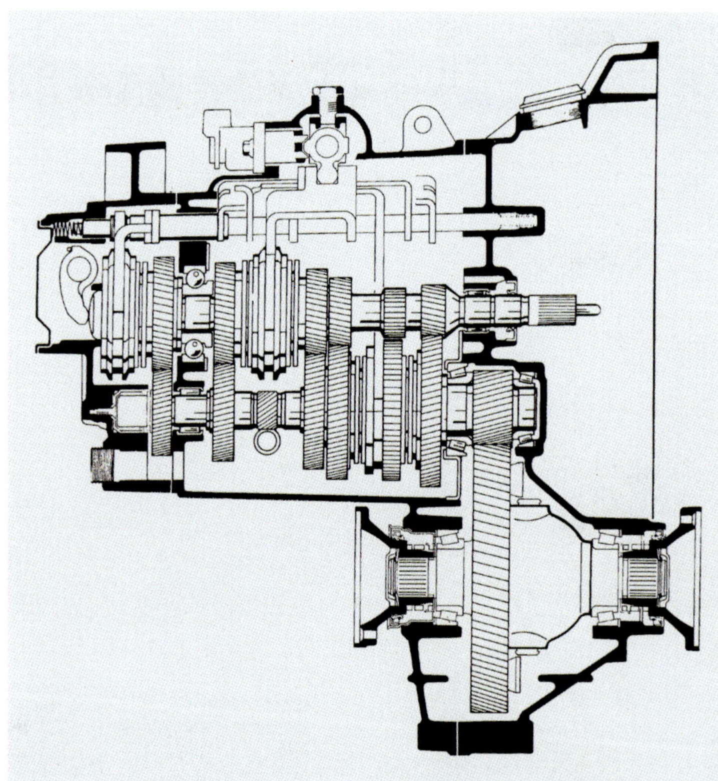

Zum Vergleich das ab Modelljahr 1981 eingeführte Fünfganggetriebe. Dank der gewählten Abstufung reduzierte sich der Verbrauch.

Debüt auf der IAA 1975

Wir trugen mit der Optik nicht zu dick auf«, resümierte Löwenberg. »Der GTI war und blieb ein Auto der ganz normalen Kompaktklasse. Nur wer genauer hinsah, der wusste, dass das ein besonderer Golf war. GTI-Fahrer blieben auch Golf-Fahrer. Vielleicht ist dies das schlichte Geheimnis dieses Autos«. Tatsächlich blieb es ja bei der gewohnten Golf-Grundform und den bekannten Abmessungen.

Die Buchstaben-Kombination hatte sich VW-intern gegen das Kürzel GTS und vor allem gegen die Bezeichnung GTE durchgesetzt. Aber so ganz sicher war man sich anfangs nicht: Noch auf dem ersten Messetag war der sportliche Wagen als »Golf 1.6« markiert, was dann wohl über Nacht korrigiert worden ist. »GTI« war sicher eine gute Entscheidung, zumal der zweitürige Audi 80 GTE mit der optional geschwärzten Motorhaube aus der auslaufenden Baureihe B1 (1975 bis 1978) auch erst 1975 debütierte. Der Preis betrug zunächst 13.995 DM.

Schützen lassen hat sich VW die Bezeichnung nicht, darum kamen später auch Citroën, Peugeot und andere damit (mehr dazu in Kapitel 10). Ohnehin dürfte Maserati mit seinem 3,5-Liter-Einspritzermodell von 1962 der erste mit dem GTI-Zusatz gewesen sein.

Erstmals offiziell vorgeführt wurde der GTI auf der IAA, ohne dass er dort besonders hervorgehoben worden ist. Wäre der Golf Diesel schon entschieden gewesen, hätte vermutlich er als Platzhirsch dort gestanden. Für das marsrote Messemodell (WOB-VS 70) blieb es zunächst bei der von Giugiaro gezeichneten und von Schäfer finalisierten Golf-Urform von 1974/75, die Anfang 1976 leicht modifiziert worden ist.

Der fünfseitige Prospekt zeigte den Ur-GTI noch mit glatter Motorhaube (später Verstärkungssicke vorn), kursiven GTI-Symbolen (später aufrecht gestellte Buchstaben) und dem sogenannten Schwalbenschwanz-Heckabschluss (später glattflächig). Als Leergewicht wurden 780 kg genannt, was etwas zu wenig gewesen sein dürfte.

Wirklich Mühe gegeben hat sich Volkswagen mit dem ersten Prospekt nicht: Die Fotos waren ohne viel Aufwand aufgenommen worden – beispielsweise auf der nichtssagenden Einfallstraße von Bad Harzburg. Nur die letzte Doppelseite des umseitig abgebildeten Druckwerks war zumindest etwas emotionaler geraten: mit einem GTI, der verblüffenderweise bereits die später korrekte, aufrecht stehende Buchstabenkombination im Grill trug. Zwischendurch hatte man auch mit aufrechten, in viel dickerer Schrift ausgeführten Buchstaben für die Modellkennzeichnung experimentiert.

Dezenter Auftritt des neuen GTI auf der IAA 1975. In der Masse der anderen Modelle ging er beinahe unter.

Erster Prospekt für den Neuen von der IAA im Jahr 1975, oben noch mit der kursiven Buchstabenfolge G-T-I.

»Einer der Gründe für den Aufbau des Showcars war, dass VW einen zugkräftigen Hingucker für die 1AA 1975 brauchte.«

Vorserien- und Messemodelle wurden wie üblich verschrottet–davon übrig geblieben ist zum Leidwesen der Wolfsburger Museen nichts. Aber es existiert einen aufwendig gemachte Replika von Heinz Chlobowski aus Obertrubach, die 2016 im Rahmen der mehrfach erwähnten Sonderausstellung »40 Jahre GTI« im AutoMuseum Volkswagen gezeigt worden ist. Beispielsweise für die GTI-Buchstaben half eine Spezialfirma, die dafür eine eigene Form baute.

Früher Schriftzug GTI, hier die Schablone für die Wiederherstellung des Ausstellungsexponats.

Ganz sicherlich nicht das richtige Geläuf für den GTI, aber die Bodenfreiheit reichte allemal aus.

Vorserienauto (Replika von Heinz Chlobowski für die 2016er Sonderausstellung im AutoMuseum).

Exterieur und Interieur

Zunächst sind zwei Lackfarben ausgewählt worden: Marsrot (L31B) und Diamantsilber-metallic (L97A). Ab Sommer 1977 gab es auch Schwarz (L041) – von FAZ-Schreiber Gerold Lignau als »Rasender Kohlenkasten« verballhornt –, tatsächlich aber vor allem in Frankreich die coolste Farbe überhaupt, dazu kam Alpinweiß (L90E). Als insgesamt fünfte Farbe ließ sich anschließend immer ein Grünton bestellen: für nur ein Jahr Viperngrün Metallic (L96N), von Juli 1978 bis 1982 kam Inarissilber Metallic (L94A) als Ersatz für Viperngrün hinzu. Erst zum Modelljahr 1982 führte Volkswagen die Metallic-Farbe Lhasagrün (LA6V) ein. Die Szene geht davon aus, dass tatsächlich für den Normal-GTI immer nur fünf Farben angeboten wurden – dass oft genannte Heliosblau gab es lediglich für den späteren Pirelli-Golf. Je nach Farbe kamen zudem bis Modelljahr 1981 unterschiedlich eingefärbte Sitzbezüge zum Einsatz.

Statt Chrom trug der GTI schickes Mattschwarz, rund um den Grill zog sich ein roter Streifen, der zum Erkennungsmerkmal geraten sollte. Dann waren da der vergrößerte Frontspoiler (statt der kleineren Bugschürze der anderen Golfs), die seitlichen mattschwarzen Zierstreifen, die dezenten schwarzen Kunststoff-angeschraubten Kotflügelverbreiterungen, die mattschwarze, vierteilige Folien-Umrandung der Heckscheibe (die eine größere Fensterfläche suggerieren sollte) und die schwarzen Recaro-Sportsitze mit kariertem Bezug der Mittelbahnen und serienmäßigen Kopfstützen vorn. Die schwarz lackierten (und nicht verchromten) Stahl-Stoßfänger waren identisch mit denen des Normal-Golf.

Zum Serienumfang gehörten auch Heckwischer/waschanlage und die beheizte Heckscheibe. Der Wischerarm vorm Fahrer war mit kleinen Spoilern (»Luftleitschaufeln«) versehen. Doppelscheinwerfer gab es zu diesem Zeitpunkt noch nicht. Den serienmäßigen Ölkühler steuerte – wie von Alfons Löwenberg von Anfang an vorgesehen – später der Käfer hinzu, anfangs wurde noch ein klobigeres Bauteil verbaut.

Innen war fast alles in Schwarz ausgelegt: Dachhimmelbezug, Abdeckung der Instrumententafel (normalerweise silbern), Türverkleidungen, Teppiche und Sonnenblenden. Das dreispeichige gelochte Sportlenkrad kam nicht vom Scirocco TS, sondern wurde für den Golf neu gestaltet und gelangte erst dann auch in den Scirocco. Fans bezeichneten die frühe Ausführung wegen des tiefliegenden Pralltopfes als »Spucknapf-Lenkrad«. Gern wurde die Nabe als zusätzliche Ablage, beispielsweise für Schlüssel oder Zigaretten, genutzt.

Neben der Golf-üblichen Instrumentierung gab es nun einen Drehzahlmesser, aber erstaunlicherweise keinen Handschuhfachdeckel – dies soll dem Vernehmen nach dem Einbau eines der beiden Stabilisatoren finanziell kompensiert haben. Ein hervorragendes Äquivalent! Ölthermometer (beim 1975er Prototyp war es noch eine Öldruckanzeige) und Zeituhr waren unten in einer Mittelkonsole integriert. Bis zum großen Facelift im Sommer 1980 hatte auch der GTI – wie alle anderen Golfs – die verblüffend despektierlich als »Tittentacho« bezeichneten Anzeigeinstrumente mit der spitz zulaufenden transparenten Instrumentenabdeckung beim Tachometer (dessen Skala hier auf 220 km/h erweitert worden war) und beim Tourenzähler.

Früher GTI mit mattschwarzen Stahlstoßfängern. Die Zusatzscheinwerfer sind später nachgerüstet worden.

Auf den ersten Blick ins Auge fallen die Kotflügelverbreiterungen.

Spoilerlippe beim frühen GTI.

Der rote Streifen um den Grill war für alle Zeiten stilbildend.

Kultiger Schriftzug und aus heutiger Sicht winzige Heckleuchten.

Stolz auf sein Werk: Giorgetto Giugiaro beim Signieren.

Kreative Lösungen

Der rote Grill-Streifen hat übrigens mindestens zwei »Väter« – zum einen Giorgetto Giugiaro, der bei einem Festakt anlässlich der Sonderausstellung »40 Jahre GTI« im AutoMuseum Volkswagen überraschenderweise die Urheberschaft beanspruchte und sich sogleich unterschriftlich auf dem Ausstellungsplakat verewigte. Zum anderen ließ sich natürlich VW-Chefdesigner Herbert Schäfer (*1932) auch für solche feinen Details feiern – absolut okay, denn er trug letztlich die Verantwortung.

Einige andere Petitessen kamen allerdings von einer Frau – Gunhild Liljequist (1936–2022), die als eine der ersten maßgebenden Designerinnen zu Volkswagen gekommen war. Von ihr stammten auf jeden Fall auch die Karomuster-Sitzbezüge, war sie doch ein Fan der schottischen Webkunst. Diese Bezüge in Rot-Schwarz oder Grau-Schwarz blieben bis zum neuerlichen Facelift (Mj 1981) im Einsatz. Warum Volkswagen – aus heutiger Sicht unverständlicherweise! – von den kultigen Mittelbahn-Bezügen wegging, vermochte die Designerin später nicht mehr zu sagen.

Wer letztlich den Schalthebel mit Golfball-Aufsatz durchsetzte, lässt sich heute ebenfalls nicht mehr ermitteln: Vom Schalthebel (laut Prospekt »gestylter Schalthebelknauf«) gab es Skizzen von Giugiaro, weitere Anwärter sind Hablitzel und Frau Liljequist – und Volkswagen selbst erklärt in der schon erwähnten Newsroom-Meldung: »Parallel erfindet der Designchef Herbert Schäfer – ein passionierter Golf-Spieler – den Schaltknauf neu, indem er einfach einen Golf-Ball auf die GTI-Schaltstange schraubt.« Wobei gern vergessen wird, dass der Golf keineswegs nach der noblen Sportart, sondern nach dem Turnierpferd des leitenden VW-Mitarbeiters Hans-Joachim Zimmermann (1935–2025) benannt ist …

Gunhild Liljequist war studierte Porzellanmalerin und kam 1964 zu Volkswagen. Hier kreierte sie Sondermodelle wie den Samtroten Käfer, das Golf Cabrio Etienne Aigner oder den Jeans Polo. Ihr zu verdanken ist darüberhinaus auch die Enführung frischer, frecher Farben – beispielsweise Vipperngrün oder Marsrot.

Mit diesem wunderschönen Verkaufsprospekt ist eigentlich alles gesagt. Die Heckscheibe wirkt dank der schwarzen Umrandung viel größer, als sie war. Und die satten Farben und überaus gelungenen Formen im Innenraum ließen sicher kaum jemand kalt – und niemand muckte wegen des fehlenden Handschuhfachdeckels auf. Wenig verwunderlich, dass es schon bald zu Lieferengpässen kam.

Golfball-Skizze von Giugiaro aus der Zeit, als es den Golf noch gar nicht gab.

Interieur des frühen GTI, Tacho bis 220 km/h und Drehzahlmesser mit rotem Bereich ab 6.300/min.

»Der Vertriebschef hatte nicht so recht an den Erfolg geglaubt.«

Rummel um den schnellen Kompakten

In genau dieser Form stand der Golf GTI jedenfalls ein Jahr vor der Markteinführung als Studie auf der ab dem 9. September 1975 laufenden 46. IAA in Frankfurt. In der VW-Hauszeitschrift *autogramm* 4/1975 kündigte man ihn unter der reißerischen Überschrift »Schwarze Streifen – heiße Reifen« an – bat aber die Leserschaft, »vorerst noch keine Bestellungen abzugeben, da diese verständlicherweise noch nicht bearbeitet werden können«.

Der Rummel um den 180 km/h schnellen Kompaktwagen im Umfeld der IAA übertraf alle Erwartungen. »Der schnellste Volkswagen aller Zeiten« hieß es in der Werbung – und damit wird nicht zu viel versprochen: In rund neun Sekunden sollte der GTI von 0 auf 100 beschleunigen und damit wesentlich größere und teurere Autos hinter sich lassen. Der *SPIEGEL* bezeichnete den GTI (später) sogar als »Sexbombe«. Und auto motor und sport (*ams*) wies – mit einem Augenzwinkern – darauf hin, dass der GTI in puncto 0-bis-100-Beschleunigung mit dem legendären Mercedes 300 SL Flügeltürer mithalten könne …

ams-Tester Wolfgang König (*1951) gab allerdings Jahre später zu: »In der Redaktion in Stuttgart näherte man sich dem sportlichen Golf verhalten … wobei die Tragweite der neuen Schöpfung damals weder dem Hersteller noch den Redakteuren von auto, motor und sport bewusst war ...« Sein Fazit: »Ein GTI der Gründerjahre ist die Antithese zum aktuellen Angebertum.« *ams*-Kollege Klaus Westrup (*1941) ergänzte nach der ersten Langstrecken-Fahrt Stuttgart-Le Mans-Stuttgart: »So fällt es nicht schwer, ihm eine Favoritenrolle zu verheißen.«

WP Schmidt, VW-Vertriebsvorstand 1975–1994.

Der vorsichtig angekündigte Preis von »unter 13.000 Mark« war zwar hoch, lag aber knapp unter den aktualisierten Werten von Ford RS 2000 (DM 13.795,–) und Opel Kadett GT/E (DM 13.535,–). Das Messepublikum war so begeistert, dass der Vorstand nicht umhinkam, den Bau einer Sonderserie von 5.000 Exemplaren zu beschließen – so die offizielle Lesart bei Volkswagen. Tatsächlich galt – åwie bereits erwähnt – diese Menge als Homologationsvolumen für den Motorsport entsprechend Gruppe-1-Reglement.

Wahrscheinlicher aber ist, dass die Wolfsburger zum Zeitpunkt der IAA bereits ahnten, dass der Wagen ein Renner werden würde. Dennoch unkten Vertriebler noch bis zur IAA, dass man wohl höchstens 500 Stück absetzen könne … Vertriebschef Werner P. Schmidt (1937–2020) war »bis zum Schluss« gegen den Wagen – so Anton Konrad. Tatsächlich wurden dann im Rahmen der Golf-1-Reihe binnen acht Jahren fast eine halbe Million Einheiten verkauft – mit einem Riesen-Gewinn. Denn die Kalkulation des Autos war noch auf Basis besagter 5.000er-Schätzung erfolgt.

VW Golf mit 50 - 75 - 110 PS

Nach einigem Hin und Her zeigt VW zur Frankfurter IAA nun doch die betont sportliche GTI-Version des Golf. Mit einem 1,6 Liter-Einspritzmotor ist es der schnellste Serien-VW, den es je gab; mit 110 PS beträgt die Spitze nach Werksangabe 182 km/h, die Beschleunigungszeit von 0 auf 100 km/h nur 9 sec. Allerdings beginnt die zunächst auf 5000 Stück angelegte GTI-Produktion erst im Frühjahr 1976 – der Start zur IAA ist also ein Schnellschuß, auch ein Meinungstest.
Der GTI-Motor mit Bosch-K-Jetronic stimmt in seinen Leistungsdaten genau mit dem ebenfalls neuen Audi 80 GTE überein, den wir auf Seite 38/39 bereits im Fahrbericht vorstellen. Das Fahrwerk wurde kompromißlos auf sehr sportliche Ansprüche angelegt; es ist tiefergelegt, mit härteren Federn- und Gasdruckdämpfern ausgerüstet.
Die Verbundlenker-Hinterachse weist beim Golf GTI eine stärkere „Querstabilität"auf, besitzt aber keinen Querstabilisator.
Nach der IAA gehen außerdem wichtige Modellpflegeänderungen am normalen Golf-Programm in Serienproduktion. Der 1100/50 PS-Motor bleibt unverändert. Beim Golf S/LS wird der bisherige 1500/70 PS-Motor durch den neuen 1600/75 PS-Motor ersetzt, der ebenfalls mit Normalkraftstoff auskommt – Daten in der Tabelle auf Seite 59.
In Stichworten die Detailänderungen bei allen Golf-Modellen: Vollschaumsitze jetzt auch bei Grundausstattung, erhöhte Zuladung, etwas verkleinerter Wendekreis, Tauchdruckschaltung (wie beim Audi 50), Entlüftungsschächte in den Türen (beim Viertürer hinten, statt der Schlitze für die Heckraumentlüftung), stufenlos verstellbare Vordersitzlehnen, leichtgängigere Lenkung, günstigerer Anstellwinkel des Bremspedals für geringere Pedalkraft. Wir werden den neuen VW Golf mit 75 PS-Motor bald testen.

Die neue VW-Sportlimousine erkennt man an verbreiterten Radausschnitten mit schwarzen Kunststoffblenden. Die 175/70 HR 13-Stahlgürtelreifen werden auf 5½ Zoll-Stahlfelgen montiert. Zur Serienausstattung gehören ein zweiter Außenspiegel, Heckscheibenwischer/wascher und Schalensitze mit einstellbaren Kopfstützen.

54 mot 19/75

In der IAA-Ausgabe der *mot* (19/1975) wurde im Rahmen des Golf-Programms der GTI vorgestellt – als »Meinungstest«, wie die Fachzeitschrift orakelte.

Heft 20 27. September 1975 DM 2.50 E 1418DX

auto motor und sport

Neu: Simca 1307/1308
Test: BMW 528 Alpina
Grand Prix von Italien

Der schnellste VW, den es je gab
VW Golf GTI

Der Ford mit Rennerfahrung
Ford Escort RS 2000

SPORTWAGEN

Gesundheit für Autofahrer:
• So fahren Sie besser
• So sitzen Sie besser
• So liegen Sie besser

Langzeit-Polyester-Karkasse
Geschmeidiges Polyestergewebe. Robust, elastisch, stoßschluckend. Sorgt für den hervorragenden Fahrkomfort jedes Fulda Rasant.

Fahrbericht
VW Golf GTI

Mit 110 PS Nennleistung bei 6100 U/min und einem Drehmoment von 13 mkg über den weiten Bereich von 3000 bis 6000 Touren bringt der Motor gute Voraussetzungen mit, um dem nur 780 Kilogramm schweren Golf zu sportlichen Fahrleistungen zu verhelfen. Den Werksangaben zufolge ist der GTI sogar der schnellste VW, der je vom Band lief: Den Spurt aus dem Stand ...

Diesen ist er auch im Handling deutlich überlegen – ein Verdienst der etwas indirekter ausgelegten und damit trotz breiter Reifen ausreichend leichtgängigen Lenkung. Sie arbeitet sehr exakt und läßt selbst beim starken Beschleunigen in Kurven störende Antriebseinflüsse kaum spürbar werden, was mit aus der größeren Übersetzung resultiert.

...higkeit der ... bei allen ...rbessert – ... Exaktheit ...hr offen.

... – er ist in ...nt der be...g gebaut wurde – erfüllt mehr als nur die Vorstellungen seiner geistigen Schöpfer, nämlich günstige Voraussetzungen für den Einsatz im Motorsport mitzubringen. Denn abgesehen von ungenügend abgefederten Vertikalstößen bietet er noch akzeptablen Fahrkomfort und ist damit auch für leistungsbewußte Autofahrer ohne Sportambitionen ein attraktives Angebot, wenn seine Anschaffungskosten in annehmbarem Rahmen bleiben. Läßt sich der angestrebte Preis von deutlich unter 13 000 Mark realisieren, werden sich die VW-Manager um den Absatz des sportlichen Golf GTI kaum Sorgen machen müssen.

Werner Schruf

...hnische Daten

...Reihen-...b 79,5 x ...88 ccm, ... 9,5 : 1, ...i 6100 ...eistung ...s Dreh-...i 5000 ...benge-...ndreh-...3 m/s, ...elwel-...welle, ...lage ...Batte-...licht-

...NG

...ider, ...p-...Vier-...hal-...,45, ...R.

...le, ...an

Querlenkern und Federbeinen, hinten Verbundlenkerachse, bestehend aus verstärktem Querträger und Längslenkern, Federbeine, vorn und hinten Stabilisatoren, Zahnstangenlenkung, hydraulisches Zweikreisbremssystem, Bremskraftverstärker, vorn Scheiben-, hinten Trommelbremsen, Felgen 5½ J x 13, Gürtelreifen 175/70 HR 13.

ABMESSUNGEN UND GEWICHTE

Radstand 2400 mm, Spur 1404/1372 mm, Außenmaße 3705 x 1628 x 1390 mm, Leergewicht 780 kg, zulässiges Gesamtgewicht 1230 kg, Zuladung 450 kg (Werksangaben), Leistungsgewicht 7,1 kg/PS.

FAHRLEISTUNGEN
(Werksangaben)

Höchstgeschwindigkeit 182 km/h

Beschleunigung
0 bis 80 km/h . . . . 6,1 s
0 bis 100 km/h . . . . 9,0 s

Test und Technik auto motor sport 71

Fahrbericht
VW Golf GTI

Golfprofi

Der schnellste VW, der je gebaut wurde.

Gerade zu dem Zeitpunkt, als der Golf zum erstenmal in der monatlichen Neuzulassungsstatistik auf Platz eins rückte, nämlich im September letzten Jahres, wurde in Wolfsburg die Idee vom Sport-Golf geboren. Und zwar nicht von den Konzernmanagern, sondern von engagierten Versuchsingenieuren, die einem starken Golf auch eine sportliche Karriere zutrauten.

Zuerst nur geduldet, und später, als der Vertrieb Verkaufschancen sah, auch gutgeheißen, reifte die sportliche Golf-Variante heran. Daß der auf die Bezeichnung GTI hörende Fronttriebler auf der IAA zu sehen ist, resultiert aus einem in letzter Sekunde gefaßten Vorstandsbeschluß: Ohne Neuheit wollte sich VW auf dem heimatlichen Automobilsalon nun doch nicht präsentieren.

Ausstattung: sportliche Note

Da der Golf GTI – das I steht für Injection – aus produktionstechnischen und verkaufspolitischen Gründen frühestens Anfang 1976 vom Band rollen soll, ist hinsichtlich kleinerer Details sowie der Fahrwerksabstimmung noch nicht das allerletzte Wort gesprochen.

Das gilt beispielsweise für die Lackierung. Den in zweitüriger Ausführung geplanten GTI soll es in Metallic-Silber und Feuerrot geben, zur weiteren Identifizierung dient schwarzer Lack rund um das Heckfenster, an Stoßstangen und Fenstereinfassungen, am Kühlergrill und – in Streifenform – an den Wagenseiten in Radnabenhöhe. ▷

In Straßenlage und Handling setzt der GTI neue Golf-Maßstäbe: Er liegt besser und ist leichter zu fahren als seine Brüder.

Gehören zur Serienausstattung: Sportlenkrad, Drehzahlmesser, Zusatzinstrumente, gemusterte Sitzbezüge, 110 PS-Einspritzmotor.

Fotos: Seufert

auto motor und sport, die große Schwester der *mot*, widmete dem GTI in Ausgabe 20/1975 gleich drei Seiten. Der sehr geschätzte Kollege Werner Schruf fand fast ausschließlich lobende Worte für den Neuen – »der beste Golf, der bislang gebaut wurde«.

Markteinführung

Wirtschaftlich gesehen waren die Zeiten für Volkswagen noch alles andere als rosig. Auf der Titelseite der VW-Hauszeitschrift *autogramm* in Ausgabe 3/1976 machte man sich selber Mut und setzte mitten in den Leitartikel »Die Schatten über VW sind kürzer geworden« die appetitmachende Fotografie eines Golf GTI als Symbol für eine bessere Zukunft. Am 27. Oktober jenen Jahres schien die Durststrecke überwunden – da lief der einmillionste Golf vom Band.

Präsentiert wurde der Neue vom 9. bis 16. Juni 1976 im Frankfurter Hotel Airport. Die Fahrvorstellung fand wenige Kilometer weiter südlich auf dem Hockenheimring statt, im Beisein von Herbert Schuster, Anton Konrad und Motoren-Guru Franz Hauk. Schätzungsweise 40 Testwagen waren auf Transportern herangekarrt worden. Zusammen mit dem Golf GTI präsentierte sich der Scirocco GTI, der unter dieser Bezeichnung zwar zunächst im Programm verbleiben sollte – aber eher als gleichstarker, besser ausgestatteter GLI im Bewusstsein geblieben ist. So wurde auch dem letzten Marketingmann klar, dass eigentlich nur der Golf den sportiven Gattungsnamen »GTI« tragen sollte – was in späteren Zeiten aber leider in Vergessenheit geriet.

Mindestens ein Rennsportwagen aus der Formel Super-Vau wurde aufgefahren, ATS-Chef Günter Schmid (1932–2005) gab sich höchstpersönlich die Ehre. Piloten wie Jochen Mass (1946–2025) und Freddy Kottulinsky (1932–2010) durften sich zur sportlichen Auslegung des GTI äußern, auch Hans-Joachim »Striezel« Stuck (*1951) gab sich enthusiastisch.

Man war gespannt auf die Kommentare der Presse, die zuvor über die Unfallträchtigkeit des leichten, schnellen Autos spekuliert hatte. Anton Konrad bekannte Jahre später: »Wir hatten auch Sorge, wie damals beim Käfer GSR im Bundestag gerügt zu werden.«

Dazu das bereits zitierte Motorpresse-Urgestein Dirk-Michael Conradt, damals Chefredakteur der *sport auto*: »Talentierte Tester erzielten auf dem Kleinen Kurs von Hockenheim auf Anhieb Zeiten im 1:30-Minuten-Bereich – dafür bedurfte es zuvor reinrassiger Sportwagen ...« In der *ams* 20/1975 – als ein Vorserienauto getestet werden durfte – wurde die nahezu neutrale Kurvenlage, die geringere Querneigung sowie die indirekte (!), aber sehr exakte Lenkung gelobt, »die selbst beim starken Beschleunigen in Kurven kam Antriebseinflüsse spüren lässt«.

Der Neue wog lediglich 810 kg, kam aber dank seiner 110 PS (82 kW) binnen neun Sekunden auf Tempo 100. Als Spitze wurden 182 km/h versprochen. Allerdings sollen einige der ersten Motoren – so der *SPIEGEL* und betroffene Zeitzeugen wie Joachim Quednau (1. Original Golf 1 IG e.V.) – nicht die versprochene Leistung geliefert haben. Einer der Gründe für die Kritik an den Motoren (bis hin zu Startschwierigkeiten bei warmer Maschine) dürfte bei den damals noch ungeübten Werkstätten gelegen haben, die mit der K-Jetronic überfordert waren. Um die Höchstgeschwindigkeit und den Geradeauslauf zu sichern, hatte man die vergrößerte Spoilerlippe vorn angebracht.

Allenthalben Begeisterung

ams-Tester Klaus Westrup lobte den Wagen in der ams vom 15.07.1976 und verglich ihn mit dem 02er-BMW (hat das Zeug, »Nachfolger des kleinen BMW« zu werden). Sein Testexemplar brauchte 9,4 Sekunden von 0 auf 100, schaffte aber 185 km/h (wobei hinzuzusetzen ist, dass die Testwagen vor Auslieferung an die Redaktionen oft etwas leistungsstärker gemacht wurden). Ab Tempo 170 bemängelte Westrup den immer noch schlechten Geradeauslauf (Auftrieb). Hans-Rüdiger Etzold (*1940), Buchautor und damals bei der *Guten Fahrt*, schrieb gar von einem »Ritt auf der Kanonenkugel«.

sport auto-Kollege Jürgen Rapp (*1952) bewertete in Ausgabe 8/1976 im Rahmen eines ersten Vergleichstests mit Opel, Ford und Audi das Fahrwerk: »Beim GTI wählte man bewusst keine zu straffe Fahrwerksabstimmung. Zwar reduzierten die beiden Stabilisatoren spürbar die unangenehme Seitenneigung, doch wirkt der Golf speziell auf der Hinterachse noch etwas weich. So verwundert es nicht, dass fast der Fahrkomfort des Audi erreicht wurde, während die Starrachsen des Kadett und Escort auf unebenen Straßen keine Wunder vollbringen können.« Uneingeschränktes Lob gab es für den Motor: »Das Ur-Audi-Aggregat wirkt äußerst kultiviert und gibt sich im Benzinverbrauch sparsam.« In der ams wurde zudem das maximale Drehmoment gelobt, das von 3.000 bis 6.000/min zur Verfügung stand.

Die als fast schon buchhalterisch nüchtern geltende *mot* vergab nach ihrem großen Test in Ausgabe 21/1976 folgende Noten, wobei die Noten 9,0 bis 10,0 als »hervorragend« eingeordnet wurden – der GTI erreichte durchgehend »gut« bis »sehr gut«:

- 9,0 (von möglichen 10,0) für Motor und Leistung,
- 8,5 für die Kraftübertragung (Kupplungs-Gesamtpedalweg und -Funktionsweg lang, Rückwärtsgang-Schaltsynchronisation unsauber),
- 9,5 für die Fahrleistungen,
- 8,5 für die Handlichkeit;9,0 für die Karosserie,
- 9,0 für Fahrwerk und Fahrsicherheit (u.a. Anhalteweg aus Tempo 100 exakt 52,9 m),
- 7,5 für die Wirtschaftlichkeit.

Pünktlich zur Markteinführung gab es auch einen komplett neu erstellten Prospekt mit nunmehr acht Seiten, durchgehend farbig, gut gemacht und flott getextet (»Damit man ihn wenigstens von weitem hören kann, haben wir ihm ein Doppeltonhorn eingebaut«). Schwalbenschwanz und glatter Haubenabschluss vorn waren dem tatsächlichen Auslieferungsstand gewichen. Als Standardfarben wurden weiterhin Marsrot oder Diamantsilber metallic genannt. Und das Leergewicht wurde auf 810 kg hochkorrigiert.

Nachdem der Zweitürer im Sommer 1976 kurz nach der Fahrvorstellung auf den Markt kam, nannte die VW-Hauszeitschrift *autogramm* Ausgabe 3/1976 noch einen vorläufigen Sonderpreis für Werksangehörige von 11.604,76 DM. Tatsächlich standen dann

Antransport von Golf und Scirocco GTI.

Die Journalisten fuhren sowohl Golf GTI als auch Scirocco GTI.

In Reih und Glied warteten die handverlesenen Autos auf die Tester.

Je 20 Golf und 20 Scirocco GTI in verschiedenen Farben standen bereit.

Abfahrt vom Frankfurter Airport Hotel zum Hockenheimring.

Boxenstopp nach schnellen Testrunden auf dem 1932 ursprünglich als »Kurpfalzring« neu erbauten Hockenheimring. Ab 1970 gastierte dort die Formel 1. Als die GTIs dort unterwegs waren, hatte man zwei Bremsschikanen angelegt. In den Jahren 1992 und umfassend in 2002 wurde die Rennstrecke umgebaut.

Die Testredakteure waren sich einig, dass sie noch nie einen VW mit einem so spontanen Antritt und einem so ausgewogenen Fahrwerk erlebt hatten, der im Handling tatsächlich seinesgleichen suchte – auch wenn er in engen Kurven schon mal das kurveninnere Hinterrad hob.

ATS Lola Super-Vau mit Günter Schmid, Freddy Kottulinsky (1932 – 2010) und Manfred Trinkt (hinten Diether Rodatz).

aber – zumindest für Normalkunden – 13.850 Mark in der Preisliste. Das waren fünf große Scheine mehr, als für das Golf-Basismodell hinzulegen waren!

Billig war dies ganz und gar nicht, und Journalistenlob wie das Ende 1977 von *Rallye-Racing*-Autor und Amateur-Rennfahrer Bernd Renneisen (*1951?) – »niedriger Kaufpreis, aber leider noch kein Schiebedach« – konnte man als Normalverdiener nur bedingt nachvollziehen. Trotzdem verkauften die Händler schon im ersten Verkaufsjahr das Zehnfache der geplanten Stückzahl, zumal auch Opel und Ford in dieser Preisregion unterwegs waren.

Dirk-Michael Conradt: »Als im Juli 1976 endlich die ersten, schon ab 1. Juni gebauten GTI in die Schaufenster der Händler rollten, da war es für viele GTI-Interessenten der ersten Stunde fast schon zu spät.« Denn »die Super-Golf«, meldete das Fachblatt *sport-auto* nämlich bereits in der Juli-Ausgabe, »sind praktisch ausverkauft.« Volkswagen musste seine Kunden vertrösten und schaltete dafür sogar um Verständnis heischende Anzeigen. Volkswagen hatte einen Boom entfesselt, die Typ-Initialen erlangten Kult-Status. Kein Wunder: »Einen Alpenpass im GTI zu erklimmen – das zählt gewiss zu den reizvollsten Aufgaben, die sich einem Automobilisten stellen können«, schwärmte *auto motor und sport*. So viel Leistung in dieser Preislage gab es sonst nirgends.

Die Serienausstattung des Golf GTI – sie unterschieden sich nur in Nuancen vom 1977er-Modell, so Autor Helmut Horn (*1955) – entsprach dem, was seinerzeit angesagt war: Funktionelle Bauteile gehörten zum Lieferumfang, darunter die mehr Seitenhalt vermittelnden Recaro-Sportsitze. Für alles andere musste gezahlt werden. Beispielsweise für die laut 1975er-Prospekt eigentlich serienmäßige Verbundglas-Frontscheibe (tatsächlich 172,– DM teuer), die übrigens erst zum Mj. 1979 in Serie kam, und den im Prospekt ebenfalls noch als »serienmäßig« gekennzeichneten rechten Außenspiegel (der aber, so *Rallye Racing* 1976, in der Serie zunächst ebenfalls dem Rotstift zum Opfer lief).

Gebaut wurde der Golf GTI der ersten Generation zunächst nur in Wolfsburg und ab 1982 in einer modifizierten Form in den USA. Beliefert wurde hauptsächlich der westeuropäische Markt. Auf Frankreich, Italien und die Schweiz entfielen dabei zwei Drittel des Volumens.

Eine 1987 erschienene Monografie der Motorpresse Stuttgart bezifferte die Investitionen für den ersten GTI seitens Volkswagen auf insgesamt 6,6 Millionen Mark Entwicklungskosten sowie 3,1 Millionen zusätzliche Fertigungskosten – aus heutiger Sicht lächerlich gering … Toni Schmücker (1921–1996), VW-Chef von 1975 bis 1983, muss sehr zufrieden gewesen sein.

Pressechef Anton Konrad moderierte die Fragerunden mit den Journalisten. Auf der für sie vorbereiteten Bühne standen je ein Golf und ein Scirocco GTI, zudem hatte man ein Golf-Schnittmodell hingestellt. Auf dem Foto rechts interviewt Konrad den hochverdienten Audi-Motorenmann Franz Hauk.

Neuer Prospekt 1976.

»Der GTI verkaufte sich schneller, als ihn Volkswagen bauen konnte. Potenzielle Käufer wurden deshalb in großformatigen Anzeigen um Geduld gebeten: Lieber etwas warten, als auf so etwas zu verzichten, hieß es.«

Der Golf GTI. 110 Pferde und wenig Futter.

Der Golf GTI ist um einiges stärker und schneller geworden, von einem sind wir aber nicht abgewichen: Vom Frontantriebskonzept mit dem platzsparenden Quermotor.

Der wesentliche Unterschied ist, daß dieser 1,6-Liter-Motor satte 110 PS leistet. Wobei sich sein Durst in engen Grenzen hält: 8 Liter Super (nach DIN) auf 100 km. Soviel Kraft bei so wenig Kraftstoff, das ist schon etwas Besonderes.

Das Besondere heißt K-Jetronic. Das ist eine neuartige Einspritzanlage, die in allen Drehzahlbereichen eine besonders exakt dosierte Kraftstoffmenge in die Ansaugkanäle schafft.

Ein rasanter Motor allein ist natürlich noch nicht alles. Hinzu kommen ein spezieller Ölkühler und ein vergrößerter Wasserkühler. Zwei Garanten für die gewohnten Eigenschaften des Golf: Zuverlässigkeit und Lebensdauer. Außerdem wurde einiges dafür getan, daß die 110 PS sicher und effektiv auf die Straße gelangen: Der Golf GTI bekam ein tiefgelegtes Fahrwerk mit breiter Spur und einer sportlichen Abstimmung der Federung und der Stoßdämpfer. Beide Achsen bekamen zusätzliche Stabilisatoren. Die Scheibenbremsen wurden innenbelüftet und ein Bremskraftregler sorgt für die richtige Bremskraftverteilung. Schließlich steht der Golf GTI auf schnellen 70er Stahlgürtelreifen, und die ruhen auf breiten 5½-J-Felgen.

Sie sehen, an Sicherheit wurde nicht gespart. Denn schließlich sollen Sie Ihre 110 Pferde auch immer fest am Zügel haben.

4 5

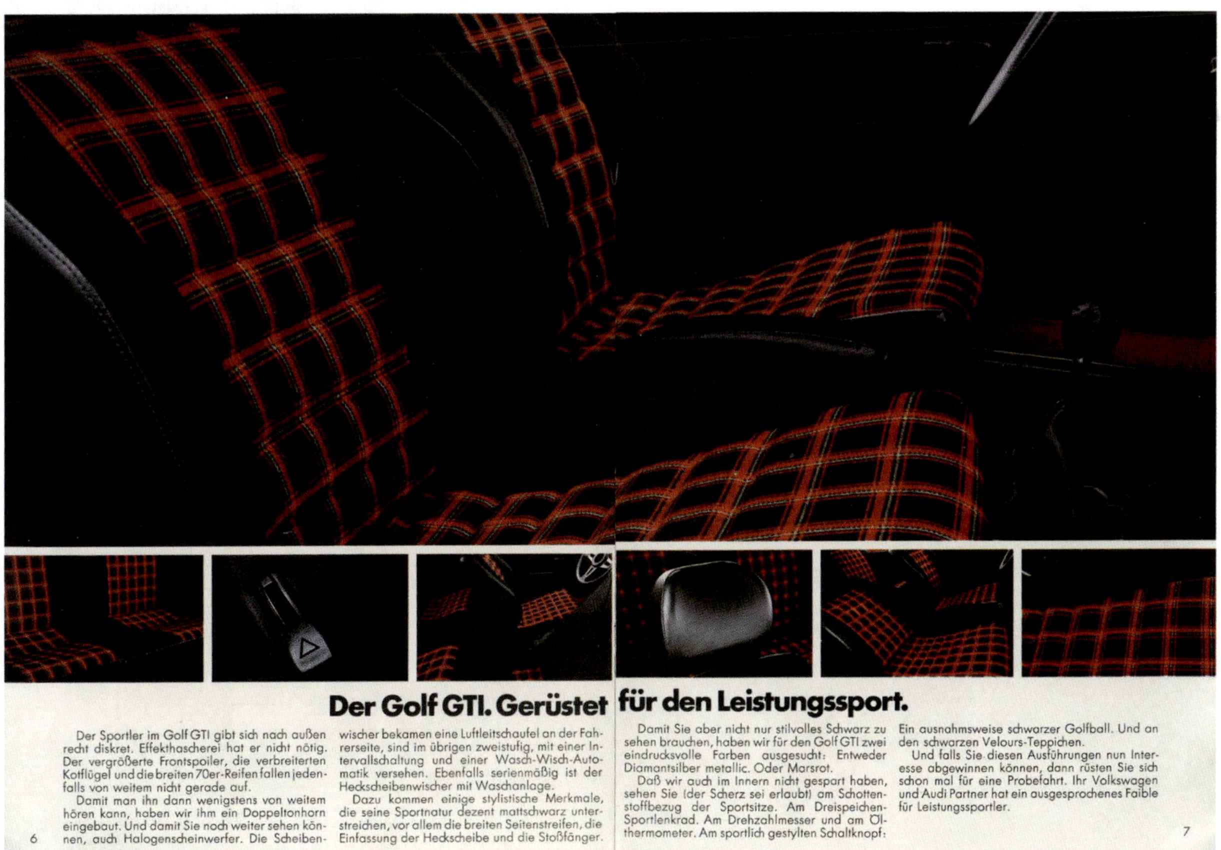

Der Golf GTI. Gerüstet für den Leistungssport.

Der Sportler im Golf GTI gibt sich nach außen recht diskret. Effekthascherei hat er nicht nötig. Der vergrößerte Frontspoiler, die verbreiterten Kotflügel und die breiten 70er-Reifen fallen jedenfalls von weitem nicht gerade auf.

Damit man ihn dann wenigstens von weitem hören kann, haben wir ihm ein Doppeltonhorn eingebaut. Und damit Sie noch weiter sehen können, auch Halogenscheinwerfer. Die Scheibenwischer bekamen eine Luftleitschaufel an der Fahrerseite, sind im übrigen zweistufig, mit einer Intervallschaltung und einer Wasch-Wisch-Automatik versehen. Ebenfalls serienmäßig ist der Heckscheibenwischer mit Waschanlage.

Dazu kommen einige stylistische Merkmale, die seine Sportnatur dezent mattschwarz unterstreichen, vor allem die breiten Seitenstreifen, die Einfassung der Heckscheibe und die Stoßfänger.

Damit Sie aber nicht nur stilvolles Schwarz zu sehen brauchen, haben wir für den Golf GTI zwei eindrucksvolle Farben ausgesucht: Entweder Diamantsilber metallic. Oder Marsrot.

Daß wir auch im Innern nicht gespart haben, sehen Sie (der Scherz sei erlaubt) am Schottenstoffbezug der Sportsitze. Am Dreispeichen-Sportlenkrad. Am Drehzahlmesser und am Ölthermometer. Am sportlich gestylten Schaltknopf: Ein ausnahmsweise schwarzer Golfball. Und an den schwarzen Velours-Teppichen.

Und falls Sie diesen Ausführungen nun Interesse abgewinnen können, dann rüsten Sie sich schon mal für eine Probefahrt. Ihr Volkswagen und Audi Partner hat ein ausgesprochenes Faible für Leistungssportler.

6 7

Modellpflegemaßnahmen

Mit Modelljahr 1978 (ab Sommer 1977) kamen ein modifizierter Ölkühler (vom 1303 GSR) sowie einige Änderungen am Fahrwerk zum Tragen: Der Bremskraftverstärker wurde von 8 auf 9 Zoll vergrößert, die vorderen Federbeine wurden neu gelagert, während hinten statt der Vollgummi-Zwischenlager großvolumige Gummilager mit umlaufender Verrippung zum Einsatz gelangten. Eine Gummizwischenlage zwischen Lenkgetriebe und Karosserie sollte Geräusche minimieren. Optimiert wurde auch die Drehmomentstütze am Motor, derweil im rechten Längsträger eine zusätzliche Verstärkung realisiert wurde.

Dazu gesellten sich Modifikationen bei einigen Funktionen: Betätigung Heckscheibenwischer über den Lenkstockschalter, geänderte Waschpumpe, Gurtaufroller in die hinteren Seitenteile verlegt, verbessertes dreistufiges Frischluftgebläse, verstärkte Schlösser der Türen und der Heckklappe, neue Türaußengriffe aus Kunststoff in Schwarz statt aus Zinkdruckguss.

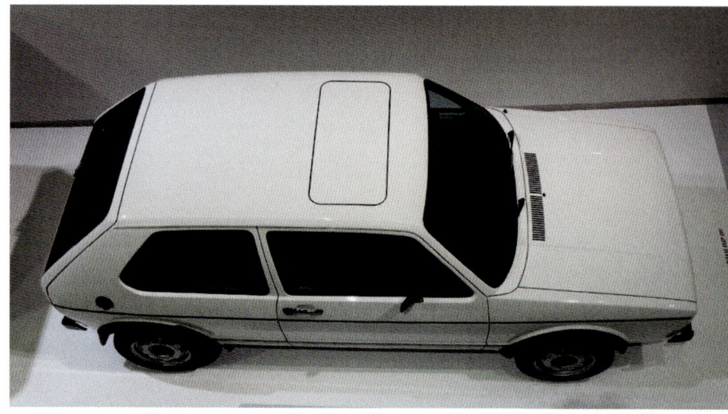

Schwarze Türaußengriffe wie bei diesem Exponat der Autostadt gab es erst 1978, während das Schiebedach schon beim frühen GTI zu haben war.

Modelljahr 1979

Viel weitreichendere Änderungen gab es mit dem ersten Facelift. Im August 1978 erhielten alle Golfs, auch der GTI, ein Facelift mit kräftigen, seitlich herumgezogenen, Energie-absorbierenden Kunststoff-Stoßfängern, die auf einen Stahlrahmen montiert waren. Man hatte diese bereits im Passat eingeführt. Sie sollten zudem unempfindlicher gegen Steinschlag und Korrosion sein, hieß es. Sie verlängerten den Wagen um 11 cm von 3.705 auf 3.815 mm. Zur Serienausstattung gehörte – wie erwähnt – endlich die Verbundglasscheibe. Und endlich wurde auch eine RHD-Version für Rechtslenkermärkte herausgebracht. Ebenfalls optional ließen sich ein Stahlschiebedach (anfangs 411,– DM) – das es aber bereits vor dem Facelift gab – und Ablageschalen in den Türen ordern.

Großes Facelift Mj 1979, sofort erkennbar an den größeren Stoßfängern (aber weiterhin kleinen Heckleuchten).

Im Inneren waren diverse Modifikationen umgesetzt: beispielsweise der Einsatz eines »Ökonometers« links unten im Tachometer, der den Kraftstoff-Momentanverbrauch signalisierte und nur im GTI serienmäßig war. Dazu Anzeige der Kühlwassertemperatur über eine blaue und eine rote Leuchte. Verlegung der vorderen Gurtschlösser an den Sitz. Hinten gab's nun optional Dreipunkt-Automatikgurte. Gefälligere Türscharnierbefestigung.

Optimiert wurden zudem einige Funktionsteile: Ventilschaftabdichtungen aus beständigerem Material. Dank geändertem Thermostat verbesserte Heizleistung mit um 25 % verkürzter Ansprechzeit. Verringerung des Bremspedal-Leerwegs durch mechanischen Bremslichtschalter statt Öldruckschalter. Automatisch nachstellende Trommelbremse hinten.

Modelljahr 1980

Modifikationen am Antriebsblock, im Innern und am Fahrwerk kamen den Kunden ab Ende 1979 zugute. Serienmäßig gab es ab August, wie bereits genannt, nun endlich erstmals ein eng gestuftes Fünfganggetriebe. Feinarbeit am Motor sollte eine bessere Performance bringen – vor allem dank einer veränderten »G-Nockenwelle« mit 0,5 mm größerem Hub und geänderten Steuerzeiten (was allerdings vereinzelt zu Ventilfederbrüchen führte), so Gert Hack (*1938) in seinem Standardwerk »Jetzt mache ich ihn schneller«. Neu waren nun auch der erhöhter Einspritzdruck (3 bar), optimierte Gemisch- und Warmlaufregler, größere Generator-Keilriemenscheibe und stärkere Lichtmaschine (65 statt 55 A).

Umgesetzt wurden zudem: serienmäßig zwei Automatikgurte plus ein Statikgurt hinten, Dioden statt Glühlämpchen bei der Temperaturwarnung, blinkende Kühlmittel-Kontrollleuchte sowie gelbe »Kalt«-Kontrollleuchte, optional verschließbarer Tankdeckel. Beim Fahrwerk gab's Änderungen an der Bremse: Faustsattel- anstatt Schwimmsattelbremse (damit 40 % Verschleißminderung), Reduzierung des Bremspedal-Leerwegs.

Modelljahr 1981

Das zweite größere Facelift kam dem Golf ab Sommer 1980 zugute. Deutlich vergrößert wurden die Heckleuchten (mit integriertem Nebel-Rücklicht), stark verändert wurde auch der Instrumententräger (vom Jetta) mit Ablage und Konsole sowie mit Leuchtdioden (Fernlicht gelb). Damit endete der Einsatz des Tachos mit spitz zulaufender Abdeckung. Neu war das Vierspeichen-Lenkrad mit runden Huptasten, zudem ersetzte eine Kühlmitteltemperaturanzeige das Ökonometer, und die analoge Zeituhr wich einer Digitaluhr.

Neu war auch die Bosch-Lichtmaschine mit schmaleren Lüftungsschlitzen. Ebenfalls im August 1980 kam die verschleißfreie, elektronische Zündanlage TSZ (Transistorzündung) für den 110-PS-GTI – vorher hatte der Wagen die herkömmliche Spulenzündung. Dazu gesellten sich neue Tür- und Seitenverkleidungen (nunmehr mit Längsstreifen) sowie ein neuer Dachhimmel. Dünnere Vorder-

Im Rahmen des Facelifts Mj. 1981 kamen die größeren Heckleuchten.

sitzlehnen verhalfen zu mehr Knieraum für die Fondpassagiere. Als Mehrausstattung zu haben waren nun LM-Scheibenräder 5.5J x 13 (646,– DM). Extra zu zahlen war auch für die fünf verschiedenen Radios, in den beiden teuersten Versionen auch für Kassettenbetrieb – von 343 bis 1.008 Mark. Serienmäßig gab es aber nun eine Nebelschlussleuchte. Leer- und Gesamtgewicht des GTI stiegen auf 840/1.280 kg.

Neues Lenkrad, neuer Instrumententräger, Handschuhfachdeckel.

Modelljahr 1982

Die Änderungen des Modelljahrgangs ab Sommer 1981 betrafen eigentlich nur Kleinigkeiten: So erhielten die vorderen Windlaufpfosten wie bei der Formel-E-Ausführung eine strömungsgünstigere Abdeckung aus Kunststoff. Noch eine Maßnahme für etwas geringeren Verbrauch: Anstelle des sportiven Fünfganggetriebes konnte man im Mj. 1982 ohne Aufpreis ein – wenig oder von Kunden gar nicht geordertes – 4+E-Getriebe mit langem letzten Gang bestellen. Fans sportlicher Dynamik blieben aber sehr viel lieber beim kürzer übersetzten »Sportgetriebe«.

Viel wichtiger: Ab Anfang 1982 war der GTI für ein Jahr erstmals auch als Viertürer lieferbar (Diamantsilber Metallic, Atlasgrau Metallic und die heute nahezu unbekannte Lackierung Perlrosé Metallic). Dazu ein modifiziertes Interieur (rauchgraue Sportsitze mit Glencheck-Mittelbahn, gemeint ist ein graugetöntes Karomuster mit dünnem, orangeroten Streifen) sowie Änderungen beim Exterieur (keine seitlichen Dekostreifen, aber durchgehende blanke Zierleiste mit doppeltem Stoßprofil auf der Gürtellinie, blanker Zierring um den Kühlergrill). Das Interieur überraschte mit hellem Dachhimmel und.besagten grauen Sportsitzen (GX-Ausstattung). Zur Ausstattung gehörte zunächst der EG-, dann der DX-Motor.

Zu haben war der Viertürer im Modelljahr 1983 auch als Pirelli-Modell. Der Mehrpreis gegenüber der limitierten Viertürer-Auflage lag bei knapp über 1.000,– DM (Mitte 1982: 20.385 gegenüber 19.305 DM).

Strömungsgünstigere Abdeckung A-Säule wie bei der Formel E.

Viertürer, Serie ab Anfang 1982, Frontpartie mit silberner Umrandung (Prospekt 1982).

Modelljahr 1983

Im letzten Modelljahr der ersten Generation erfolgte der Einsatz des größeren, etwas durchzugsstärkeren 1,8-Liters mit 112 PS (Motorenkennbuchstabe DX) für knapp 500 Mark Mehrpreis ab August 1982. Mit 153 Nm schon bei 3.500/min (1,6-Liter: 140 Nm bei 5.000/min) und einer Spitze von 183 km/h war er dem Vorgänger klar überlegen – und das bei einem geringeren Verbrauch (0,4 L/100 km). Gekoppelt war der 1,8-Liter stets mit einem Fünfganggetriebe, eine Viergangbox war für den GTI nicht mehr im Angebot. Trotz einen neuen Endschalldämpfers mit einem vier Liter größeren Volumen war der GTI aber »kein übertrieben leises Auto«, wie Gert Hack bemerkte. Die Nenndrehzahl war von vorher 6.100 auf 5.800/min gesunken, abgeregelt wurde bei 6.700/min.

Eine neue Zentralelektrik hielt Einzug. Auf dem Display der bisherigen Digitaluhr konnten nun in einer neuen Multifunktionsanzeige (MFA) verschiedene Informationen per Knopfdruck abgerufen werden: Uhrzeit, Fahrzeit, Fahrstrecke, Durchschnittstempo, Durchschnittsverbrauch, Öl- und Außentemperatur. Allerdings war diese Anzeige relativ teuer und machte – so *ams* – »optisch nicht viel her«. Der rechte Außenspiegel gehörte zwar weder im Normal-GTI noch im nachfolgend aufgeführten Pirelli-Sondermodell zum Lieferumfang, zierte aber beispielsweise den Verkaufsprospekt vom Juli 1983. Ganz offensichtlich gab es für die Auslaufmodelle Ausnahmen. Spötter kolportieren, VW habe den Spiegel auch deshalb weggelassen, weil der cW-Wert ohne dieses Teil besser gewesen sei, was Verbrauch und Höchstgeschwindigkeit zugute kam. Ab Mai 1983 sollte das schon erwähnte Sondermodell (»Pirelli-Golf«), angeboten neben dem normalen GTI, das Geschäft ankurbeln und die Zeit bis zum Erscheinen des Nachfolgers überbrücken. Seine Features waren: 185/60 HR 14-Reifen, Lederlenkrad, auf die Außenfarbe abgestimmtes Interieur, Außenspiegel in Wagenfarbe und Kotflügelverbreiterungen. Aber auch er hatte noch Trommelbremsen hinten.

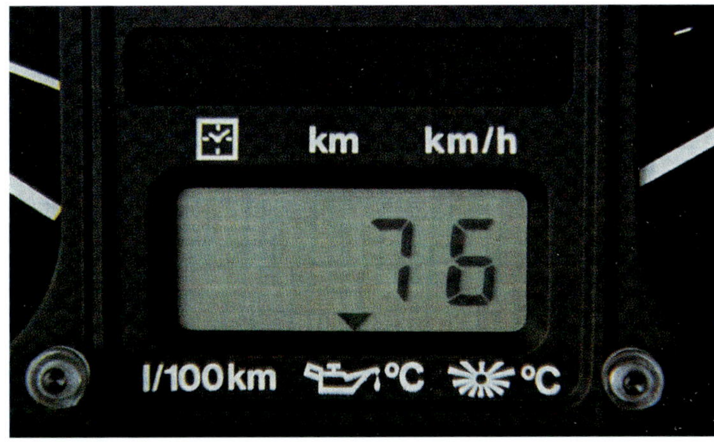

Auf dem Display ließen sich nützliche Informationen abrufen.

Golf GTI Zweitürer von 1983 (Exponat der Autostadt) ohne rechten Außenspiegel – dem Vernehmen nach günstig für geringeren Verbrauch und mehr Topspeed.

Der 1,8-Liter-Motor im Normal-GTI war absolut identisch mit dem des Pirelli-Modells.

Golf GTI Viertürer von Clubaktivistin Irene Christoffers (Bremen Classic Motorshow 2026).

Das viertürige GTI-Auslaufmodell wurde nur 4.200 mal ausgeliefert.

Überhaupt erregte gerade der GTI auf einigen Märkten eine unglaubliche Akzeptanz und weckte Begehrlichkeiten ohne Ende. Die Importeure registrierten dies sehr wohl und regten Sonderversionen an. Beispielsweise gab es in der Schweiz ab 1982 das aufgewertete Sondermodell »GTI Trophy« – es verfügte über 6.0J x 14-Alus mit 185/60 HR14-Pneus, Doppelscheinwerfer, grün getönte Scheiben, Leder-Sportlenkrad und optional ein Stahlkurbeldach. In Österreich wurden derweil der »GTI Special« und in Großbritannien der »GTI Campaign« offeriert. Und in Frankreich boten die Händler den »GTI Plus« an.

Sondermodell Trophy aus dem Werk Brüssel, mit 14-Zöllern »Avus«.

Der in vier Farben lieferbare Trophy war üppig ausgestattet.

GTI für ganz besondere Kunden

In Serie ging der Viertürer-GTI erst im Februar 1982, doch schon 1977, noch vor dem Facelift, bekamen sowohl Musiker Herbert von Karajan (1908–1989) als auch Giorgetto Giugiaro bereits einen viertürigen GTI (mit US-Stoßfängern, roter Kühlerumrandung, Lederausstattung und ATS-Rädern), umgebaut bei Karmann in Osnabrück. Zumindest das Giugiaro-Exemplar trug einen Oettinger-Motor unter der Haube. Die österreichische *auto revue* verwies auf ein drittes Viertürer-Exemplar, das aber verschollen sei.

Auch viele andere »Promis« erinnern sich gern noch an ihren ersten GTI – darunter die Rennlegenden »Striezel« Stuck und Jochen Mass, der Anfang 1990 seinen weißen Sportwagen (mit deutscher Zollnummer) abholte. Stuck hat seit einigen Jahren wieder einen roten 1er-GTI in seiner gut bestückten Garage in Österreich stehen.

Viertürer-GTI für Giugiaro, dauerhaft stationiert in seiner Privatsammlung in Grugliasco.

Der Viertürer ist von weiteren ItalDesign-Exoten umgeben.

Werbebotschafter und GTI-Fahrer Jochen Mass.

Herbert Schuster, Anton Konrad und »Striezel« Stuck (2016).

Mehr Hubraum, mehr Durchzug

Der ab Ende 1982 eingesetzte neue 1,8-Liter war ein weiterentwickeltes EA 827-Aggregat. Es war auch mit 90 PS (ab 8/83), 95 PS (ab 4/85) und 98 PS (ab 8/89) zu haben. Und es sollte sich zu einem der beliebtesten Triebwerke der 80er-Jahre entwickeln, das in Golf, Jetta und Passat eingebaut wurde. Die Nockenwelle war neu entwickelt worden, die Kanäle wurden geändert. Das Einlassventil maß nun 40 mm, beim Auslass waren es 33 mm.

Den Zylinderkopf hatte Prof. Fritz Indra (*1940) für den Einsatz im GTI modifiziert. Mehr Hub und mehr Bohrung bedingten 8 mm längere, schlankere Pleuel und eine geänderte Kolbenform (Kolbenbolzen-Durchmesser von 22 auf 20 mm reduziert). Daraus resultierte – anders als beim 1,6-Liter mit seinem unten völlig planen Heron-Kopf – die Verlegung des Brennraums teilweise in den Zylinderkopf, teilweise in den Kolben (im 1,6-Liter nur im Kolben).

Die Kolben selbst waren nun kürzer und leichter. Die nach Erkenntnissen aus dem Motorsport gestaltet Kurbelwelle unterschied sich neben dem größeren Hub (86,4 statt 80 mm) vor allem durch die geänderte, bessere Massenverteilung, wie Gert Hack in einem seiner Standardwerke erklärt: »Die Kurbelwangen sind ausgespart, der obere Lagerbund für die Pleuel ist sehr niedrig.« Sie war letztlich auch 1,5 kg leichter als die des 1,6-Liters – und zudem preisgünstiger in der Fertigung. Hack bezifferte den tatsächlichen effektiven Leistungsunterschied zwischen 1,6- und 1,8-Liter nicht auf die angegebenen zwei, sondern auf etwa zehn PS.

Es blieb natürlich bei der Saugrohreinspritzung (K-Jetronic) für das neue Triebwerk (Motorkennbuchstabe »DX«). Wobei das Hubraum-Plus mehr brachte als den kümmerlichen Leistungszuwachs auf 112 PS (82 kW). Die Höchstgeschwindigkeit lag zwar nur bei 183 statt bisher 182 km/h (in einem Testbericht war gar von 190 km/h die Rede), aber das Plus an Brennraum tat dem Durchzug gerade aus mittleren Drehzahlen spürbar gut. Das maximale Drehmoment betrug 153 Nm bei 3.500/min. Von 0 bis 100 brauchte der GTI nun 9,2 Sekunden (Werksangabe), da blieb er auf dem Niveau des 1,6-Liters. Katalysatoren wurden zunächst in Deutschland noch nicht angeboten. Der 1,8er-Motor fand sich dann auch im Golf 2 GTI, hier allerdings ringsum optimiert.

Der neue 1,8-Liter verfügte über die gleichen Außenabmessungen wie der 1,6-Liter und passte problemlos in den Motorraum.

Durchsichtszeichnung 1,8-Liter.

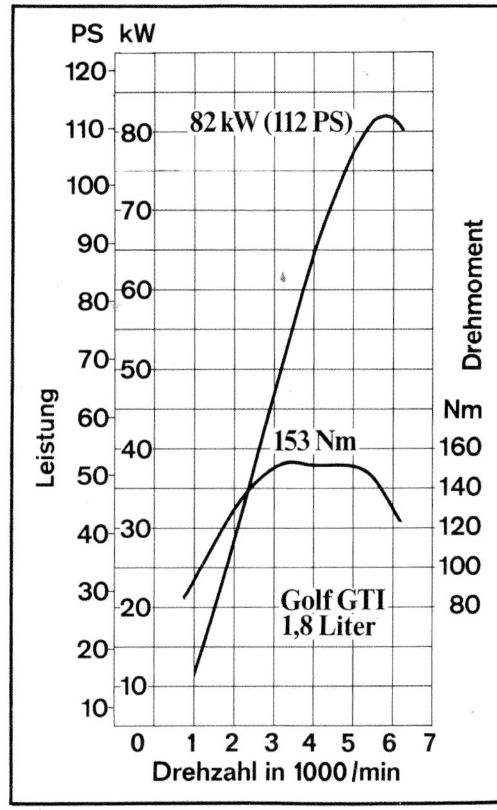

Der 1,8-Liter brachte keine deutliche Mehrleistung, aber besseren Durchzug.

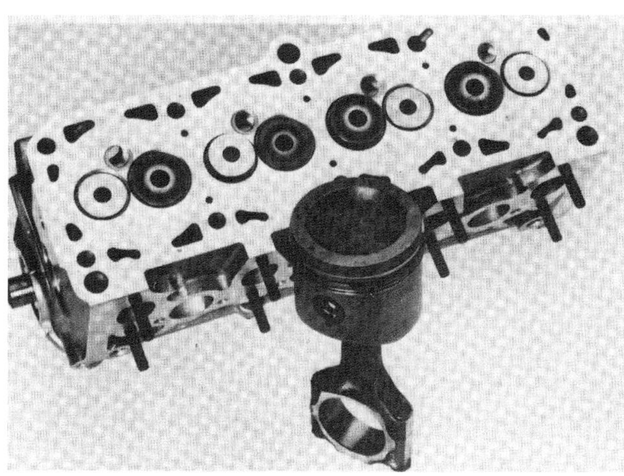

Vergleich Zylinderköpfe 1,8-Liter (links) im Vergleich zum 1,6-Liter. Die Brennräume saßen beim 1,8er teilweise im Kopf, teilweise im Kolben. (Foto: Hack)

Der 16S-Vierventiler

In der überschaubaren Stückzahl von zirka 1.250 Einheiten gab es exklusiv für den französischen Markt von August 1981 bis Juli 1983 eine Vierventilversion des GTI mit grundsätzlich 1,6 Liter Hubraum. Äußerlich erkennbar war sie am BBS-Bodykit (Frontspoiler, Seitenschweller, Radlaufverbreiterungen), ATS-Cup-Felgen (6.0J x 14), den Doppelscheinwerfern und Schriftzügen vorn und hinten (»16 Soupapes«). Serienmäßig war das Fünfganggetriebe mit enger gestuften ersten drei Gängen und langem fünften Gang. Darüber hinaus erhielt die Schaltbox verstärkte Synchronringe und eine stärkere Kupplung.

Exklusiv war zudem eine Querlenkerstrebe im Motorraum, das Fahrwerk erhielt Bilstein-Dämpfer. Der Innenraum basierte auf dem Serien-GTI, allerdings fand man den 16S-Schriftzug am Lenkrad. Die Mittelkonsole beinhaltete zwei Zusatzinstrumente. Auffällig die Instrumente: Der Drehzahlmesser reichte bis 8.000/min und der Tacho bis 240 km/h. Das Auto wurde als »GTI 16S« bezeichnet und kostete mit 75.000 Franc stolze 50 % mehr als der Basis-GTI. Zwar war man damit auf dem Niveau des damaligen BMW 323i, aber andererseits schickte 1983 Peugeot seinen 205 GTI (1,6 Liter, 105 PS) ins Rennen. Und Renault hatte bereits 1980 den R5 Alpine Turbo mit 108 PS starkem 1,4-Liter-Turbo für 17.980 DM herausgebracht (wobei 1981 der Golf GTI mit 110 PS bereits 18.575 DM kostete!). Dem folgte der viel aufwendigere, kostspieligere R5 Turbo (1,4 Liter, 160 PS): Dem galt es selbstbewusst entgegenzutreten, hatte Volkswagen France beschlossen – und den Bezug des 16S (16V) initiiert.

Oettinger im hessischen Friedrichsdorf – ein mit Volkswagen seit langem eng verbandelter Tuner – hatte schon ab 1977 an einem ersten 16V-Zweinockenwellen-Kopf gearbeitet. *ams*-Tester Wolfgang König bezifferte den Entwicklungsaufwand auf 1,5 Millionen Mark und lobte: »Beim Beschleunigen konntest Du Dich ungestraft mit diversen Porsche-Typen anlegen. Für mich war das dann auch der Höhepunkt des GTI-Seins.« Und *Auto Zeitung*-Redakteur Gernot Röthig (*1945) lobte: »Oettingers Tuning macht den Golf GTI noch attraktiver. Vor allem auch deshalb, weil er nichts von seiner Alltagstauglichkeit einbüßt.«

Golf 16S aus Frankreich mit BBS-Bodykit (GTI-Treffen Wolfsburg, 2024).

Oettinger 1,6-Liter mit zukunftsweisender Vierventiltechnik.

Der Oettinger-Motor setzte ebenfalls auf die K-Jetronic, war mit 10,5 : 1 noch höher verdichtet, mit Spezialkolben, feingewuchteter Kurbelwelle und modifizierter Ölwanne. Zylinderkopf, Ventildeckel, Ansaugbrücke, Krümmer bis hin zur Ölwanne waren Sonderanfertigungen in Kleinserie, was aber wegen der damaligen Fertigungstechnik immer wieder Probleme mit sich brachte und vielen Motoren und damit auch vielen GTI 16S das Leben kostete. 136 PS bei 6.500/min aus 1,6 Liter Hubraum wurden erreicht, Spitze je nach Quelle 195 bis 201 km/h. Das maximale Drehmoment betrug 157 Nm bei 5.500/min. Der Motor soll ungestraft bis 7.500/min gedreht haben …

Dem folgten 1,8- und 2,0-Liter-Versionen. Vom 1,8-Liter gab es Varianten mit 125 (8V) und 142 PS (16V als 1800/16), während der 2,0-Liter mit 136 (8V 2000E), 150 und 160 (16V als 2000/16) PS zu haben war. Die Modifikationen wurden ausschließlich bei Oettinger in Friedrichsdorf nördlich von Frankfurt vorgenommen. Volkswagen übernahm Garantie und Service.

1980 stellte Oettinger der Zeitschrift *sport auto* einen Golf GTI 2000 E (136 PS, 8V) hin, der die Tester in jeder Hinsicht begeisterte: Nicht nur der Beschleunigungswert (7,2 Sekunden von 0 bis 100), sondern vor allem die Leistungsentfaltung (»Der Oettinger Golf 2000 E vermittelt eine Fahrgaudi, wie sie kein Serien-GTI und erst recht nicht viele andere starke Limousinen bieten können«) überzeugten. Der Tester der *Auto Zeitung* (24/1980) meinte gar: »Eigentlich schade, dass dieses auch optisch reizvolle Triebwerk unter einer Blechhaube verborgen ist. Aber wer weiß, vielleicht bietet Oettinger als Extra eines schönen Tages ja mal eine Acrylglashaube an…« Wobei anzumerken ist, dass sich die 8V-Variante äußerlich nicht von der des Serien-GTI unterscheiden lässt – nur bei den 16V-Umbauten trifft die begeisterte Aussage hundertprozentig zu!

Einige Vierventiler wurden unter der Bezeichnung Golf Oettinger 1600 E/16 auch in Deutschland abgesetzt – für sehr tapfere 24.945 Mark. Alternativ gab es 1982/83 Versionen mit mehr Hubraum (1,8-Liter mit 143 PS und 2,0-Liter mit 150/160 PS). Inklusive längerer Achsübersetzung (nur beim 2,0-Liter) und zweiteiliger Alu-Ölwanne kostete dies bis zu 13.700 DM, weiß der Gifhorner Oldtimerenthusiast Dietrich Dimmler zu berichten. Sein 2000 E/16 bringt 186 Nm bei 5.000/min, spurtet in 6,9 Sekunden von 0 auf 100 und ist mit 204 km/h angegeben. Insgesamt sind zirka 2.500 Oettinger-16V-Köpfen entstanden, mit dem BBS-Bodykit wurden sie offiziell nie kombiniert (aber Oettinger realisierte durchaus auch solche Kundenwünsche).

Golf GTI 2000 E/16 mit speziellem Cockpit und dreiteiligen BBS-Rädern von Dietrich Dimmler.

Doppelleuchten hat der GTI aus Originalitätsgründen nicht erhalten.

Motorraum 2000 E/16, originalgetreuer Umbau 2011.

Zum Auslauf eine Ikone

Zum Abschluss der Baureihe offerierte Volkswagen ab dem 11. Mai 1983 das erwähnte »Sondermodell Golf GTI« (beworben als »Exklusiv-Look zum Inklusiv-Preis«), das dann als »Pirelli-Golf« Furore machte. Es war grundsätzlich ausgestattet mit dem neuen 1,8-Liter, eine 1,6-Liter-Pirelli-Version gab es nie. Den Sprint von 0 auf 100 km/h absolvierte der Wagen – genau wie der parallel weitergebaute Serien-GTI – in 9,2 Sekunden. Mit diesem Sondermodell schloss sich der Kreis – hatte doch Pirelli schon anno 1974 im Rahmen einer Marketingaktion für den neuen Golf bei der Feuerland-Alaska-Fernfahrt mit Fritz B. Busch (1922-2010) unterstützt.

Äußerlich erkennbar ist das Sondermodell an den 6.0J x 14-Leichtmetallrädern im Pirelli-Design von Rainer Buchmann (*1946) und Isdera-Schöpfer Eberhard Schulz (*1940). Diese gab es auch für andere Hersteller in 14 und 15 Zoll. Hersteller der Räder war Ronal mit seiner Submarke LWF (Leichtmetall Werke GmbH Forst in Baden). Die Reifendimension beim sogenannten Pirelli-GTI lag bei 185/60 HR 14 (Pirelli P6). Die Pirelli-Edition lief auf dem gleichen Band parallel mit dem »normalen« GTI, eigene Fahrgestellnummern wurden nicht vergeben.

Zwei- und Viertürer wurden angeboten, letztere extrem sehr selten. Stoßfänger, Kotflügelverbreiterungen (wie beim Normal-GTI) und Außenspiegel der Sonderserie waren – wie bereits erwähnt – in Wagenfarbe lackiert. Dazu kamen die grüne Colorverglasung (beim Normal-GTI optional) und der Doppelscheinwerfer-Grill mit Halogen-Haupt- und Nebelscheinwerfern (für den Normal-GTI nur als Zubehör zu bekommen).

Das mit dem Code »W65« gekennzeichnete Sondermodell erhielt eine reichhaltige Ausstattung mit speziellem Vierspeichen-Leder-Sportlenkrad, Verbrauchs- und Multifunktionsanzeige (unterdruckgesteuert), Drehzahlmesser, Golfball auf dem kurzen Schalthebel (letztere wie im Normal-GTI). Die Sitzpolster in Schwarzrot-Schwarz (für alle außer Lhasa), Schwarzsilber-Schwarz (für alle vier Außenlackierungen) oder Petrol-Schwarz (für Weiß und Lhasa) waren farblich auf die Außenfarbe abgestimmt.

Zwei Farben gab es ohne Aufpreis: Marsrot (LA3A) und Alpinweiß (L90E). Optional ordern ließen sich für die W65-Modelle Heliosblau metallic (LA5Y) und Lhasa metallic (LA6V) – Metallicfarben kosteten 354 DM extra. Es handelte sich also um vier Serien-Colorierungen. »Gemäß einer internen Mitteilung«, so hieß es aber in *Gute Fahrt* 2/2008, waren gegen Aufpreis alle Farben lieferbar (insgesamt 13 – u.a. Schwarz und Diamantsilber). »Dann waren allerdings die Kotflügelverbreiterungen, Stoßfänger und Außenspiegel in Schwarz gehalten«. Als Grundpreis für den serienmäßigen Pirelli GTI ohne Schiebedach in Weiß oder Rot galten relativ faire 20.285 Mark für den Zweitürer und 20.980 DM für den Viertürer. Die Werbung betonte, dass ein Pirelli gegenüber dem Normal-GTI keinen Aufschlag kostete (»Mehrwert ohne Mehrpreis«) – der Preis für den Normal-GTI und den Pirelli war also definitiv gleich. Aber beispielsweise ein Stahlschiebedach kostete weitere DM 574,– und war damit nicht, wie manche Quellen behaupten, ohne Aufpreis wählbar. Im Laufe des Jahres 1983 erfolgte dann noch eine Preiserhöhung auf 22.800 Mark für den Pirelli, was der Mehrwertsteuer-Erhöhung von 13 auf 14 % geschuldet war.

Von dem bis Oktober 1983 gefertigten Pirelli GTI entstanden offiziell insgesamt 10.500 Einheiten (wobei auch die späten Exemplare als 83er Modell liefen). Tatsächlich dürften es – laut Helmut Horn – wohl 14.500 Stück gewesen sein. Heute ist er ein beliebtes Sammlerobjekt und wird gelegentlich gern unter Zuhilfenahme »normaler« GTI zum Sondermodell »umgewandelt«. Wobei, so www.der-pirelli.de, auch 1984er Restposten-Golf-1-Pirelli-GTI existieren.

Das legendäre Pirelli-Rad mit angedeutetem P-Design. Der PR-erfahrene Rainer Buchmann fordert gern dazu auf, einen Spiegel davor zu halten – dann sähe man sein »bb«-Logo!

Um die Verwirrung perfekt zu machen: Angeboten wurden auch Golf GTI mit »Pirelli-Paket« (W64) ohne lackierte Kunststoffteile. Natürlich gelten auch diese Exemplare als »echte« Pirelli-GTI (so weiß es H. Horn) – mehr dazu in der Tabelle auf Seite 44. Aber das ganze Thema hat halt auch »Schwarze Schafe« auf den Plan gerufen. Neben den 13 Serienfarben für den Golf GTI Pirelli existierte die sehr seltene W64-Lackierung Platin-diamant Metallic (L98E) mit der Innenausstattung schwarz-rot. Vierventilversionen im Pirelli-Outfit gab es übrigens offiziell nie. Mag aber sein, dass in Einzelfällen umgerüstet worden ist.

Interieur Schwarzsilber/schwarz für den Pirelli-Golf.

In Schwarz wirkt der Pirelli wohl am edelsten.

Dieser Pirelli-Golf aus dem Bestand des AutoMuseums wird heute gern in die Öffentlichkeit gebracht.

VOLKSWAGEN PKW-Verkaufsprogramm Inland Mai 1983

GOLF GTI SONDERMODELL

		Farbbezeichnung		Bestellschlüssel	schwarzrot / schwarz	schwarzsilber / schwarz	petrol / schwarz
					Stoff- / Armaturentafelfarbe		
					Regenbogenstreifen		
GTI	**S707 W64**						
		041	schwarz	A1A1	KL	KM	KU
	**	97A	diamantsilber metallic	Z4Z4	--	KM	KU
	*	P7V	atlasgrau metallic	3065	KL	KM	KU
	*	P3Y	perlrosé metallic	3067	KL	KM	KU
	*	98E	platindiamant metallic	3982	KL	KM	KU
	*	94E	oakgrün metallic	3989	KL	KM	KU
	*	94F	anthrazit metallic	3990	KL	KM	KU
	*	P8Y	braunkupferdiamant metallic	3992	KL	KM	KU
	*	P9V	schwarz metallic	3993	KL	KM	KU
GTI	**S712 W65**						
		90E	alpinweiß	3026	KL	KM	KU
		A3A	marsrot	3356	KL	KM	--
	**	A5Y	heliosblau metallic	3031	KL	KM	--
	**	A6V	lhasa metallic	3082	--	KM	KU

Aufpreis Lack * DM 634,-
** DM 354,-

Die Pirelli-Lackierungen im Detail. (Übersicht: Quednau/Pkw-Verkaufsprogramm)

Anzeige Pirelli Golf in der Zeitschrift *Motorrad* – mit Hinweis auf den günstigen Preis.

Auch in Rot ist der Pirelli oft geordert worden.

Platin-diamant Metallic macht den Pirelli-GTI zum Exoten.

Der Rabbit

In Nordamerika lief der Golf ab 1974 als »Rabbit« (zunächst Importe aus Deutschland, ab 1978 Produktion vor Ort). Von der ersten Generation konnten sagenhafte 1,5 Millionen abgesetzt werden. Eine GTI-Version gab es ab 1979 (Kanada) bzw. ab 1983 (USA). Zumindest aus europäischer Sicht schien sie aber in der gewohnten Form diesen Namen nicht wirklich zu verdienen. Der mit Rechteckscheinwerfern und verstärkten Stoßfängern versehene Golf aus dem neuen Werk in Westmoreland/Pennsylvania war zu sehr amerikanisiert worden – hier sollte eine Leistungsspritze helfen.

Darum debütierte – nach einer Entscheidung vom November 1981 – anno 1983 der vor Ort modifizierte Rabbit GTI mit 1.781 cm³, 8,5 : 1 verdichtet und mit einem Fünfganggetriebe versehen: Seine Motorleistung lag jedoch bei lediglich 90 PS bei 5200/min, was eine Höchstgeschwindigkeit von 167 km/h ermöglichte. Und im Innern des Wagens blieb es bei der plüschigen Ausstattung. Mit Sondereditionen wie der »Wolfsburg Edition« von 1983/84 versuchte man, mit attraktiveren Exterieur- und Interieur-Farben und -Features zusätzliche Anreize zu schaffen. Dem Vernehmen nach entstanden in Pennsylvania bis 1984 ca. 30.000 dieser 1,8-Liter-Rabbit GTI. Mittlerweile gibt es Sammler und Fans wie David Spratt, die mit ihrem Hot Hatch vom US-Importeur gern in die Medien gebracht werden.

Obwohl das Magazin *Car and Driver* den GTI zu den »Zehn Besten des Jahrgangs 1983« gekürt hatte: So richtig begeisterte er niemand mehr, zumal 1984/85 die Produktion des Golfs/Rabbit in Westmoreland auslief. Überzeugender sollte sich erst der 2er-GTI mit seinem Vierventilmotor in Szene setzen, der noch bis 1988 in den USA unter der Bezeichnung »Golf« lief.

Pirell-Golf.

R A B B I T

Rabbit fulfills the demands of a mobile society who want more than just a box on wheels. Exceptional mileage* was certainly a prerequisite to its evolution, yet equally important were handling, comfort, durability and style. Perhaps this is why Rabbit has become one of the best selling cars in the world!

To Rabbit's incredible list of standard equipment—its choice of engines, front wheel drive, rack and pinion steering, front disc brakes and independent suspension system—we've added a number of features that put it in a league by itself.

Enter the Wolfsburg Limited Edition Rabbit. On the outside, we've included your choice of four metallic colors or Cashmere White. A large aerodynamic front spoiler. Dual black bodyside moldings. 5-inch steel wheels with road-gripping 175/70 R 13 steel belted radial tires. And sporty wheel covers.

Inside, you'll find fully reclining bucket seats of blue and grey tweed cloth with grey leatherette trim. To further increase your comfort level, you may also choose from either air conditioning or a sunroof and an AM/FM stereo cassette radio.

For a limited time only, all of these extras are specially priced to make *this* Rabbit an extra special value.

Wolfsburg Limited Edition Rabbit in Diamond Silver Metallic.

**See EPA mileage estimates on back cover.*

1984 Sondermodell Rabbit »Wolfsburg Edition«.

Die Legende verabschiedet sich

1979 waren sowohl das auf dem Golf 1 basierende Cabrio als auch der Jetta und der Caddy erschienen. Cabrio und Jetta gab es 1979 bis 1983 auch mit dem 110-PS-Motor – eine Umbenennung in GTI und entsprechende Exterieurdetails waren für das Cabrio allerdings kein Thema. Anders der Scirocco, der eine Zeitlang parallel als GTI lief, gab es aber Überlegungen, auch die 110-PS-Version des Passat mit den magischen drei Buchstaben zu adeln. Dazu kam es aber nie (Kap. 10).

Zumindest in der Optik zitierte Volkswagen den GTI beim neuen GTD mit aufgeladenem Dieselmotor ab 1982: mit den gleichen Außenfarben, ähnlicher Innenausstattung, Radhausverbreiterungen und Reifen der Dimension 175/70 SR 13, aerodynamisch verkleideten A-Säulen-Pfosten und größerem Frontspoiler, silberfarbene Kühlerpartie-Umrandung. Für seine Zeit war der GTD eine Rakete – auch wenn er nominell nur 70 PS (52 kW) Leistung, aber dafür 133 Nm Drehmoment brachte.

Das Produktionsende des Pirelli-Sondermodells einschließlich der auf Halde gebauten Autos (um die Zeit bis zum Serienanlauf des 2er-GTI zu überbrücken) war am 14. Oktober 1983. Parallel lief bis August 1983 der »normale« GTI weiter. Dessen Jahresproduktion war permanent gewachsen – im Rekordjahr 1981 waren es 72.394 Einheiten (Hayes/Kuch: VW Story). Nach 461.690 Exemplaren endete die Produktion des ersten Golf GTI – insgesamt sind 6,72 Millionen der frühen Golfs gebaut worden: Der GTI-Anteil liegt also bei rund 8 % des damaligen Gesamtvolumens.

Der Golf GTI sei, so schrieb die *ams* anno 1984, »fast schon zu einer Weltanschauung geworden«. Bedauerlicherweise fielen aber zahlreiche GTI den Tuningmaßnahmen der Bastlerszene zum Opfer, was ihre Zahl minimiert und den heutigen Liebhaberpreis stark erhöht hat.

»Der GTI bot eine hervorragende Basis auch für ungewöhnliche Umbauten oder Tuningmaßnahmen in den 70er- und 80-Jahren.«

Sonderversionen und Unikate

Sbarro

Der wohl ungewöhnlichste GTI stammt vom Westschweizer Autovisionär Franco Sbarro (*1939). Anno 1983 präsentierte er auf dem Genfer Salon den 1.300 kg leichten Super-GTI mit hydraulisch absenkbarer Hinterachse als Auftragsarbeit für einen Kunden. Er blieb ein fahrbereites Unikat.

Das hinter den Vordersitzen mittig längs eingebaute 330-PS-Triebwerk stammte vom Porsche 911 Turbo und soll das Auto auf 250 km/h beschleunigt haben. Der 100-Liter-Tank saß vorn im früheren Motorraum, um für eine ausgewogene 50:50-Massenverteilung zu sorgen. Der Innenraum war mit rotem Leder ausgekleidet, der Instrumententräger trug Holzapplikationen.

Die hydraulische Lift-Funktion, die den hinteren Wagenteil anhob, war sogar während der Fahrt abrufbar. Später baute Sbarro noch einen äußerlich weniger spektakulären Golf 300 S mit Porsche-928-V8.

Sbarro Super GTI.

Artz

Vielleicht etwas gewagt, diese Artz-Applikation als GTI-Sonderversion zu klassifizieren – aber die Leistungsausbeute des in zwei Exemplaren gebauten Boliden spricht dafür. Günter Artz (*1940), legendärer Geschäftsführer und Macher des Hannoveraner Autohauses Nord, ließ 1978 und 1980 jeweils einen Golf 1 GTI mit dem Porsche 928/S kreuzen.

Als Basis diente zunächst ein Porsche 928 mit V8-Motor und ursprünglich 240 PS (177 kW), später ein 928 S mit 300 PS (221 kW), auf den die vergrößerte Karosserie eines Golf 1 gesetzt wurde. Tatsächlich wurden lediglich die Türen des Golfs verwendet; alle übrigen Karosserieteile sind sündhaft teure Einzelfertigungen. Gegenüber dem originalen Golf 1 wurde das Auto um 21 cm verbreitert und um 30 cm verlängert.

Der Innenraum entspricht dem des Porsche 928 – mit höhenverstellbaren Instrumenten sowie den typischen Sitzen, Konsolen und eierbecherförmigen Schaltern. Beide V8-Fahrzeuge befinden sich in fester Sammlerhand und treten in der Öffentlichkeit zusammen mit anderen faszinierenden Artz-Umbauten auf.

Porsche im Golfs-Pelz.

Gepard II

Wie ein geschrumpfter Ferrari sah das flache rote Sportcoupé aus, das ca. 1981 von Autoenthusiast Helmut Kretschmann aus Bonn-Beuel aufgebaut wurde, der sich zuvor an Umbauten auf NSU-Basis versucht und der sogar einen kleinen Monoposto aufgebaut hatte. Das 3,95 m lange und 1,15 m niedrige Auto verfügte über die Technik des Golf 1 GTI, hatte aber 15er-Räder und Scheibenbremsen auch hinten.

Der 1,6-Liter-Motor war hinter den Sitzen eingebaut und verfügte über ein Fünfgang-Schaltgetriebe – später wich er einem 1,8-Liter-112-PS-Triebwerk. Ende 2000 übernahm das AutoMuseum Volkswagen das Targa-Coupé, verkaufte es aber 2007 weiter. Ein zwischenzeitlicher Besitzer in Bayrisch Eisenstein veräußerte den Wagen an einen Enthusiasten im Fichtelgebirge, wie *Auto Bild Klassik* berichtete.

Gepard II.

Versuchsträger VR6

Um 1977 begannen die Arbeiten an einem V6-Motor mit sehr kleinem V-Winkel, dessen Zylinder – wie bei einem Reihenmotor – von nur einem Zylinderkopf abgedeckt waren. Der sogenannte RV-Motor (später als VR-Motor bezeichnet) sollte es ermöglichen, sechs Zylinder quer in Golf und Jetta unterzubringen. Angestrebt waren »mindestens 100 kW« (136 PS) bei 2,0 Litern Hubraum.

Anfang 1980 bestückten die Vorentwickler um Dr. Hermann Krüger (*1933) einen Golf GTI mit einem solchen Motor. Leider hat der Prototyp nicht überlebt. Es folgten größere Vierventilversionen, bis schließlich der bekannte 2,8-Liter-Zweiventil-VR6 mit 180 PS (132 kW) im Mai 1991 im Passat 3 und im Golf 2 in Serie ging.

Erster RV-Motor im Golf GTI.

Preise Golf 1 GTI (alle Preise in DM, Quelle: Etzold/Lewandowski/autosalon)

März 1976	13.850,–	Anf. 1980	16.123,–	März 1982	19.305,– (2T) / 20.385,– (4T)
Aug. 1977	14.435,–	März 1980	16.890,–	Aug. 1982 (1.8 L)	19.725,– (2T) / 20.400,– (4T)
Mai 1978	15.085,–	Aug. 1980	17.035,–	Apr. 1983	20.285,–
März 1979	15.540,–	Mai 1981	17.730,–	Juli 1983	22.800,– (Mehrwertsteuererhöhung)
Aug. 1979	15.794,–	Juni 1981	18.020,–		
		Dez. 1981	18.575,–		

Technische Daten Golf 1 GTI

	1.6 GTI 1976–1978	1.6 GTI 1979–1982	1.8 GTI 1982–1983
Motor	LM-Kopf/GG-ZKG mit Getriebe quer vor VA		
Zylinder	4 (Reihe, EG)	4 (Reihe, EG)	4 (Reihe, DX)
Bohrung x Hub (mm)	79,5 x 80	79,5 x 80	81 x 86,4
Hubraum (cm^3)	1588	1588	1781
Leistung (PS/kW /min)	110 (81)/6100	110 (81)/6100	112 (82)/5800
Max. Drehmoment (Nm/min)	137/5000	137/5000	153/3500
Verdichtung	9,5 : 1	9,5 : 1	10,0 : 1
Gemischbereitung	Mechanische Kraftstoffeinspritzung Bosch K-Jetronic		
Ventile	2 pro Zylinder, hängend, obenliegende Nockenwelle (Antrieb über Zahnriemen)		
Kurbelwellenlager	5	5	5
Kühlung	Pumpe (6,5 L Wasser),	Pumpe (6,5 L Wasser), Ölkühler	Pumpe (6,5 L Wasser)
Schmierung	Druckumlauf (3,5 L Öl)	Druckumlauf (3,5 L Öl)	Druckumlauf (3,5 L Öl)
Batterie	12 V 36 Ah/54 Ah	12 V 36 Ah/54 Ah	12 V 36 Ah/54 Ah
Lichtmaschine	Drehstrom 45, 55 oder 65 A		Drehstrom 630 W
Kraftübertragung		Frontantrieb	
Kupplung		Einscheibentrocken	
Schaltung		Schaltstock in Wagenmitte	
Getriebe	4Gang	4Gang; ab 8/1979 5Gang	5Gang
Synchronisierung	I-IV	I-IV; 5Gang: I-V	I-V
Übersetzungen	I. 3,45 II. 1,94 III. 1,37 IV. 0,97 -- R: 3,17	I. 3,45; 3,45 II.1,54; 2,12 III. 1,37; 1,44 IV. 0,97; 1,13 V. 0,91 R: 3,17	I. 3,45 II. 2,12 III. 1,44 IV. 1,13 V. 0,91 R: 3,17
Antriebsübersetzung	3,70	3,70; ab 8/1979: 3,89	3,65

Fahrwerk		Selbstragende Ganzstahlkarosserie, ab 1982 auch 4Türer	
Vorderradaufhängung		McPherson-Federbeine, Querlenker, Schraubenfedern, Stabilisator	
Hinterradaufhängung		Verbundlenkerachse (Federbeine, Längslenker, Schraubenfedern, Querträger), Stabilisator	
Lenkung		Zahnstange	
Fußbremse		Diagonal-Zweikreis-Hydraulik, Servo, vorn Scheibenbremsen (Ø 239 mm, belüftet), hinten Trommeln (Ø 180 mm), ab 1979 automatisch nachstellende Trommeln,	ab 1980 Faustsattelbremsen

Allgemeine Daten			
Radstand (mm)	2400	2400	2400
Spur vorn/hinten (mm)	1404/1372	1404/1372	1404/1372
Gesamtmaße (mm)	3705 x 1630 x 1395	3815 x 1630 x 1395	3815 x 1630 x 1395
Räder	5.5J x 13	5.5J x 13	5.5J x 13/6 J 14
Reifen	175/70 HR 13	175/70 HR 13	175/70 HR 13,185 HR 14
Wendekreis (m)	10,4-11	10,4-11	10,4-11
Gepäckraum (L)	350/1100	350/1100	350/1100
Leermasse (kg)	810, 4T ab 1982: 895	865, 4T ab 1982: 895	890, 4T: 910, 4T ab 1982: 895
Zul. Gesamtgewicht (kg)	1230	1270	1310
Höchstgeschwindig. (km/h)	182 (Test: 184)	182	183 (Test: 191)
Beschleunigung 0-100 (s)	9,1 (*mot*-Test: 8,9)	9,1	9,2
Verbrauch DIN/Test (L/100 km)	8,0/9,9 S	8,1/ 10,5 S	8,5/ 9,4 S
Kraftstofftank (L)	44 (vor HA)	44 (vor HA)	44 (vor HA)

Golf 2 GTI.

Understatement mit Tücken

Hohe Erwartungen

Im August 1983 folgte der Golf 2, Auslieferung ab September 1983. Optisch war er keine Offenbarung, sondern eher eine Weiterentwicklung des bisherigen Designs. Sogar die kreisrunden Frontscheinwerfer hatte man beibehalten. Der Neue war in puncto Exterieur so nahe dran am ersten Golf, dass dieser nicht wirklich alt wirkte. Verantwortlich für diese stilistische Selbstbeschränkung war Chefdesigner Herbert Schäfer (*1932), als Vorstandschef agierte mittlerweile Carl Hahn (1926–2023).

Das Auto lief bis Herbst 1991 und war in vielerlei Hinsicht besser und langlebiger – und kam von Anfang an als Zwei- und Viertürer. In seinen Abmessungen (Radstand + 7,5 cm, Länge + 17 cm, Leergewicht + 95 kg) und damit im Raumangebot war es deutlich gewachsen. Der cW-Wert verbesserte sich gegenüber dem Golf 1 von 0,41 auf 0,34.

Von 1983 bis 1991 entstanden insgesamt 6,41 Mio Golf 2. Darunter waren insgesamt 628.000 GTI – fast ein Drittel mehr als von Generation 1.

Spät (laut *auto motor und sport* 3/1984 »mit fünfmonatiger Verzögerung«), erst im Februar 1984, begann die Markteinführung der GTI-Version. Erstmals offiziell gezeigt wurde sie auf dem Genfer Salon 1984, anschließend auch bei anderen Ausstellungen wie der AAA Berlin im Oktober 1984. Tatsächlich waren bereits in einer Pressemappe vom 10. August 1983, unmittelbar vor der IAA, zwei erste Exterieur-Fotos des GTI veröffentlicht worden. Angesichts des Erfolgs des Erstlings waren die Erwartungen an den Nachfolger natürlich groß. Zumal auch Konkurrenten wie der Ford Escort XR3i und der Opel Kadett D 1.6 SR und GT/E (ab 1983) und dann der Kadett E kräftig drängelten.

Der GTI wies wieder spezifische Designmerkmale auf – mit großer Frontlippe am Stoßfänger, roter Grillumrandung, schwarz ausgestellten Kunststoff-Radläufen, GTI-Emblemen an Front und Heck sowie einer schwarzen Umrandung der Heckscheibe und Zierstreifen an den Seiten. Den schwarzen, vielleicht etwas zu dezenten Dachkanten-Spoiler (bisher optional) gab es nun serienmäßig. Die typischen Features kamen jedoch nicht mehr ganz so prägnant zur Geltung.

Der GTI maß außen 3,98 m. Um *ams*-Redakteur Thomas Fischer (*1958) im Debütjahr 1984 zu zitieren: »Der Neue wirkt nicht mehr wie ein austrainierter Sportler, sondern erweckt ein wenig den Eindruck, er habe Übergewicht.« Womit er angesichts von 70 kg Gewichtszunahme gegenüber dem Vorgänger recht hatte – allerdings waren allein 15 kg dem von 40 auf 55 Liter angewachsenen Tankinhalt geschuldet.

GTI 8V als Viertürer mit Doppelleuchten und Doppelauspuff, 1985 (also noch vor dem Facelift).

Anfangs wurde der Zweier-GTI noch nicht mit Doppelscheinwerfern, sondern lediglich mit Sololeuchten und Einrohr-Auspuff ausgeliefert; erst 1985 kam das Doppelrohr auch für den 8V. Die Verbundglas-Frontscheibe gab es serienmäßig. Der Viertürer kostete gegenüber der Version mit zwei Türen 715 Mark mehr. Hergestellt wurde der Standard-GTI vor allem in Wolfsburg, es soll aber auch Exemplare von TAS/Sarajevo gegeben haben.

Als Lackierungen angeboten wurden Tornadorot (G2), Royalblau, Weiß, Silber, Brilliantschwarz, Atlasgrau sowie exklusive Metallic-Farbtöne. Die Metallic-Lackierungen kosteten 364 Mark Aufpreis. Das Lackangebot vergrößerte sich in der Folgezeit – 1989 gab es bereits elf Farben zur Auswahl.

Die Technik blieb prinzipiell die gleiche. Allerdings war der Radstand von 2.400 auf 2.475 mm und die vordere Spur von 1.372 auf 1.427 mm vergrößert worden. Der Achsantrieb war minimal kürzer übersetzt (3,67 statt 3,65), und der 5. Gang wurde zugunsten von mehr Speed länger ausgelegt. Die Werksangabe für den Neuen lag bei 191 km/h, was aber nicht in jedem Falle erreicht wurde.

Gegenüber dem Serien-Golf war der GTI – sowohl als 8V, als auch später als 16V – von Anfang an um 10 mm tiefergelegt. Er war insgesamt etwas straffer abgestimmt als der Normal-Golf. Eine Komplettüberarbeitung hatte die Vorderachse erfahren – mit Querlenkern am Fahrschemel und verstärktem oberen Federbeinlager. Die Verbundlenker-Hinterachse erhielt nun spurkorrigierende Gummilager, hinten saßen endlich Scheibenbremsen. Serienmäßig für den 8V waren 5.5J. x 13-Räder mit 175/70 HR 13-Pneus. Dazu gesellten sich als Extra größere 14-Zöller (LM) mit 185/60 HR 14-Breitreifen, wobei das Gängigste die »Avus«-Felge war (1.070,–). Alternativ wurden Tarantula-Aluräder (5.5J x 13) angeboten.

Konkurrent Ford Escort XR3i mit 105 PS (77 kW) von 1982.

Konkurrent Opel Kadett D GTE mit 115 PS (85 kW) von 1983.

Trotz sportiverer Abstimmung des Fahrwerks gab sich der Wagen dank längerer Federwege erstaunlich komfortabel und gutmütig.

Auch innen alles neu und besser

Den deutlich geräumigeren Innenraum dominierten wie bisher Sportsitze, die dennoch eine entspannte Sitzhaltung ermöglichten, nunmehr mit dezenten Panamastreifen (schwarz/weiß oder rot/weiß). Dazu kamen der schwarze Dachhimmel sowie das vom Vorgänger bekannte Vierspeichen-Lenkrad mit den vier runden Hupknöpfen – allerdings ohne GTI-Schriftzug. Der Instrumententräger entsprach dem des normalen Golf 2, war jedoch geschäumt (wie auch beim GT) und überzeugte mit bestens ablesbaren Instrumenten, griffgerecht platzierten Schaltern und Hebeln sowie selbstverständlich mit Handschuhfachdeckel. Heizungs- und Lüftungsbetätigung wie auch deren Wirkung wurden durchwegs gelobt. Die Sicht nach hinten war allerdings durch die breite C-Säule beeinträchtigt.

Eine echte Neuerung, die allerdings zunächst nur dem 8V (112 PS/82 kW) ab 1986/1987 optional verabreicht wurde, war das digitale Infotainment »DigiFiz« von VDO. Ein großer Flüssigkristallbildschirm (LCD) informierte mittels Lichtern und Balken über Drehzahl, Geschwindigkeit, Kühlwassertemperatur, Wegstrecke, Tankfüllstand und Uhrzeit – und ersetzte damit die gewohnte Tachometer-Landschaft.

Serienmäßig bereits seit 1985 war die ausschließlich im GTI verbaute Multifunktionsanzeige MFA, nunmehr per Antippen eines Tasters am Wischerhebel abrufbar: Uhrzeit, Fahrzeit, Durchschnittsverbrauch, Durchschnittstempo, Öltemperatur und Außentemperatur erschienen zusammen mit den entsprechenden Kontrollleuchten. Einen zusätzlichen Mehrwert brachte zudem die Mitte des Jahrzehnts vorgenommene Umstellung auf die VW-eigene Digifant-Einspritzung mit integrierter Lambdaregelung.

Mitte der 80er-Jahre standen unter anderem Außenspiegel rechts, von innen einstellbar (87,–), Schiebedach (590,–), Colorglas (368,–), elektrische Fensterheber (1.380,– für Viertürer), Zentralverriegelung (399,– für Viertürer), Klimaanlage (2.090,–), Sitzheizung (185,–) sowie elektrische Sitzverstellung, Echtleder-Interieur, Pollenfilter, Halogen-Nebelscheinwerfer (316,–) und mehr in der Aufpreisliste. Die optionale Servolenkung kostete ab 1984 DM 1.126,– Aufpreis, später lediglich DM 975,–.

Schalttafel und Golf-Schaltknüppel für das Fünfganggetriebe. Das abgebildete Interieur stammt von einem frühen 8V-GTI und lief unter der Bezeichnung »Panamastreifen«. Diese Ausstattungsvariante wurde bis Januar 1985 verbaut. Von Januar 1985 bis Juli 1987 lieferte VW das Polstermuster »Blockstreifen«.

»Der Neue wirkte nicht mehr wie ein sehniger Sportler, sondern erweckte ein wenig den Eindruck, er habe Übergewicht.«

Cockpit mit den typischen Streifen-Sitzbezügen.

Serienmäßige LCD-Technik der MFA, Tippfunktion.

Optionaler DigiFiz-Tachometer (hier im 16V), bei VW seit 1986/87.

Multifunktionsanzeige, neuartige Leuchtdioden.

Mit dem bekannten 8V-Motor

Zunächst kam der GTI mit dem bekannten, weiterhin langhubigen Zweiventil-Motor mit K-Jetronic (Einspritzpumpe links im Motorraum) – später sollten alternativ stärkere Motoren folgen. Der 112 PS (82 kW) starke 1,8-Liter-Vierzylinder wurde nahezu unverändert vom Vorgänger übernommen, im Zusammenspiel mit einer geänderten Auspuffanlage jedoch im Detail nachgeschärft: Seine Höchstleistung gab er bereits bei 5.500/min ab (Vorgänger: 5.800/min), zudem wuchs das maximale Drehmoment auf 155 Nm bei 3.100/min (zuvor 153 Nm bei 3.500/min). Der Drehzahlbegrenzer griff bei 6.800/min ein. Vom Golf 1 GTI übernommen wurde auch das serienmäßige Fünfganggetriebe mit aufgedrucktem Schaltschema.

ams-Redakteur Götz Leyrer (*1949) bezeichnete den 1,8-Liter als »Drehmomentmotor«, lobte seine Laufkultur und bedauerte lediglich, dass der konkurrierende Opel-Motor noch drehfreudiger war. ams-Tester Thomas Fischer befand dagegen: »Bis 6.800/min kann das Triebwerk hochgejubelt werden, dann setzt ein Drehzahlbegrenzer dem Spiel ein Ende.« Und lobte weiter: »Im höchsten Gang genügen 17,6 Sekunden, um von 60 auf 120 km/h zu kommen. Mit diesem Wert liegt der GTI fast schon auf dem Niveau reinrassiger Sportwagen.« Die Beschleunigungszeit von anfangs 9,7 Sekunden für den Sprint von 0 auf 100 km/h war indes kein Ruhmesblatt, benötigte doch das Vormodell für die gleiche Disziplin mehrere Zehntelsekunden weniger – »war aber auch 70 kg leichter«. Mit dem späteren Digifant-System gab's auch bessere Beschleunigungswerte.

Der damalige Testverbrauch lag übrigens bei 9,6 l/100 km – etwas höher als beim Vorgänger (9,4 l), aber angesichts des höheren Gewichts »sogar als günstiger einzustufen«. Hervorgehoben wurde zudem das deutlich geringere Geräuschniveau, vor allem in puncto Windgeräusche. Über allem thronte im Fazit des *ams*-Tests die Feststellung, dass sich die Fahreigenschaften insgesamt deutlich verbessert hatten. Leider gibt es niemanden mehr, der heute verraten würde, wie ausgelassen die PR-Leute bei VW derartiges Lob intern gefeiert haben.

Der weiterhin aufgeräumt wirkende Motorraum des GTI 8V (hier nach dem Facelift).

Der Grundpreis (Basisversion) betrug 21.525 Mark (laut *ams* 3/1984) – der Viertürer kostete 22.240 Mark – und kletterte rasch auf 24.140 DM. Die ursprünglich für 1983 genannten 21.115 Mark blieben reine Theorie. »Und der Preis stieg und stieg und stieg«, hieß es rückblickend in der *Guten Fahrt* 4/1990. »Dabei geriet die Preissteigerung in den ersten Jahren mit zunehmender Aufwertung der Technik etwas forscher, als dies in jüngster Zeit der Fall ist.«

Tatsächlich war die Performance des Zweiventilers dem Thema allerdings nicht mehr wirklich angemessen. In *Gute Fahrt* 9/1990, als der Zweiventiler noch im Angebot war, hieß es dazu: »Der GTI mit 107 PS/79 kW ist zwar ein ganz ausgezeichnetes Auto, … aber die Sportlichkeit ist nicht gerade seine Stärke.« Autotester Christoph Reifenrath (*1960) blieb jedoch im Nachhinein dabei, dass der Golf 2 den Händlern seinerzeit geradezu aus den Händen gerissen worden sei: »Das galt auch für den GTI, der damals und in der Summe seiner Eigenschaften praktisch kaum Konkurrenz kannte.«

Im deutlich komfortableren und leider auch schwereren Golf 2 wirkte diese Motorisierung zwar noch sportlich, entfaltete aber eben nicht mehr denselben »Biss«. Die 107 PS der zudem durstigeren Katalysator-Version konnten indes noch weniger befriedigen, waren sie doch zu nahe dran an den 90 bis 98 PS (66 bis 72 kW) der schwächeren 1,8-Liter-Versionen in VW Golf GL, Carat oder Cabriolet. Diese gezähmte Variante wurde – wie erwähnt – ab 1987 angeboten.

Dennoch blieb die Einstiegsvariante des Golf 2 GTI bis 1991 im Programm. Mehr noch: Auf sie entfiel der größte Teil der insgesamt 628.000 Zweier-GTIs. Ein Fortschritt war indes der Einbau eines kompliziert geformten 55-Liter-Kraftstofftanks aus Kunststoff – er bot immerhin gut 10 Liter mehr als beim Vorgänger.

Zum Vergleich

Fahrzeugtyp	VW Golf GTI neu	VW Golf GTI alt
Hubraum cm³	1781	1781
Leistung kW (PS) bei 1/min	82 (112) bei 5500	82 (112) bei 5800
Max. Drehmoment Nm bei 1/min	155 bei 3100	153 bei 3500
Kraftübertragung	Fünfganggetriebe	Fünfganggetriebe
I. Gang	3,45	3,45
II. Gang	2,12	2,12
III. Gang	1,44	1,44
IV. Gang	1,13	1,13
V. Gang	0,89	0,91
Rückwärtsgang	3,17	3,17
Achsantrieb	3,67	3,65
Bremsen vorn	Scheiben bel.	Scheiben bel.
Bremsen hinten	Scheiben	Trommeln
Leergewicht kg	960	890
Zul. Gesamtgewicht kg	1430	1310
Radstand mm	2475	2400
Länge x Breite x Höhe mm	3985 x 1680 x 1405	3815 x 1630 x 1395
Beschleunigung in s		
0–100 km/h	8,9	8,6
0–140 km/h	17,7	17,1
1 km mit stehendem Start	30,5	30,1
Elastizität in s		
40–100 km/h (IV. Gang)	12,2	12,8
60–120 km/h (V. Gang)	17,6	17,3
Höchstgeschwindigkeit km/h	(V. Gang) 193	(V. Gang) 192
Normverbrauch nach DIN 70030 in L/100 km	Super	Super
Bei 90 km/h	5,7	6,4
Bei 120 km/h	7,5	8,2
Stadtverkehr	10,9	10,9
Testverbrauch L/100 km	9,6	9,4
Innengeräusch in dB(A)		
Bei 130 km/h	77	78
Bei 160 km/h	79	80

Vergleich GTI 1 1.8 und GTI 2 1.8. (*ams* 3/1984), Testwerte.

Titel des achtseitigen Sonderprospekts für den GTI, Januar 1985.

Kraftkur mit 16 Ventilen

Angesichts von Konkurrenten wie dem Peugeot 205 GTI und dem Opel Kadett GSi musste VW unbedingt in der Leistung nachlegen. Gerade der Opel galt für *auto motor und sport* als Favorit, auch wenn er nie so erwachsen wirkte wie der Golf GTI 16V. Andererseits sah gerade die kritische ams den neuen 16V-GTI in puncto Elastizität auf Augenhöhe zu BMW 325 und Mercedes 190 2.3-16. *ams*-Redakteur Klaus Westrup urteilte 1986 gar: »Der 16V ist ein Underdog, mit dem das Tempo-Establishment gejagt werden kann«, und meinte damit sogar den Porsche 911.

Oettinger hatte zunächst weiterhin Vierventil-Umbausätze angeboten (2,0 Liter, 136 PS/100 kW, Aufpreis DM 8.676,–); die 8V-Basisfahrzeuge mussten dafür angeliefert werden. Volkswagen intensivierte damit die Zusammenarbeit mit Oettinger. Dem Trend zum Vierventiler hatte sogar der *SPIEGEL* (11/1983) einen mehrseitigen Beitrag gewidmet – und quasi den 16V im Golf vorhergesagt.

Vorgestellt wurde der 16V, anfangs noch mit K-Jetronic, auf der IAA 1983. Ursprünglich sollte er im Frühjahr 1984 erscheinen. Aber erst im März 1986 ging er nach Behebung technischer Probleme bei der Ventilsteuerung endlich in Serie (bereits mit dem leichten Facelift des 8V). Der 16V-Motor war übrigens gegenüber dem 8V um 15 kg schwerer. Der so ausgestattete Wagen kostete anfangs ab 25.595 Mark, der Aufpreis zum parallel weiter angebotenen 8V betrug rund 2.500 Mark. Zu haben war er als Zwei- und Viertürer, letzterer wurde jedoch kaum geordert.

Zur Unterscheidung vom Zweiventiler trug der GTI 16V kleine rote 16V-Plaketten an Front, Heck und auf dem Handschuhfachdeckel sowie an der leicht vergrößerten Frontspoilerlippe mit Lufteinlässen (Bremsen!). Die vordere Plakette fiel zwischenzeitlich weg. Dazu gab's rote Zierstreifen auch an den seitlichen Stoßleisten und die legendäre, elektronische Dachantenne aus Gummi (während beim 8V die Stahlantenne im Kotflügel saß). Das abschraubbare Teil war statusbehaftet und darum heiß begehrt.

Die sogenannte »16V-Antenne« bekam später auch der G60. Grund für letztere Speziallösung: Der von der Nockenwelle direkt angetriebene Verteiler hätte bei einer vorn eingebauten Antenne den Radioempfang gestört. Der Doppelauspuff hatte übrigens nur optische Gründe.

Lieferbar waren diverse Farben, wobei Tornadorot besonders populär gewesen sein dürfte. British Racing Green (1986), Oakgrün und Schwarzblau waren weitere heute gesuchte Lackierungen. Die Designer hatten zwar noch mehr Ideen für optische Eigenheiten, aber es blieb bei internen Skizzen für den Hausgebrauch.

Innen reichte die Tacho-Skala des 16V jetzt bis 260 km/h (beim 8V nur bis 240 km/h) – entgegen des sonstigen GTI-Prinzips des Understatements. 1986/87 kam das schon aus dem 8V bekannte, optionale digitale Infotainment »DigiFiz« zum Einsatz, wobei der Drehzahlmesser beim stärkeren Modell statt bis 6.000 nun bis 7.000 Touren reichte. DigiFiz kostete noch im März 1990 für 8V und 16V stolze 408 Mark extra.

8V-GTI und 16V-GTI hatten das gleiche Fahrwerk, ihre Karosserien waren aber gegenüber dem Normal-Golf um 20 mm tiefergelegt. Federn und Stoßdämpfer beim 16V wurden straffer abgestimmt, dazu kamen stärkere Stabilisatoren sowie größere Bremsscheiben vorn (256 statt 239 mm Durchmesser). »Der Federungskomfort hat durch die Fahrwerksmodifikationen nur unwesentlich gelitten«, urteilte *auto motor und sport.*

Der serienmäßig auf Breitreifen (185/60 VR 14) laufende GTI mit seinem cW-Wert von 0,35 brachte tatsächlich mehr Performance: In 8,5 Sekunden sprintete er von 0 auf 100 km/h (und in 21 Sekunden von 0 auf 160 km/h), die Spitze lag bei 208 km/h – wobei manche Kundenfahrzeuge dieses Tempo nicht erreichten, wie Chronist Werner Oswald (1920–1997) bemängelte. GTI-Liebhaber freuten sich dennoch über die bis dahin für einen Golf unerreichten Fahrleistungen. Die Nachfrage war enorm. Zeitweise wurden mehr als die Hälfte aller GTI als 16V verkauft. Eine Servolenkung verteuerte die Anschaffung um 1.186, später 795 Mark, für das ABS waren 1.800 DM fällig, und die 6,0J × 15-Schmiederäder mit 185/55 VR15-Pneus schlugen zunächst mit 1.819 Mark zu Buche.

Ab Herbst 1986 – also rund ein Jahr später als angekündigt – gab es den 16V auf Wunsch mit geregeltem Katalysator mit Klopfsensorik/KE-Jetronic. Dieser sorgte zwar für eine Leistungsreduktion (129 PS bei 6.000/min), wurde aber immer noch mit 200 km/h Spitze angegeben. Das nominell gleich hohe Drehmoment von 168 Nm lag bereits bei 4.250/min an (8V bei 4.600/min). Allerdings stieg bauartbedingt der Verbrauch um 10 %. Beide Versionen waren mit 10,0:1 verdichtet.

Zudem erhielt der Golf GTI 8V in seiner zweiten Lebenshälfte das Digifant-System, das eine bessere Gemischbereitung und Zündsteuerung bot (Drehmomentverbesserung). Ab Modelljahr 1988 waren in Deutschland nur noch die Kat-Version (PL) verfügbar, zum 1. Januar 1989 war ein Katalysator für Neuwagen sowieso Pflicht.

Motor 16V – laut Gute Fahrt ist der Vierventilkopf mit der quer über den Motor verlaufenden Ansaugbrücke »ein optischer Genuss«.

Der Golf 2 GTI 16V auf der IAA 1985.

Aus heutiger Sicht ist auch der Zweier ein zeitloser Klassiker.

Man musste schon recht ungestüm ums Eck pfeifen, um das kurveninnere Hinterrad hoch zu bekommen.
Beim 1er-GTI war das noch einfacher.

Technischer Leckerbissen – der 16V-Motor

Vier Ventile pro Zylinder, angetrieben von zwei oben liegenden Nockenwellen, machten das Aggregat mit der weiterhin mechanischen K-Jetronic-Einspritzung, Hydrostößeln und leichteren Kolben zu einem 139 PS (102 kW) respektive 168 Nm starken technischen Leckerbissen. Neu waren die Einlassventile, die im ungewöhnlichen 25-Grad-Winkel zu den senkrecht platzierten, natriumgefüllten Auslassventilen angeordnet waren. Die Ölpumpe hatte übrigens der Diesel zugesteuert.

Über einen Riemen angetrieben wurde nur die Auslass-Nockenwelle, während die Steuerung der Einlasswelle eine Kette (statt Zahnrädern) übernahm – beide Wellen rotierten nun in die gleiche Richtung. Grund für die Konstruktion: »Die Zahnriemen waren von der Aufgabe, zwei Nockenwellen anzutreiben, überfordert. Er wurde schließlich von 19 auf 25 mm verbreitert … Zudem bereitete die Koppelung der beiden Nockenwellen mit schräg verzahnten Stirnrädern Schwierigkeiten, weil die Zahnräder laute Geräusche verursachten. Erst eine kleine Kette als Ersatz schaffte Abhilfe«, erklärte die ams im Juni 1985. Zudem reduzierte man schlussendlich den Saugrohrdurchmesser um 5 auf 41 mm, was eine bessere Füllung gerade im unteren Drehzahlbereich bescherte.

»Gegenüber der zweiventiligen GTI-Aggregat fällt … das kräftigere Ansauggeräusch auf, das aber nach Auskunft von Herbert Schuster gut mit dem Charakter des Vierventilers harmoniert«, wie der damalige *ams*-Autor Paul Schinhofen (1952–2014) ergänzte. Der Drehzahlbegrenzer griff erst bei 7.200/min ein. Der Kraftstoffverbrauch geriet wegen des besseren Gasdurchsatzes und der etwas schnelleren, saubereren Verbrennung vergleichsweise günstig: Der DIN-Verbrauch lag bei 8,2 statt 8,0 L/100 km.

Natürlich beschäftigten sich auch einige der etablierten Tuner weiterhin mit dem 16V, darunter Oettinger (bis 170 PS/125 kW), Schrick, Escher und Abt.

Motor des 16V – unterhalb von 4.000/min etwas durchzugsschwach, optimal bei 5.000/min.

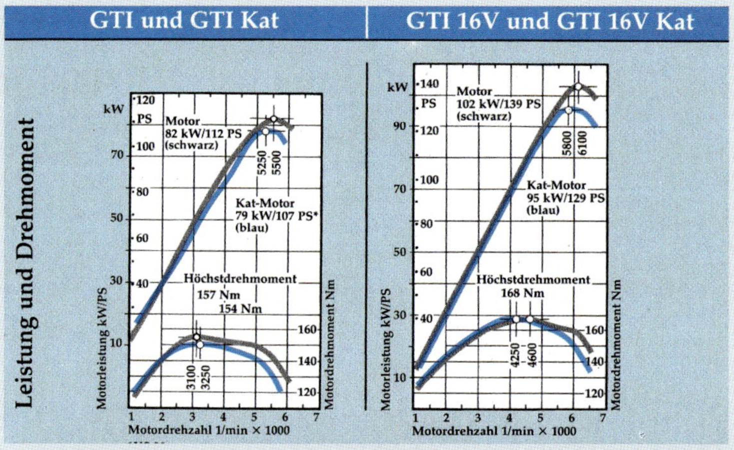

Leistung/Drehmoment-Vergleich Golf GTI 8V versus 16V.

»Gegenüber dem zweiventiligen GTI-Aggregat fällt das kräftigere Ansauggeräusch des Vierventilers auf.«

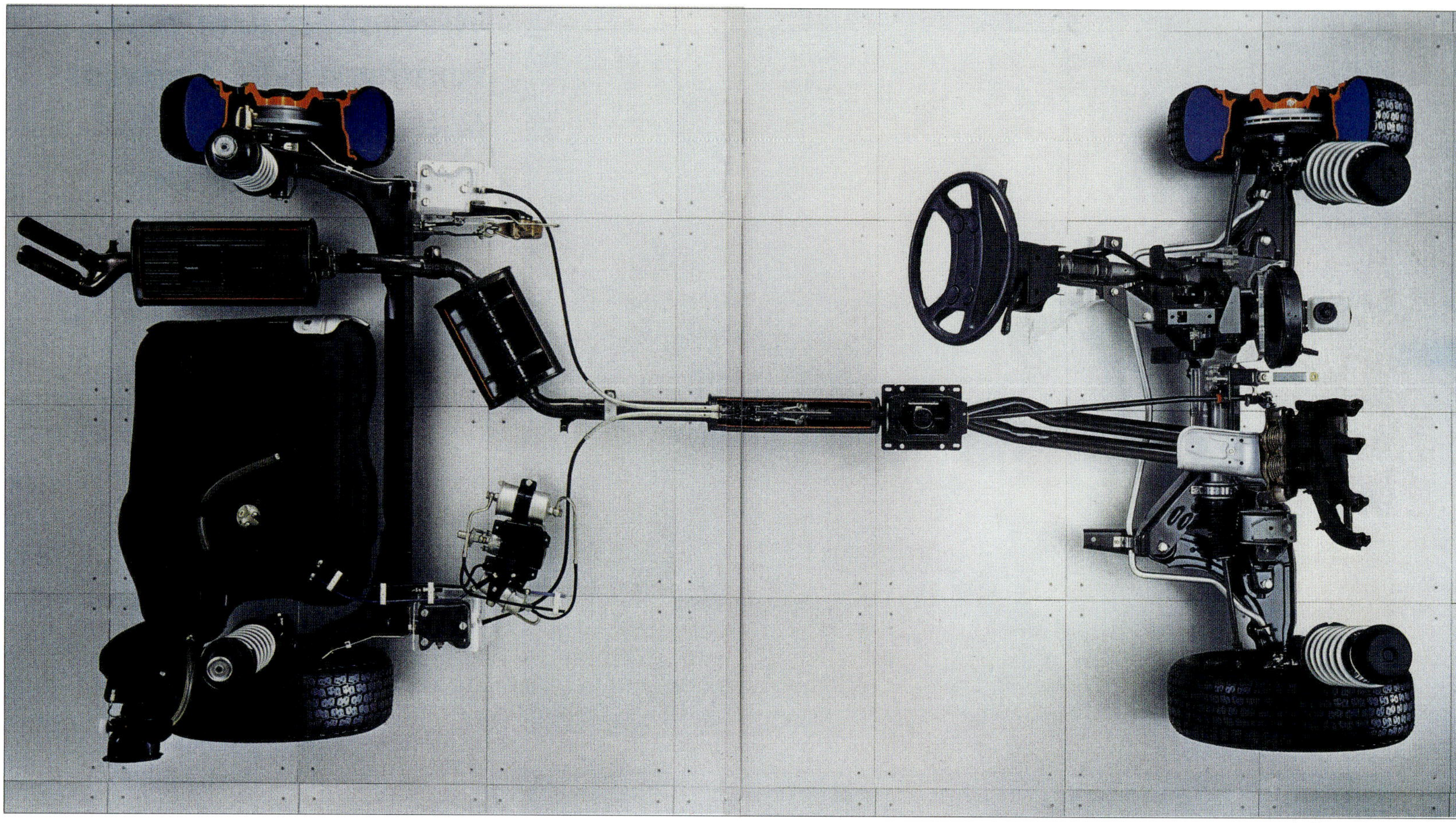

Der Radstand war gegenüber dem 1er-Golf um 75 mm gewachsen, die Federwege hatten zugelegt, und die Verbundlenker-Hinterachse verfügte über spurkorrigierende Gummi/Metall-Lager.

Die Erprobung des GTIs umfasste immer mehr Gewerke, ging es doch um die Dauererprobung unter nahezu allen Klimabedingungen.

Überarbeitetes Fünfganggetriebe, besser abgestimmt auf den Drehmomentverlauf des 1,8-Liters.

Beim 2er-GTI gab es noch gut gemachte Verkaufsprospekte (rechts nach dem Facelift) mit hohem Informationsgehalt.

Unser GTI soll schöner werden

Schon zum Modelljahr 1986 – also ab Sommer 1985 – erfuhr die Golf-2-GTI-Baureihe ein frühes Facelift: mit Doppelscheinwerfern, doppeltem Auspuffrohr, breiten Stoßleisten an den Flanken, Stoßfänger und seitlich mit roten Zierstreifen, dazu schwarz lackierte Schweller. Sogar modifizierte Sitze (straffer, mit den erwähnten, leicht veränderten Blockstreifen-Mittelbahnen) wurden spendiert, optional verabreichte man neue 6,0J-Stahlräder.

Im Januar 1987 folgte alternativ die 107-PS-Version (PF) mit geregeltem Kat für 28.545 Mark (Stand 1990), die bis 1991 im Programm blieb (und so aussah wie die 112-PS-Variante). 1987 war zudem das Jahr, in dem ABS für alle Golf GT und GTI verfügbar war. Ein Jahr später folgte die zum Modelljahr 1990 bereits wieder gestrichene 107-PS-Version mit ungeregeltem Kat (EG), die 635 Mark günstiger als die G-Kat-Version war, weil seit Modelljahr 1988 in Deutschland nur noch die Kat-Version (PL) verkauft wurde.

Zudem waren ab Mitte 1987 Zündzeitpunkt und Gemischzuführung im 8V und 16V über Computer kennfeldgesteuert. Die von VW entwickelte, bereits erwähnte neue Steuerelektronik lief unter dem Namen »Digifant«. Sie vertrug bleifreien Kraftstoff und akzeptierte notfalls sogar Normalbenzin. Leerlauf und Übergangsverhalten profitieren vom feinfühligen Digifant-System – so Dieter Heinz (* 1958) in der *Guten Fahrt* 4/1990.

Das folgende größere Facelift für die gesamte Baureihe kam im August 1988 (damit zum Modelljahr 1989) und war erkennbar an den weggefallenen vorderen Dreieckfenstern, den nach vorn gerückten Außenspiegeln, dem Kühlergrill mit fünf statt sieben Lamellen, dem größeren VW-Logo, einer geänderten Typenkennzeichnung auf dem Heck sowie einem modifizierten Interieur.

Das Facelift bescherte dem GTI eine größere Stoßfängerverkleidung mit eingelassenen Nebelscheinwerfern in DE-Technik vorn und hinten (darum Längenwachstum um 5 cm). Dazu kamen neue Vordersitze (mit verstärkten vorderen Lehnen und neuen Bezügen),

GTI 8V Viertürer nach dem Facelift 1985. Auf den ersten Blick zu erkennen waren der anders gestaltete Grill, das größere Logo und der Wegfall der vorderen Dreieckfenster. Doppelscheinwerfer nun auch für den 8V.

Geänderte Typenkennzeichnung auf dem Heck. Auch der 8V bekam ein dekoratives Doppelendrohr.

Gemeinsamer Prospekt 8V und 16V 1989, Interieur (hier 16V). Genauso gestaltet war ein späterer Sammelprospekt vom August 1990 inklusive des GTI G60.

stärkere Lenkstockschalter und größere Kunststoffverkleidungen (voluminösere Stoßfänger). Zu einem Längenzuwachs führte dies indes nicht. Als Lackierung waren zu haben: Schwarz, Tornadorot, Alpinweiß, Heliosblau Metallic, Rot Metallic, Atlasgrau Metallic, Jadegrün Metallic, Stratosblau Metallic, Diamantsilber Metallic. Für die Sportsitzbezüge waren Graublau und Graurot im Programm, optional waren zudem drei verschiedene Lederausstattungen bestellbar.

Hinzu kamen optional Aluminiumräder in 14 und 15 Zoll. Ansonsten blieb es bei den gewohnten GTI-Features. Die Servolenkung (1.126 DM) war weiterhin nur als Option zu haben. Unbedingt hervorzuheben ist der neue Instrumententräger mit der bereits genannten DigiFiz-Ausstattung (ab 1986/87) als Extra 408 DM. Es gab nun nicht nur ein neues Lenkrad, sondern modellabhängig wurden 1983 bis 1992 unterschiedliche Lenkräder verbaut. Bereits seit 1985 zu haben war die ebenfalls erwähnte LCD-Anzeige für die nur im GTI verbaute Multifunktionsanzeige MFA (Antippen Tastschalter auf Wischerhebel, dann Uhrzeit, Fahrzeit, Durchschnittsverbrauch, Durchschnittstempo, Öltemperatur und Außentemperatur).

Neue, späte Schalttafel für den GTI ab 1990/1991.

GTI 16V Viertürer (1991), die Bodenfreiheit blieb bei 10,5 cm.

2er-GTI im Windkanal, wo er mit einem gegenüber dem Vorgänger verbesserten cW-Wert von nunmehr 0,35 gemessen wurde. »Gelungene Kreuzung zwischen Volkswagen und Sportwagen« dichteten die Wolfsburger Werber.

Eilige Drucksache – der G60

Die Konkurrenz schlief natürlich nicht und holte auf. Vor allem der 150 PS (110 kW) starke Opel Kadett E GSi mit Vierventilmotor, zu haben ab 1988, gab den Wolfsburger Modellstrategen zu denken. Das Rüsselsheimer Erfolgsmodell und vor allem sein famoser Motor waren wesentlich durch Fritz Indra optimiert worden, der von Audi zu Opel gewechselt war. Volkswagen hatte mit einer Neuentwicklung reagiert und erweiterte die Modellpalette seines Kompaktsportlers ab Februar 1990 um den GTI G60 mit elektronischer Einspritzung (VW Digifant) und eigenentwickeltem Spirallader sowie mit Kat. Eine entsprechende Studie war im Rahmen des Wörthersee-Treffens 1989 vorgestellt worden; im April 1990 ging sie in Serie. Benötigt wurde allerdings teures Bleifrei Super Plus.

Bereits 1985 hatte Volkswagen die Aufladung via G-Lader eingeführt – sowohl beim Polo (G40) als auch bei Passat und Golf mit Zweiventil-Technik. Der im 2er-GTI von einem Kompressor-ähnlichen Spirallader aufgeladene Motor mit Digifant-Einspritzung einschließlich Ladeluftkühlung (vor dem Wasserkühler) stammte aus dem Rallye Golf. Besagter G-Lader (1,7 bar Ladedruck) des 1,8-Liters (PG) arbeitete ohne Turboloch und stellte schon bei niedriger Drehzahl genügend Power zur Verfügung. In puncto Optik unter der Motorhaube machte der rechts vorn hinter dem Scheinwerfer verstaute G-Lader indes nicht viel her … Intern liefen damals auch Erprobungsarbeiten mit einem Turbo-Scirocco mit 150 PS (110 kW), die allerdings desaströs endeten.

Bereits bei niedrigen Drehzahlen stellte der G-Lader reichlich Ladedruck für ambitionierte Fahrleistungen bereit – ab 2.000/min ging es nachdrücklich, aber unspektakulär voran. Das Ergebnis dieser gleichmäßigen Kraftentfaltung waren 160 PS bei 5.800/min und tapfere 225 Nm bei lediglich 3.800/min. Zwischen 2.400 und 5.800/min standen ständig mehr als 200 Nm zur Verfügung. In nur 8,3 Sekunden beschleunigte der optional für 595 Mark mit einem elektronischen Sperrdifferenzial (EDS) ausgestattete GTI G60 auf 100 km/h. Die Höchstgeschwindigkeit lag bei 218 km/h. Der Opel Kadett GSi 16V kam damals auf 217 km/h, wie VW in einer Anzeige freimütig einräumte.

Das Kraft-Paket wollte natürlich kontrolliert sein: Zum ersten Mal zog nun ABS serienmäßig in diese spezielle GTI-Variante von 1990/1991 ein, EDS war wie erwähnt Option. Das seilzuggeschaltete, von Testern als hakelig kritisierte Fünfganggetriebe stammte vom Passat, die als hervorragend gelobte Bremsanlage vom Corrado – sie verlangte 15-Zöller (185/55 VR15 auf 6.0J x 15-Alus). Neu war zudem die eingeklebte Frontscheibe, das verbesserte die Karosseriesteifigkeit. Eine Servolenkhilfe war in diesem Modell serienmäßig.

Vorn lag der starke GTI gegenüber dem 16V nochmals um 10 mm tiefer, gegenüber dem Normal-Golf waren es sogar 20 mm. Ein roter Rahmen kennzeichnete die stärkste GTI-Version, dazu gesellt sich anfangs der Schriftzug »GTI« in Rot mit dem darunter gesetzten »G60«-Schriftzug. Auch hinten war der Ober-Golf als G60 markiert. Der Golfball-Schaltknüppel entfiel allerdings. Dafür gab es noch breitere, exklusive Radlaufverblendungen, andere Schwellerverkleidungen sowie schmale Stoßleisten mit GTI-Logo. Anders als beim 8V und beim 16V wurde keine Rechtslenker-Version angeboten.

Aber der Kunde durfte unter diversen Farben wählen: Schwarz (A1), Tornadorot (G2), Alpinweiß (P1), Silbergrau Metallic (C1), Rot Metallic (L3), Atlasgrau Metallic (R4), Terrabraun Metallic (Y2), Calypso Metallic (Y3), Mediumblau (Y5), Royalblau Metallic (Y6), Diamantsilber Metallic (Z4), Brightblue Metallic (9084), Brilliantschwarz Metallic (9009), Quarzit Metallic (9091) und Dark Burgundy Perleffekt (9953). Metallic- und Perleffekt-Lackierungen waren nur fürs Sondermodell »Edition One« serienmäßig.

Geliefert wurde der Wagen als Zwei- und Viertürer. Mit 1.080 kg wog er 120 kg mehr als der 16V, der Verbrauch wurde mit 9,4 L/100 km (DIN) angegeben. Der Neupreis der G60-Version lag bei ambitionierten 36.650 DM, laut Preisliste vom August 1990 sogar 37.125 DM (damit war er zeitweise der teuerste VW überhaupt). Mutmaßlich wurden 19.455 Einheiten ausgeliefert. Darunter waren – wie beim 8V und 16V – auch einige »Fire & Ice«-Sondermodelle.

G60-Erkennungszeichen an der Front.

Konkurrent Opel Kadett E GSi 16V mit 150 PS (110 kW).

Golf GTI G60 in Rot, Blau und Schwarz, vollständige GTI-Kennzeichnung hier nur noch am Heck.

GTI 8V, 16V und G60 gab es 1990/1991 auch als Fire & Ice-Sondermodell.

GTI G60 in schickem Schwarz mit wunderschönen Leichtmetall-Rädern.

»Der G60 bot einen begeisternden, geradezu unglaublichen Schub.«

Der GTI G60 wurde serienmäßig zunächst nur mit Frontantrieb angeboten. Aber auf dem 1989er-GTI-Treff am Wörthersee präsentierte Volkswagen das Showcar GTI G60 syncro. Anfang 1990 gab es schließlich einen ersten Prospekt zum »GTI G60 syncro«, der – so die *Gute Fahrt* 4/1990 – ab Sommer 1990 für etwa 41.000 DM angeboten werden sollte. Im März 1991 ging dann tatsächlich der Allrad-GTI mit dem Antriebsstrang des Rallye Golf, einer Schräglenker-Hinterachse, serienmäßig EDS sowie mit zwei Kats in die letzte Runde, äußerlich an kleinen syncro-Schriftzügen an den vorderen Kotflügeln zu erkennen.

Gegenüber dem GTI G60 waren größere Räder/Reifen im Lieferumfang: 195/50 VR15 auf 6.5J x 15-Rädern. Das Leergewicht war angesichts des Allradantriebs auf 1165/1190 kg geklettert, der DIN-Verbrauch lag bei 9,9 L/100 km. Er kostete 41.745 DM inklusive EDS. Tatsächlich nur als Viertürer gefertigt, sollen 1991 gerade mal 100 Einheiten ausgeliefert worden sein.

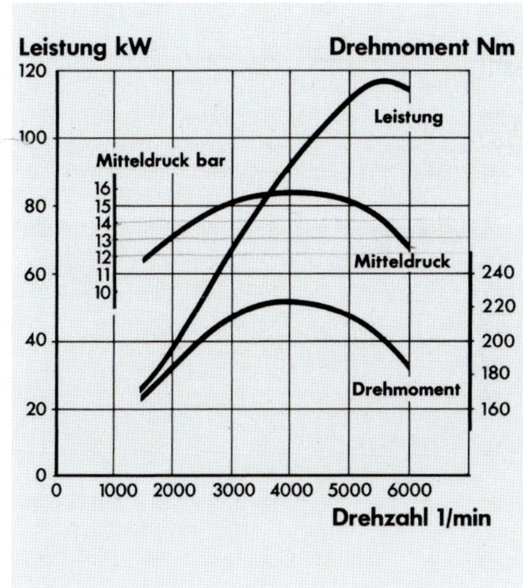

Beeindruckend gleichmäßiger Kraftaufbau des G60-Triebwerks.

Sauber eingepasster Motor mit Lader und Ladeluftkühler.

Schaltgetriebe mit Seilzug- statt Gestängeschaltung.

Tacho bis 260 km/h, roter Bereich im Drehzahlmesser ab 7.000/min.

Ledersitze wirkten hochwertig, wurden nur optional verabreicht.

Der Golf GTI G60, viertürig.

Der Golf GTI G60. Der stärkste Golf.

„Golf im Schafspelz", „Golf-Sportler" oder schlicht „GTI" haben ihn liebevoll die tituliert, für die der Golf GTI in den rund 15 Jahren, in denen er gebaut wird, schon fast zur automobilistischen Weltanschauung wurde. Und die heißt Kraft haben, aber nicht damit protzen. Mehr Sein als Schein. Understatement als dezente Form der Selbstbestätigung.

So war's und so soll's bleiben. Womit wir bei unserem neuesten GTI wären, beim Golf GTI G60. Auch für diesen stärksten Golf gilt: Seine geballte Kraft sieht man ihm nicht an. Seine technischen Feinheiten erlebt man erst bei einer Probefahrt.

Was man sieht, ist eine betont sportliche Zurückhaltung. Zum Beispiel das tiefergelegte Fahrwerk mit einer straffen Abstimmung. Die teilweise in Wagenfarbe lackierten Stoßfänger. Die Kotflügel- und Schwellerverbreiterungen oder die 6 J × 15-Leichtmetallräder mit breiten Reifen (185/55 R 15 V). Alle Anbauteile sind sehr harmonisch und elegant integriert.

Ein Blick unter die Motorhaube jedoch macht klar: Hier hat alle Zurückhaltung ein Ende. Hier wirkt der 1,8l-Vierzylinder, der von einem – mit Verlaub – motortechnischen Meisterwerk, dem G-Lader, auf 118 kW (160 PS) gebracht wird. 118 kW inclusive geregeltem Katalysator. 118 kW, für die es serienmäßig natürlich ein elektronisch geregeltes ABS gibt. Servolenkung inclusive.

Und an Kühlergrill und Heck prangt als Symbol der neuen Golf-Sportlichkeit ein Signet, das neue Zeichen setzt: G60.

2 3

Während auf den GTI mit seinen zahlreichen Varianten in Deutschland nur etwa 2 % Anteil an der Golf-2-Gesamtproduktion entfielen, hatte, war in Großbritannien jeder sechste 2er-Golf ein GTI (etwa 16 %). Dort gab es nur die katalysatorlosen Motorvarianten mit 112 PS (82 kW) und beim 16V mit 139 PS (102 kW). Im November 1990 war übrigens der einmillionste GTI seit Anbeginn vom Band gelaufen. Alles in allem avancierte der 2er-GTI zum meistverkauften Sport-Golf aller Baureihen bis heute.

Anzeige GTI G60 syncro von 1991.
(Extra-Faltblatt Ende 1990, achtseitig, im Stil des nebenstehend gezeigten Prospekts des GTI G60)

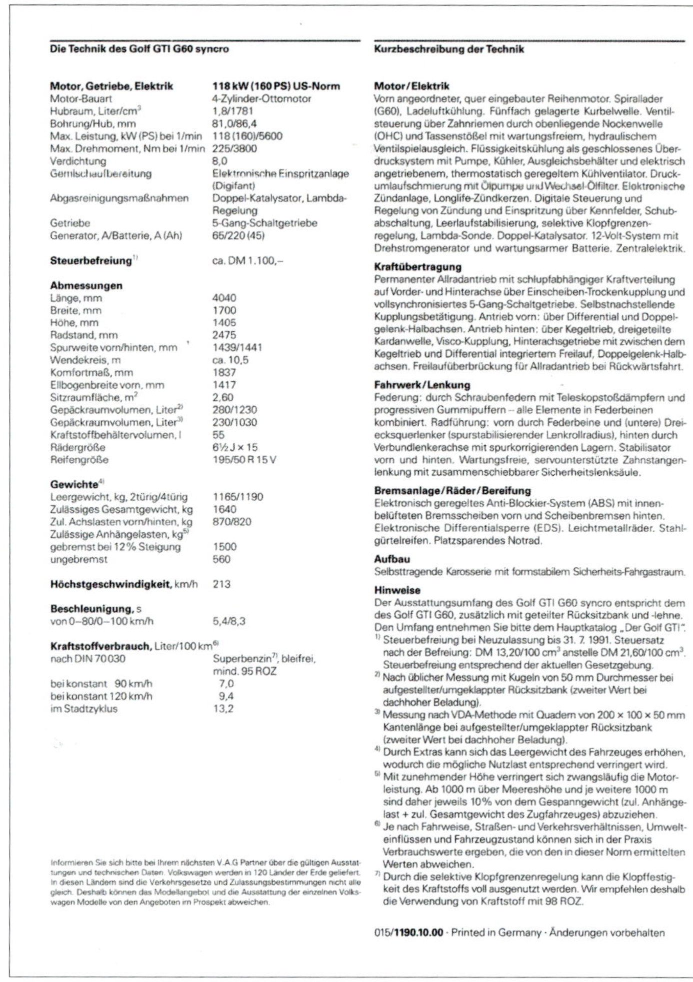

Die Technik des Golf GTI G60 syncro

Motor, Getriebe, Elektrik	**118 kW (160 PS) US-Norm**
Motor-Bauart	4-Zylinder-Ottomotor
Hubraum, Liter/cm³	1,8/1781
Bohrung/Hub, mm	81,0/86,4
Max. Leistung, kW (PS) bei 1/min	118 (160)/5600
Max. Drehmoment, Nm bei 1/min	225/3800
Verdichtung	8,0
Gemischaufbereitung	Elektronische Einspritzanlage (Digifant)
Abgasreinigungsmaßnahmen	Doppel-Katalysator, Lambda-Regelung
Getriebe	5-Gang-Schaltgetriebe
Generator, A/Batterie, A (Ah)	65/220 (45)
Steuerbefreiung[1]	ca. DM 1.100,–
Abmessungen	
Länge, mm	4040
Breite, mm	1700
Höhe, mm	1405
Radstand, mm	2475
Spurweite vorn/hinten, mm	1439/1441
Wendekreis, m	ca. 10,5
Komfortmaß, mm	1837
Ellbogenbreite vorn, mm	1417
Sitzraumfläche, m²	2,60
Gepäckraumvolumen, Liter[2]	280/1230
Gepäckraumvolumen, Liter[3]	230/1030
Kraftstoffbehältervolumen, l	55
Rädergröße	6½ J × 15
Reifengröße	195/50 R 15 V
Gewichte[4]	
Leergewicht, kg, 2türig/4türig	1165/1190
Zulässiges Gesamtgewicht, kg	1640
Zul. Achslasten vorn/hinten, kg	870/820
Zulässige Anhängelasten, kg[5]	
gebremst bei 12 % Steigung	1500
ungebremst	560
Höchstgeschwindigkeit, km/h	213
Beschleunigung, s	
von 0–80/0–100 km/h	5,4/8,3
Kraftstoffverbrauch, Liter/100 km[6]	
nach DIN 70030	Superbenzin[7], bleifrei, mind. 95 ROZ
bei konstant 90 km/h	7,0
bei konstant 120 km/h	9,4
im Stadtzyklus	13,2

Informieren Sie sich bitte bei Ihrem nächsten V.A.G Partner über die gültigen Ausstattungen und technischen Daten. Volkswagen werden in 120 Länder der Erde geliefert. In diesen Ländern sind die Verkehrsgesetze und Zulassungsbestimmungen nicht alle gleich. Deshalb können das Modellangebot und die Ausstattung der einzelnen Volkswagen Modelle von den Angeboten im Prospekt abweichen.

Kurzbeschreibung der Technik

Motor/Elektrik
Vorn angeordneter, quer eingebauter Reihenmotor. Spirallader (G60), Ladeluftkühlung. Fünffach gelagerte Kurbelwelle. Ventilsteuerung über Zahnriemen durch obenliegende Nockenwelle (OHC) und Tassenstößel mit wartungsfreiem, hydraulischem Ventilspielausgleich. Flüssigkeitskühlung als geschlossenes Überdrucksystem mit Pumpe, Kühler, Ausgleichsbehälter und elektrisch angetriebenem, thermostatisch geregeltem Kühlventilator. Druckumlaufschmierung mit Ölpumpe und Wechsel-Ölfilter. Elektronische Zündanlage, Longlife-Zündkerzen. Digitale Steuerung und Regelung von Zündung und Einspritzung über Kennfelder, Schubabschaltung, Leerlaufstabilisierung, selektive Klopfgrenzenregelung, Lambda-Sonde. Doppel-Katalysator. 12-Volt-System mit Drehstromgenerator und wartungsarmer Batterie. Zentralelektrik.

Kraftübertragung
Permanenter Allradantrieb mit schlupfabhängiger Kraftverteilung auf Vorder- und Hinterachse über Einscheiben-Trockenkupplung und vollsynchronisiertes 5-Gang-Schaltgetriebe. Selbstnachstellende Kupplungsbetätigung. Antrieb vorn: über Differential und Doppelgelenk-Halbachsen. Antrieb hinten: über Kegeltrieb, dreigeteilte Kardanwelle, Visco-Kupplung, Hinterachsgetriebe mit zwischen dem Kegeltrieb und Differential integriertem Freilauf, Doppelgelenk-Halbachsen. Freilaufüberbrückung für Allradantrieb bei Rückwärtsfahrt.

Fahrwerk/Lenkung
Federung: durch Schraubenfedern mit Teleskopstoßdämpfern und progressiven Gummipuffern – alle Elemente in Federbeinen kombiniert. Radführung: vorn durch Federbeine und (untere) Dreiecksquerlenker (spurstabilisierender Lenkrollradius), hinten durch Verbundlenkerachse mit spurkorrigierenden Lagern. Stabilisator vorn und hinten. Wartungsfreie, servounterstützte Zahnstangenlenkung mit zusammenschiebbarer Sicherheitslenksäule.

Bremsanlage/Räder/Bereifung
Elektronisch geregeltes Anti-Blockier-System (ABS) mit innenbelüfteten Bremsscheiben vorn und Scheibenbremsen hinten. Elektronische Differentialsperre (EDS). Leichtmetallräder. Stahlgürtelreifen. Platzsparendes Notrad.

Aufbau
Selbsttragende Karosserie mit formstabilem Sicherheits-Fahrgastraum.

Hinweise
Der Ausstattungsumfang des Golf GTI G60 syncro entspricht dem des Golf GTI G60, zusätzlich mit geteilter Rücksitzbank und -lehne. Den Umfang entnehmen Sie bitte dem Hauptkatalog „Der Golf GTI".

1) Steuerbefreiung bei Neuzulassung bis 31. 7. 1991. Steuersatz nach der Befreiung: DM 13,20/100 cm³ anstelle DM 21,60/100 cm³. Steuerbefreiung entsprechend der aktuellen Gesetzgebung.
2) Nach üblicher Messung mit Kugeln von 50 mm Durchmesser bei aufgestellter/umgeklappter Rücksitzbank (zweiter Wert bei dachhoher Beladung).
3) Messung nach VDA-Methode mit Quadern von 200 × 100 × 50 mm Kantenlänge bei aufgestellter/umgeklappter Rücksitzbank (zweiter Wert bei dachhoher Beladung).
4) Durch Extras kann sich das Leergewicht des Fahrzeuges erhöhen, wodurch die mögliche Nutzlast entsprechend verringert wird.
5) Mit zunehmender Höhe verringert sich zwangsläufig die Motorleistung. Ab 1000 m über Meereshöhe und je weitere 1000 m sind daher jeweils 10% von dem Gespanngewicht (zul. Anhängelast + zul. Gesamtgewicht des Zugfahrzeuges) abzuziehen.
6) Je nach Fahrweise, Straßen- und Verkehrsverhältnissen, Umwelteinflüssen und Fahrzeugzustand können sich in der Praxis Verbrauchswerte ergeben, die von den in dieser Norm ermittelten Werten abweichen.
7) Durch die selektive Klopfgrenzenregelung kann die Klopffestigkeit des Kraftstoffs voll ausgenutzt werden. Wir empfehlen deshalb die Verwendung von Kraftstoff mit 98 ROZ.

015/**1190.10.00** · Printed in Germany · Änderungen vorbehalten

Selbst der Prospekt ist heute ein relativ hoch gehandeltes Druckwerk.

Alle drei 2er-GTI auf einen Blick – 8V, 16V und G60.

»Nur in kleinster Stückzahl ausgeliefert wurde der GTI G60 als Allradler. Das machte ihn zum Exoten.«

Begehrte Sondermodelle

Special

In den Modelljahren ab 1988 waren der GTI 8V (112 und 107 PS / 82 und 79 kW) und GTI 16V (139 und 129 PS / 102 und 95 kW) sowie der 90-PS-GT (66 kW) als Sondermodell Special zu haben. Sie trugen ein Special-Logo an der C-Säule, dazu als Sonderausstattung 6.0J x 15-BBS-Alu-Speichenräder (mit 185/55 R 15-Niederquerschnittsreifen) und Querstreifen wie der GT.

Meistbestellte Farbe war Oakgrün (4962), es gab aber auch Heliosblau (C5) und Schwarz (4961), alle als Metallic-Lacke. Die anthrazitfarbenen Sportsitze trugen Querstreifen, der Fahrersitz ließ sich in der Höhe einstellen. Für den 16V wurde die Special-Kombination allerdings nur sehr selten bestellt. Sie kostete ca. 2.000 DM Aufpreis gegenüber dem 31.100 DM teuren Serien-GTI 16V.

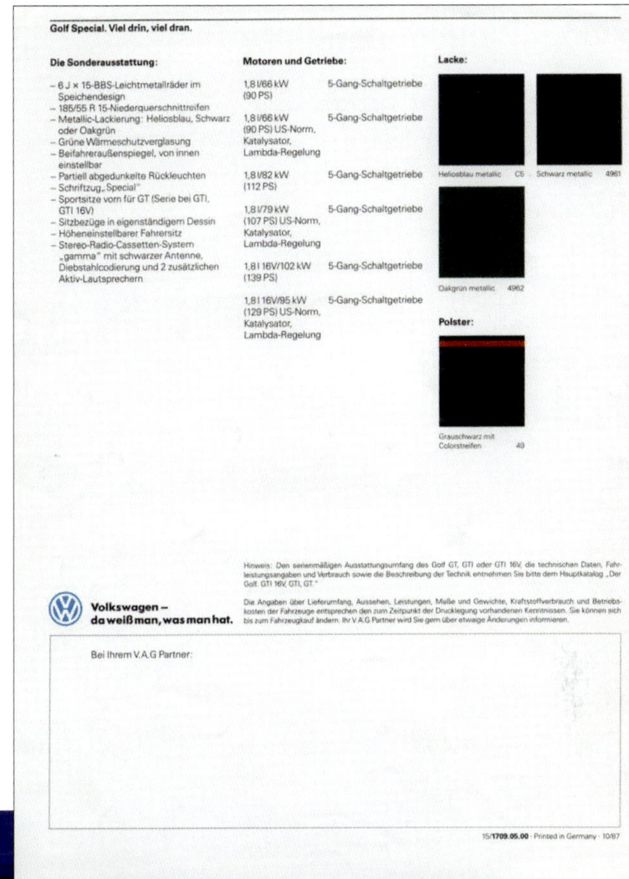

Golf Special. Viel drin, viel dran.

Die Sonderausstattung:

- 6 J × 15-BBS-Leichtmetallräder im Speichendesign
- 185/55 R 15-Niederquerschnittreifen
- Metallic-Lackierung: Heliosblau, Schwarz oder Oakgrün
- Grüne Wärmeschutzverglasung
- Beifahreraußenspiegel, von innen einstellbar
- Partiell abgedunkelte Rückleuchten
- Schriftzug „Special"
- Sportsitze vorn für GT (Serie bei GTI, GTI 16V)
- Sitzbezüge in eigenständigem Dessin
- Höheneinstellbarer Fahrersitz
- Stereo-Radio-Cassetten-System „gamma" mit schwarzer Antenne, Diebstahlcodierung und 2 zusätzlichen Aktiv-Lautsprechern

Motoren und Getriebe:

1,8 l/66 kW (90 PS)	5-Gang-Schaltgetriebe
1,8 l/66 kW (90 PS) US-Norm, Katalysator, Lambda-Regelung	5-Gang-Schaltgetriebe
1,8 l/82 kW (112 PS)	5-Gang-Schaltgetriebe
1,8 l/79 kW (107 PS) US-Norm, Katalysator, Lambda-Regelung	5-Gang-Schaltgetriebe
1,8 l 16V/102 kW (139 PS)	5-Gang-Schaltgetriebe
1,8 l 16V/95 kW (129 PS) US-Norm, Katalysator, Lambda-Regelung	5-Gang-Schaltgetriebe

Lacke:

Heliosblau metallic C5 · Schwarz metallic 4961

Oakgrün metallic 4962

Polster:

Grauschwarz mit Colorstreifen 40

Hinweis: Den serienmäßigen Ausstattungsumfang des Golf GT, GTI oder GTI 16V, die technischen Daten, Fahrleistungsangaben und Verbrauch sowie die Beschreibung der Technik entnehmen Sie bitte dem Hauptkatalog „Der Golf. GTI 16V, GTI, GT."

Volkswagen – da weiß man, was man hat.

Die Angaben über Lieferumfang, Aussehen, Leistungen, Maße und Gewichte, Kraftstoffverbrauch und Betriebskosten der Fahrzeuge entsprechen den zum Zeitpunkt der Drucklegung vorhandenen Kenntnissen. Sie können sich bis zum Fahrzeugkauf ändern. Ihr V.A.G Partner wird Sie gern über etwaige Änderungen informieren.

Bei Ihrem V.A.G Partner:

15/1709.05.00 · Printed in Germany · 10/87

Edition One (Wolfsburg Edition)

Ebenfalls zum Modelljahr 1989 gab es das Sondermodell Edition One, das mit reichhaltiger Ausstattung und leichten optischen Änderungen bis zum Produktionsende im Oktober 1991 ausgeliefert wurde.

Es war lieferbar als zwei- oder viertüriger GTI mit 107 PS (79 kW), als GTI 16V mit 129 PS (95 kW) und als GTI G60 mit 160 PS (118 kW). Bis zum Produktionsende 1991 wurden etwa 12.000 Edition-One-Einheiten produziert.

Die Ausstattung umfasste zusätzlich zum serienmäßigen GTI / GTI 16V / GTI G60:

- Sonderlackierung Quarzit Metallic (SK9091) und Dark Burgundy Perleffekt (SK9953) oder Standard-Lackierung Brillantschwarz Metallic (SK9038) und Perlgrau Metallic.
- Aufkleber Edition One vorn links auf Motorhaube.
- Entfall des roten Zierrahmens am Kühlergrill.
- Runde Embleme (»Wolfsburg Edition«) an den Kotflügeln statt Seitenblinkern.
- Außenspiegel in Wagenfarbe.
- G60-Kotflügelverbreiterungen rundum (ab Januar 1990).
- 16V-Auspuffanlage (Ø 55 mm, nur bis Juni 1990) auch für 79 kW (107 PS).
- LM-Räder BBS RM012, zweiteilig, 6.5J × 15 mit 195/50 R 15-Reifen.
- Rückleuchten partiell abgedunkelt, weiße Blinkleuchten vorn.
- Servolenkung mit Vierspeichenlenkrad (Ø 370 mm) mit Lederkranz.
- Schaltknauf und Handbremshebelgriff mit Leder bezogen.
- Innenausstattung in Blau: Seitenverkleidungen und Standard-Sportsitze rundum mit Stoff Mauritiusblau bezogen und mit Schriftzug Edition auf der Rückenlehne (beim 107-PS/79-kW-Motor manuelle Höhenverstellung Fahrerseite), elektrisch einstellbare Recaro-Sportsitze mit gleichem Stoff mit Recaro-Schriftzug, beim 16V mit 129 PS (95 kW) und beim G60 Logo in den Kopfstützen bis 08/89, Rücksitzbank mit Einzelsitzcharakter (aber auch mit Kopfstützen erhältlich). Fußboden und Heckablage mit mauritiusblauem Tufting-Velours verkleidet.
- Gepäckraumabdeckung und seitliche Konsolen mit Teppich Mauritiusblau.
- Tür- und Seitenverkleidungen in »Avantage«-Stoff Mauritiusblau-Blaurotsilber mit zwei schwarzen Zierleisten.
- Zweitürer hinten seitlich und in der Heckklappe chrombedampfte Siglachrome-Fensterscheiben, deutlich stärker abgedunkelt als normale grüne Wärmeschutzverglasung (weiterhin zu haben für den Viertürer).

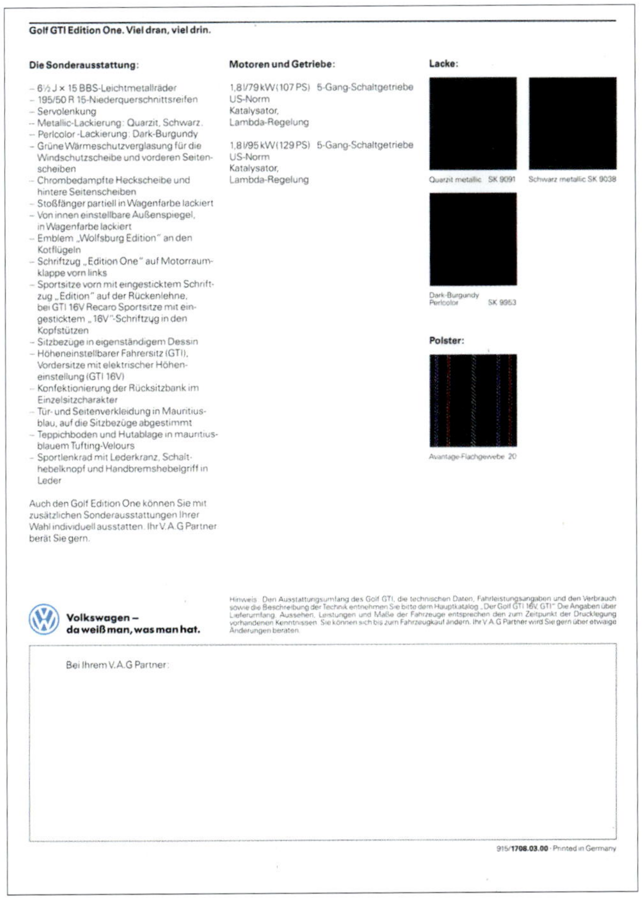

Golf GTI Edition One. Viel dran, viel drin.

Die Sonderausstattung:

- 6½ J × 15 BBS-Leichtmetallräder
- 195/50 R 15-Niederquerschnittsreifen
- Servolenkung
- Metallic-Lackierung: Quarzit, Schwarz.
- Perlcolor-Lackierung: Dark-Burgundy
- Grüne Wärmeschutzverglasung für die Windschutzscheibe und vorderen Seitenscheiben
- Chrombedampfte Heckscheibe und hintere Seitenscheiben
- Stoßfänger partiell in Wagenfarbe lackiert
- Von innen einstellbare Außenspiegel, in Wagenfarbe lackiert
- Emblem „Wolfsburg Edition" an den Kotflügeln
- Schriftzug „Edition One" auf Motorraumklappe vorn links
- Sportsitze vorn mit eingesticktem Schriftzug „Edition" auf der Rückenlehne, bei GTI 16V Recaro Sportsitze mit eingesticktem „16V"-Schriftzug in den Kopfstützen
- Sitzbezüge in eigenständigem Dessin
- Höheneinstellbarer Fahrersitz (GTI), Vordersitze mit elektrischer Höheneinstellung (GTI 16V)
- Konfektionierung der Rücksitzbank im Einzelsitzcharakter
- Tür- und Seitenverkleidung in Mauritiusblau, auf die Sitzbezüge abgestimmt
- Teppichboden und Hutablage in mauritiusblauem Tufting-Velours
- Sportlenkrad mit Lederkranz, Schalthebelknopf und Handbremshebelgriff in Leder

Auch den Golf Edition One können Sie mit zusätzlichen Sonderausstattungen Ihrer Wahl individuell ausstatten. Ihr V.A.G Partner berät Sie gern.

Motoren und Getriebe:

1,8 l/79 kW (107 PS) 5-Gang-Schaltgetriebe
US-Norm
Katalysator,
Lambda-Regelung

1,8 l/95 kW (129 PS) 5-Gang-Schaltgetriebe
US-Norm
Katalysator,
Lambda-Regelung

Lacke:

Quarzit metallic SK 9091
Schwarz metallic SK 9038
Dark-Burgundy Perlcolor SK 9953

Polster:

Avantage-Flachgewebe 20

Volkswagen – da weiß man, was man hat.

Hinweis: Den Ausstattungsumfang des Golf GTI, die technischen Daten, Fahrleistungsangaben und den Verbrauch sowie die Beschreibung der Technik entnehmen Sie bitte dem Hauptkatalog „Der Golf GTI 16V, GTI". Die Angaben über Lieferumfang, Aussehen, Leistungen und Maße der Fahrzeuge entsprechen den zum Zeitpunkt der Drucklegung vorhandenen Kenntnissen. Sie können sich bis zum Fahrzeugkauf ändern. Ihr V.A.G Partner wird Sie gern über etwaige Änderungen beraten.

Bei Ihrem V.A.G Partner:

915/1706.03.00 · Printed in Germany

Prospekt Edition One von 1990.

GTI 8V Sondermodell (1991) in Dark Burgundy.

Edition Blue

Dazu gesellte sich 1991 zum Abschluss der Baureihe das ausschließlich zweitürige Sondermodell Edition Blue. Die Motorisierung erfolgte über einen 1,8-Liter 8V mit 107 PS (79 kW) (MKB: PF) für Deutschland. In Österreich und der Schweiz waren sogar G60-Motoren mit 160 PS (118 kW) (MKB: PG) zu haben.

Für die Farbgebung kam ausschließlich Moonlightblue Perlefekt (LC5M) zur Auslieferung, insgesamt gab es 2.100 Fahrzeuge. Das Sondermodell gelangte nur in Deutschland, Österreich und der Schweiz zum Verkauf, produziert wurde es in Wolfsburg. 1.749 Stück waren für den deutschen Markt bestimmt.

Ausstattungsmerkmale des Edition Blue:

- Drei Edition-Blue-Embleme anstelle GTI-Logos an Heck und Seitenleisten.
- G60-Kotflügelverbreiterungen rundum.
- Aluminiumräder BBS RM012, zweiteilig, 6.5J × 15 mit Reifen 195/50 R 15.
- Stahlschiebedach, manuell.
- Blinkleuchten seitlich.
- Schlussleuchten partiell abgedunkelt.
- Außenspiegel elektrisch und beheizbar in Wagenfarbe (rechts konvex, links asphärisch).
- Innenausstattung nur in Leder Mauritiusblau mit Sitzheizung vorn.
- Teppich in Tuftingvelours Mauritiusblau.
- Dreispeichen-Sportlenkrad Ø 360 mm, Leder schwarz.
- Schalthebelknauf Leder schwarz.
- Handbremsgriff Leder schwarz.

In der Schweiz konnte die Edition Blue ausschließlich als G60 geordert werden. Nur dort war er mit Zusatzausstattungen konfigurierbar. ABS gab's (wie bei allen G60 in der Schweiz)nur gegen Aufpreis. In Österreich und Deutschland konnten für dieses Sondermodell keine zusätzlichen Sonderausstattungen geordert werden.

Heiß gesuchte, nahe Verwandte

Golf Rallye

Dicke Backen machte speziell der VW Golf Rallye G60 mit »nur« 160 PS/118 kW (1,8-Liter mit Zweiventiltechnik) und Allradantrieb. Der grundsätzlich zweitürige Rallye-Golf wurde von 1989 bis 1991 in einer limitierten Auflage von 5.000 Einheiten im VW-Werk Brüssel produziert, um die Homologationsbedingungen für den Motorsport (Gruppe A) zu erfüllen: Durch eine geringe Reduzierung der Bohrung wurde der Hubraum des Serien-G60-Motors hierfür auf 1.760 cm³ verkleinert, um in der 1,7-Liter-Klasse starten zu dürfen. Von 0 auf 100 km/h beschleunigte der Rallye Golf in 8,6 Sekunden, die Höchstgeschwindigkeit lag bei 209 km/h.

Um die leichte Leistungseinbuße infolge des geringeren Hubraums zu kompensieren, kam ein größer dimensionierter Ladeluftkühler zum Einsatz. Äußerlich ist der Rallye Golf an den rechteckigen DE-Scheinwerfern, den stark ausgestellten Radhäusern über 205/50-R15-Bereifung (»Hamsterbacken«) sowie an seiner üppigen Ausstattung zu erkennen. Stoßfänger, Kotflügel und Schweller waren in Wagenfarbe lackiert. Um das Auto steifer zu machen, wurde die Frontscheibe eingeklebt. Der ursprüngliche Basispreis lag bei 44.500 DM, je nach Konfiguration wurden bis zu 48.900 DM aufgerufen. Laut Wikipedia existierten 50 Exemplare ohne Schiebedach und mit Volllederausstattung, die ausschließlich in die Schweiz exportiert wurden.

4.988 Fahrzeuge bekamen den 160-PS-Motor, zwölf Exemplare jedoch etwas ganz Besonderes: den 210-PS-(155-kW)-Motor, wie er auch im Limited zum Einsatz kam.

Der einzige europäische Golf mit Rechteckscheinwerfern.

Ringsum war der Golf Rallye eine bullige Erscheinung.

Golf Rallye, Interieur, Motor

Durchzugsstarker Zweiventilmotor mit G-Lader.

Erstaunlich ziviler Arbeitsplatz im Homologationsmodell.

Golf Limited

Nur im Jahr 1989 und in lediglich 71 Exemplaren entstand bei VW Motorsport der sogenannte »Limited«. Wie der GTI G60 verfügte er über Spirallader, Ladeluftkühlung und Digifant-Einspritzung, zusätzlich kam hier jedoch Vierventiltechnik zum Einsatz. Serienmäßig war zudem der Allradantrieb (syncro). 210 PS (155 kW) und 252 Nm leistete der grundsätzlich viertürige Wagen. Der aus dem 16V bekannte Grundmotor verfügte – so die wie gewohnt bestens informierte *ams* 11/1989 – über vernickelte Kolbenböden, spezielle Kolbenringe sowie eine verstärkte Zylinderkopfdichtung, die das Verdichtungsverhältnis von 10,0 auf 8,8 : 1 reduzierte. Die auf der Einlassseite rotierende Nockenwelle mit größerem Hub erinnerte an das Pendant im serienmäßigen 16V ohne Katalysator. Der Limited besaß hingegen serienmäßig gleich zwei Katalysatoren.

Auffallend schmal und unspektakulär trat er auf – im Gegensatz zum Golf Rallye setzte der Limited konsequent auf Understatement. Das Leergewicht lag allerdings bei beachtlichen 1.275 kg. Dennoch sprintete der grundsätzlich in Schwarz-Metallic lackierte Wagen in 7,4 Sekunden von 0 auf 100 km/h und war damit schneller als ein damaliger BMW M3. Die im Test ermittelte Höchstgeschwindigkeit betrug 229 km/h. Angepasst wurden Dämpferabstimmung, Stabilisatorstärken und Federkennungen. Mit hellblauem Zierrahmen um die Kühlerfront, Soloscheinwerfern, Motorsport-Plaketten vorn und hinten sowie zweiteiligen BBS-Rädern gilt er unter Kennern als GTI – auch wenn er diese Bezeichnung nie offiziell trug. Der üppig ausgestattete Limited mit seinen charakteristischen blau eingefärbten Accessoires kostete seinerzeit stolze 68.500 DM – ein »Freundschaftspreis«, wie die *ams* süffisant bemerkte.

Understatement pur mit schmaler Karosserie.

Vierventiltechnik und G-Lader waren eine unschlagbare Kombination.

Golf Limited.

Begeisterter Fahrbericht in *ams* 11/1989.

Blaue Kühlerumrandung für den Limited.

Country GTI

Der von 1989/90 bis 1991 in lediglich 7.735 Exemplaren gebaute, höhergelegte und allradgetriebene Golf Country war serienmäßig mit dem 1,8-Liter-Motor mit 98 PS (72 kW) ausgerüstet. Ebenfalls Serie war das Fünfgang-Schaltgetriebe. Lediglich 50 Fahrzeuge erhielten den 107-PS-Motor (79 kW) des GTI 8V und liefen als »Wolfsburg Edition«; am Heck soll sich ein entsprechender Schriftzug befunden haben. Nach übereinstimmenden Berichten wurden diese Fahrzeuge ausschließlich an VW-Werksangehörige abgegeben. Der Preis betrug 33.225 Mark.

Golf Country mit 107-PS-Motor (79 kW) aus dem GTI 8V.

Treser T1/TR1

Walter Treser (1940–2021), innovativer Entwickler bei Audi und Opel, baute ab 1987 im Rahmen seiner Selbstständigkeit in Berlin eine Kleinstserie eines zweisitzigen Roadsters. Dieser nutzte die Technik des Golf 2 GTI, war jedoch als Mittelmotorfahrzeug ausgelegt: Der 1,8-Liter-16V saß direkt hinter den Sitzen. Die Abmessungen betrugen 4.045 × 1.730 × 1.250 mm, der Radstand 2.500 mm.

Das Grundgerüst stammte von der Firma Hydro Aluminium. Eine Besonderheit war das vollversenkbare Metalldach. Beim T1 handelte es sich quasi um die zivile Version mit 130 PS (96 kW), während der TR1 mit 150 PS (110 kW) – nach anderen Quellen sogar mit 170 PS (125 kW) – als Rennfahrzeug ausgelegt war. Bis 1988 entstanden insgesamt 25 Exemplare des T1/TR1, danach musste die Firma Insolvenz anmelden.

Treser T1, Mittelmotor und betont strömungsgünstige, modernistische Form.

Der 1,8-Liter-Vierzylinder leistete in der Zivilversion lediglich 130 PS.

Das Metalldach ließ sich komplett hinter den Sitzen versenken.

Versuchsträger VR6

Nach ersten Versuchen, einen als VR-Motor ausgelegten Sechszylinder quer im Golf I unterzubringen, experimentierte Volkswagen Mitte der 1980er-Jahre mit einem 2,2-Liter-Vierventiler. Für den versuchsweisen Einbau in einen Golf 2 GTI erhielt dieser Motor sogar eine Doppelaufladung aus G-Lader und Turbolader. So kam er auf über 200 PS (147 kW) und erreichte in Ehra-Lessien stolze 240 km/h, wie im Buch »High-Tech-Motoren von Volkswagen« nachzulesen ist.

Allerdings erwies sich das Konzept als nicht standfest, sodass das Triebwerk von beteiligten Technikern als »Walter-Motor« geschmäht wurde – eine Anspielung auf die damalige TV-Serie »Unser Walter – Leben mit einem Sorgenkind«. Auch dieser Versuchsträger wurde schließlich verschrottet. Wie erwähnt, kam erst der 2,8-Liter-Zweiventil-VR6 mit 180 PS (132 kW) im Mai 1991 im Passat 3 und im Golf 2 in Serie.

2,2-Liter-4V-VR6 zunächst ohne Aufladung mit 163 PS (120 kW).

»Walter-Motor« mit Doppelaufladung und 220 PS (132 kW).

Zur besseren Belüftung bekam der Golf mit dem »Walter-Motor« eine Hutze verpasst.

Die Export-Versionen

In den USA folgte 1984 der Golf II aus dem Werk in Westmoreland, das allerdings bereits 1987 wieder schließen sollte. Ab diesem Zeitpunkt hießen die dort gebauten Modelle ungeachtet der Rechteckscheinwerfer nicht mehr Rabbit, sondern – wie in Deutschland – Golf. 1985 wurde ein neuer Golf-GTI aufgelegt, mit einem 1.781 cm³-8V-Motor, nun aber mit 102 PS (75 kW). Als Höchstgeschwindigkeit wurden 190 km/h angegeben. Die Zeitschrift *Motor Trend* kürte diesen Golf GTI 1985 (»Rakete im Taschenformat«) dank seiner hohen Punktzahlen in den Kategorien Qualität, Komfort, Fahreigenschaften, Beschleunigung, Handling und Verbrauch zum Auto des Jahres.

Im AutoMuseum Volkswagen ist ein solches zweitüriges Fahrzeug mit Schiebedach und 205/50-R15-Bereifung zu sehen, das zugleich den einmillionsten in den USA produzierten Golf markiert. Den US-GTI gab es indes auch als Viertürer. Leistungshungrigere Käufer ließen sich – als es noch keinen 16V gab – beispielsweise von Callaway einen Turbolader nachrüsten, der Leistungen bis zu 150 PS (110 kW) ermöglichte.

1987 stufte man den 8V vom GTI zum GT herab – und freute sich umso mehr über den im selben Jahr eingeführten 16V mit 131 PS (99 kW). Es handelte sich dabei um den aus Deutschland zugelieferten EV-Motor. Erst jetzt überzeugte der GTI seine Fans nachhaltig.

Alle danach in den USA angebotenen Golf – darunter auch der GTI – waren Importfahrzeuge. Ab 1988 kam der GTI mit dem 1,8-Liter-Digifant-Motor aus dem mexikanischen Werk Puebla ins Land, kurzzeitig noch mit dem althergebrachten Spucknapf-Lenkrad. Angegeben waren 100 PS.

Ab Modelljahr 1990 wurde schließlich der 2,0-Liter-16V aus dem Passat im GTI verbaut, da dieser auch mit Normalbenzin betrieben werden konnte und besser mit der vergleichsweise niedrigeren Kraftstoffqualität in den USA zurechtkam.

Exportiert wurde der Golf 2 GTI unter anderem auch nach Japan und Südafrika (siehe Kapitel 10).

Erst als 16V begeisterte der Golf GTI die US-Kundschaft.

Golf GTI 8V mit 92 PS (68 kW) von 1985, der insgesamt einmillionste Golf in den USA. Exponat im AutoMuseum Volkswagen; am Heck als GTI beschriftet, jedoch ohne Kennzeichnung als Golf oder Rabbit.

Golf GTI aus mexikanischer Produktion:
1989 noch mit altem Spucknapf-Lenkrad,
1991 mit neuem Lenkrad.
Beide Modelle mit alter Front und 8V-Motor
mit Digifant-Einspritzung.

Grundpreise des Golf 2 GTI (Quelle: Oswald, autosalon)

	8V (112 PS)	16V (139 PS)	G60
Aug. 1983	21.115,– (2T) / 21.815,– (4T)		
Jan. 1984	21.525,– (2T) / 22.240,– (4T)		
Sept. 1984	21.915,– (2T) / 22.645,– (4T)		
Dez. 1984/Jan 1985	22.230,– (2T)		
Apr. 1985	22.760,– (2T) / 23.510,– (4T)		
Nov/Dez. 1985	23.215,– (2T)	25.595,– (2T) / 26360,– (4T)	
Juli. 1986	23.620,– (2T)	26.045,–	
Jan. 1987	24.140,– (2T)		
Aug. 1987	24.215,– (2T)	26.825,–	

	8V, Kat (107 PS)	16V, Kat (129 PS)	
Herbst 1986	25.470,–	26.725,– (2T) / 28.170,– (4T)	
Nov. 1987	26.415,–		
Aug. 1988	26.930,–	29.275,–	
Juni/Aug. 1989	27.430,–	29.830,–	
Jan. 1990	28.230,–	30.210,–	36.650,–
Mitte 1990	28.545,–	31.100,–	37.125,–
Aug. 1990	28.545,–	31.100,–	37.125,–

Produktionsstatistik Golf 2 GTI (Quelle: Hist. Kommunikation Volkswagen)

Jahr	GTI 8V	GTI US	GTI 16V	G60	GTI seit Beginn
1983	71.002	36.375	0	0	461.690
1984	53.585	17.458	0	0	532.733
1985	51.610	25.948	230	0	610.521
1986	43.160	20.888	37.270	0	711.839
1987	10.490	9.083	35.382	0	766.794
1988	49.490	4.749	34.127	0	855.160
1989	48.984	0	28.435	0	932.579
1990	51.595	0	43.908	14.564	1.042.646
1991	35.254	0	7.197	4.891	1.089.988
Summe	415.170	114.501	186.449	19.455	= 735.575

Technische Daten Golf 2 GTI	**1.8 GTI 8V** 1984 – 1987, 1988 – 1991 (Kat)	**1.8 GTI 16V** 1986 – 1988, 1987 – 1991 (Kat)	**1.8 GTI G60** 1990 – 1991
Motor	LM-Kopf/GG-ZKG mit Getriebe quer vor VA		
Zylinder	4 (Reihe)	4 (Reihe)	4 (Reihe)
Bohrung x Hub (mm)	81 x 86,4	81 x 86,4	81 x 86,4
Hubraum (cm^3)	1781	1781	1781
Leistung (PS/kW /min)	112 (82)/5500	139 (102)/6100	
Kat-Version	G: 107 (79)/5250 U: 107 (79)/5500 Mj 88: 107 (79)/5400	129 (95)/5800	160 (118)/5800
Max. Drehmoment (Nm/min)	155/3100	168/4600	
	G: 154/3250 U: 154/3500 Mj 88: 157/3800	161/4250 168/4250	225/3800
Verdichtung	10,0 : 1	10,0 : 1	8,0 : 1
Gemischbereitung	Mech. Kraftstoffeinspritzung Bosch K-Jetronic, ab Mj 88: Elektronische Einspritzung Digifant, integr. Lambdaregelung	Mech. Kraftstoffeinspritzung Bosch K-Jetronic, 129 PS: Mechanisch-elektronische Einspritzung Bosch KE-Jetronic, Kat-Version mit Klopfregel. plus Lambdasonde	Elektron. Einspritzung VW Digifant, Spirallader, LLK, G-Kat
Ventile	2 pro Zylinder, hängend, obenlieg. Nockenwelle (Antrieb über Zahnriemen)	4 pro Zylinder, hängend, 2 obenlieg. Nockenwellen (Antrieb über Zahnriemen)	2 pro Zylinder, hängend, obenlieg. Nockenwelle (Antrieb über Zahnriemen)
Kurbelwellenlager	5	5	5
Kühlung	Pumpe (6,3 L Wasser), Ölkühler	Pumpe (6,3 L Wasser), Ölkühler	Pumpe (6,3 L Wasser), Ölkühler
Schmierung	Druckumlauf (4,0 L Öl)	Druckumlauf (4,0 L Öl)	Druckumlauf (4,0 L Öl)
Batterie	12 V 45 Ah	12 V 45 Ah	12 V 45 Ah
Lichtmaschine	Drehstrom 56 oder 65 A		Drehstrom 90 A
Kraftübertragung	Frontantrieb	Frontantrieb	Frontantrieb, EDS
Kupplung	Einscheibentrocken	Einscheibentrocken	Einscheibentrocken
Schaltung	Schaltstock in Wagenmitte	Schaltstock in Wagenmitte	Schaltstock in Wagenmitte
Getriebe	5Gang	5Gang	5Gang
Sychronisierung	I-V	I-V	I-V

Übersetzungen	I. 3,45 II. 2,12 III. 1,44 IV. 1,13 V. 0,89 R: 3,17	I. 3,46 II. 2,12 III. 1,44 IV. 1,13 V. 0,99 R: 3,17	I. 3,78 II. 2,11 III. 1,34 IV. 0,97 V. 0,76 R: 3,17
Antriebsübersetzungen	3,67	3,67	3,68
Fahrwerk	Selbsttragende Ganzstahlkarosserie, 2- und 4Türer		
Vorderradaufhängung	McPherson-Federbeine, untere Querlenker, Schraubenfedern, Stabilisator		
Hinterradaufhängung	Verbundlenkerachse (Federbeine, Längslenker, Schraubenfedern), Querträger, Stabilisator		
Lenkung	Zahnstange (a.W. Servo)		Zahnstange, Servo
Fußbremse	Diagonal-Zweikreis-Hydraulik, Servo, vorn Scheibenbremsen (Ø 239 mm, belüftet), hinten Scheiben (Ø 226 mm), Ende 1988: Ø 256 mm vorn, Ø 226 mm hinten), ab 2/1987 a.W. ABS, 16V: ABS+EDS Serie		vorn Scheibenbremsen (Ø 280 mm, belüftet), hinten Scheiben (Ø 226 mm), syncro: hinten Ø 239 mm, ABS Serie, syncro: ABS+EDS Serie
Allgemeine Daten			
Radstand (mm)	2475	2475	2475
Spur vorn/hinten (mm)	1427/1422	1427/1422	1433/1428, syncro: 1435/1437
Gesamtmaße (mm)	3985 x 1680 x 1405, `88: 4040 x 1700 x 1405	3985 x 1680 x 1395, `88: 4040 x 1700 x 1405	4040 x 1700 x 1405
Räder	5.5J x 13,,87: 6.0J x 14	6.0J x 14	6.0J x 15
Reifen	175/70 HR 13, später 185/60 HR 14	185/60 VR 14/HR 14	185/55 R 15
Wendekreis (m)	10,5	10,5	10,4-11
Gepäckraum (L)	410/1360	410/1360, syncro: 280/1230	410/1360
Leermasse 2/4T (kg)	920/940, 1988: 935/960	960/980, 1010/1035	1080/1105, syncro: 1165/1190
Zul. Gesamtgewicht 2/4T (kg)	1400/1430	1430/1430	1530/ syncro: 1640
Höchstgeschwindigkeit (km/h)	191 (Kat:186)	208 (Kat: 200)	216, syncro: 213
Beschleunigung 0-100 km/h (s)	9,7 (Kat: 10,3)	8,5 (Kat: 9,0)	8,3/syncro: 8,3
Verbrauch DIN (L/100 km)	8,0 (Kat: 8,5) S, Test: 9,6	8,2 S (Kat: 9,0) S, Test: 9,9	9,4/syncro: 9,9 S
Kraftstofftank (L)	55 (vor HA)	55 (vor HA)	55 (vor HA)

GTI
WOB CP 274

Golf 3 GTI.

Abkehr vom Ursprung

Da weiß man, was man hat

Zwischen November 1991 und Ende 1997 beglückte Volkswagen die automobile Welt mit dem Golf 3 (Typ 1H), noch auf den Weg gebracht von Vorstandschef Carl Hahn, der 1993 von Ferdinand Piëch abgelöst wurde. Insgesamt entstanden weltweit 4,96 Millionen Einheiten, die allermeisten davon in Deutschland. Die äußeren Abmessungen blieben grundsätzlich auf dem Niveau des Vorgängers (Radstand unverändert), auch wesentliche Teile der Technik wurden übernommen und gezielt optimiert.

Das von Designchef Herbert Schäfer gestalterisch behutsam weiterentwickelte Auto fiel zwar etwas größer aus (+ 21,5 cm in der Länge, + 1,5 cm in der Breite bei unverändertem Radstand) und brachte rund 100 kg mehr auf die Waage, war dafür aber vollgepackt mit neuartiger Sicherheitstechnik. »Volkswagen – da weiß man, was man hat«, dichteten die Werbestrategen – ein Slogan, der unweigerlich an die konservativsten Zeiten der jungen Bundesrepublik erinnert (»Keine Experimente!«).

Gegenüber dem normalen Golf 3 lag der neue GTI um 20 mm tiefer (wie auch der VR6) und erreichte eine Höchstgeschwindigkeit von knapp 200 km/h. Der cW-Wert betrug bemerkenswerte 0,33. Der auf 6J × 15-Rädern rollende Einstiegs-GTI kostete DM 29.590,– und damit mehr als 3.000 DM über dem 90-PS-Basismodell (66 kW). Für den Viertürer verlangte Volkswagen einen Aufpreis von DM 930,–. Optional waren Leichtmetallräder bis 6,5 Zoll (»Monte Carlo«) für 900 Mark sowie Reifen bis 205/50 VR15 erhältlich.

Zum Serienumfang gehörte beim neuen GTI das sogenannte Plus-Fahrwerk. Es umfasste eine veränderte Vorderachsgeometrie mit weiter nach außen verlagertem unteren Anlenkpunkt zur Verbesserung des Geradeauslaufs und zur Reduzierung von Antriebseinflüssen, während hinten weiterhin eine Verbundlenkerachse mit Stabilisator zum Einsatz kam. Erkennbar war das Plus-Fahrwerk an der Fünfloch-Radbefestigung. Die Tester der *auto motor und sport* zeigten sich davon allerdings wenig begeistert: Klaus Westrup spottete über »ein unnötig straff gemachtes Fahrwerk«, bezeichnete den neuen GTI gar als »Auto ohne spezifischen Charakter« und empfahl stattdessen den VR6, der ebenfalls mit dem Plus-Fahrwerk ausgerüstet war.

Volkswagen hatte den VR6 bewusst als Spitzenmodell der Baureihe positioniert und nahm dabei in Kauf, dass er den einstigen GTI-Nimbus regelrecht pulverisierte – rückblickend kaum nachvollziehbar. In Deutschland jedenfalls nahm der Sechszylinder dem GTI eher Kunden weg. ABS (und EDS) waren für den Zweiventiler zunächst nur gegen Aufpreis erhältlich: ABS kostete 1.850, Mark die Kombination aus ABS und elektronischer Differenzialsperre EDS 2.462 Mark Aufpreis. Erst ab 1994 gehörte ABS bei allen GTI-Derivaten zur Serienausstattung.

Die Doppelscheinwerfer der zweiten GTI-Generation verschwanden nun unter einer gemeinsamen Streuscheibe, je nach Baujahr als Single- oder Doppelscheiben-Ausführung. Charakteristisch für den GTI waren schwarze Radlaufverbreiterungen und schwarze Schweller, silberfarbene GTI-Schriftzüge vorn, hinten und an den seitlichen Schutzleisten sowie der größere Front- und Dachspoiler. Die Frontpartie war in Wagenfarbe lackiert, ergänzt durch weiße Blinkleuchten und abgedunkelte Rückleuchten. Auf den roten Zierstreifen verzichtete Volkswagen zunächst; er kehrte erst mit dem Sondermodell »20 Jahre GTI« zurück.

Im Innenraum prägten gemusterte Karo-Sportsitze mit eingewebtem GTI-Logo sowie ein Dreispeichen-Lenkrad ohne Airbag das Bild. Der Tachometer reichte bis 220 km/h. Serienmäßig war ein höhenverstellbarer Fahrersitz, bei dem die gesamte Sitzfläche vorne und hinten im Niveau verändert werden konnte; bedient wurde er über einen Hebel an der Sitzaußenseite. Aufpreispflichtig waren unter anderem die Klimaanlage (DM 1.950,–), elektrisch einstellbare Außenspiegel (DM 271,–) sowie elektrische Fensterheber (DM 1.024,–).

Lieferbare Lackierungen waren Tornadorot (bzw. Indianarot Perleffekt), Windsorblau Metallic, Alpinweiß, Montanagrün Metallic, Satinsilber Metallic, Schwarz (bzw. Brilliantschwarz Metallic), Perlgrau Metallic sowie Dusty Mauve Perleffekt (Violett-Grau). Hinzu kamen weitere Sonderfarben. Nur Tornadorot, Schwarz und Alpinweiß waren ohne Aufpreis erhältlich. Metallic-Lackierungen kosteten 535 Mark extra. Wie erwähnt: Die rote Umrandung in der Frontpartie entfiel – bedauerlicherweise auch für die nachfolgenden Golf-3-Versionen.

In der Pressemappe vom August 1991 war dem GTI – als einer von insgesamt fünf Versionen des neuen Golf – gerade einmal eine Seite gewidmet. Von Beginn an, also ab November 1991, gab es den GTI zunächst ausschließlich mit dem neuen 2,0-Liter-Achtventiler (Kat-Version) mit 115 PS (85 kW), serienmäßig mit geregeltem Katalysator. Die Einspritzpumpe saß nun rechts im Motorraum. Dieser Motor war vom 1,8-Liter-Aggregat abgeleitet, verfügte jedoch über einen Kolbenhub von 92,8 mm (zuvor 86,4 mm) sowie eine Zylinderbohrung von 82,5 mm (zuvor 81,0 mm). Dazu Klaus Westrup: »ein bewährtes Konzern-Triebwerk, aber nichts Spezielles« – eine Anspielung darauf, dass dieser Motor auch im Audi 100 und im Seat Toledo zum Einsatz kam.

Der Motorblock fiel wegen der längeren Pleuel um 16,5 mm höher aus, neu war zudem der Wechsel von der KE-Jetronic auf das Digifant-3.0-System von Volkswagen. Dieses elektronische Zünd- und Einspritzsystem legte den Zündzeitpunkt für jeden Zylinder separat fest und korrigierte ihn bei Bedarf. Gleichzeitig wurde die einzuspritzende Kraftstoffmenge exakt berechnet und – Stichwort sequenzielle Einspritzung – gezielt den einzelnen Zylindern zugeteilt.

Das maximale Drehmoment des langhubigen Motors betrug 166 Nm. Damit verfügte der GTI nun über einen Serienmotor (Kennbuchstaben 2E, ab 1996 ADY), der unter anderem auch im Cabrio sowie im Golf GL 2.0 dieser Baureihe verbaut wurde. Zur Serienausstattung zählten das Fünfganggetriebe (gestängegeschaltet beim 8V, per Seilzug geschaltet beim 16V und VR6), Servolenkung, Zentralverriegelung und Multifunktionsanzeige.

Dreimal GTI. Die dritte Generation war rund 30 cm länger als das Urmodell. Leider war die rote Umrandung in der Front entfallen.

Heckansicht des 3er-GTI, hier als 16V. Ab Ende 1994 hatte auch der 8V ein Doppelendrohr.

8V-Motor aus dem Prospekt vom Juli 1995. Hier noch mit früher Version des Digifant-Systems und Luftmengenmesser mit mechanischer Klappe.

Der Golf GTI.

Sportlich: von vorne... Das Fahrwerk des Golf GTI ist um 20 mm tiefergelegt. Es bietet eine hohe aktive Sicherheit. Durch den spurstabilisierenden Lenkrollradius ist eine optimale Spurtreue gewährleistet.

...bis hinten. Die Hinterachse des Golf GTI ist mit sportlich abgestimmten Gasdruckstoßdämpfern ausgestattet. Selbstverständlich hat der GTI vorne wie hinten Scheibenbremsen, wobei die vorderen innenbelüftet sind.

Einfach angenehm. Der erste Eindruck ist immer entscheidend. Wenn man bequem sitzt, eine hervorragende Rundumsicht genießt, nichts lange suchen muß, weil alles da ist, wo es hingehört. Die Golf GTI Armaturentafel zeigt's beispielhaft. Das fängt beim ergonomischen Design an und geht weiter bis zu so praktischen Dingen wie der integrierten Mittelkonsole. Sonderausstattung: Radio-Cassettensystem mit Cassettenablage.

13

Verkaufsbroschüre vom August 1992.

Alternatives, geschlossenes »Nasenloch«-Frontend zum Golf GTI 3 von Volkswagen-Design, A. Breun Archiv.

Deutlich erstarkt – der GTI 16V

Der zunächst noch gar nicht terminierte GTI 16V mit 150 PS (110 kW) und 180 Nm galt als Audi-Entwicklung und war erst ab Januar 1993 erhältlich. Immerhin war er bereits in der IAA-Pressemappe 8/1991 angekündigt worden (»Markteinführung zu einem späteren Zeitpunkt«). Im Programm blieb er nur bis Anfang 1996 (Modelljahr 1997). Bei der IAA-Ankündigung 1991 waren noch 143 PS (105 kW) genannt worden, während er auf dem Pariser Salon im Herbst 1992 in seiner späteren Serienform mit 150 PS (110 kW) debütierte. 215 km/h Höchstgeschwindigkeit wurden versprochen, der Preis lag bei 37.930 DM.

Äußerlich erkennbar war der Wagen am 16V-Schriftzug auf dem Heck (erstaunlicherweise je nach Konfiguration nicht an der Front) sowie an den Flanken. Hinzu kamen Klarglas-Blinker, allerdings weiterhin keine Doppelscheinwerfer. Ein weiteres Erkennungsmerkmal war die Gummi-Dachantenne. Sowohl 8V als auch 16V waren wahlweise als Viertürer erhältlich (Aufpreis nun 1.030 DM), jedoch nie als Variant. Serienmäßig für beide waren Verbundglas-Frontscheiben, grüne Wärmeschutzverglasung sowie das Doppelendrohr links (beim 8V erst im Zuge der Modellpflege Ende 1994/Anfang 1995).

Das Interieur unterschied sich nicht vom Zweiventiler: Beide Versionen wurden mit Sportlenkrad (mit oder ohne Airbag, Airbag serienmäßig ab 1995), Multifunktionsanzeige, Zentralverriegelung und Sitzhöhenverstellung vorn ausgeliefert. Der Tachometer reichte bis zu sozialverträglichen 240 km/h. Bis 1995 war das Vierspeichen-Lenkrad mit Airbag Sonderausstattung, die Dreispeichen-Variante kam ohne Airbag. Vierspeichen-Lenkräder ohne Airbag gab es lediglich bei GL- bzw. CL-Modellen.

Der 16-Ventiler (selbstverständlich ebenfalls als Kat-Version) sowie der spätere VR6 erhielten – Respekt! – serienmäßig ein integriertes ABS/EDS-System (Antiblockiersystem mit elektronischer Differenzialsperre bis 30 km/h). Der 16V rollte auf 6,5J × 15-Leichtmetall-Fünflochfelgen mit 205/50-VR-15-Reifen und verfügte – wie auch der 8V – über hintere Scheibenbremsen. Das seilzuggeschaltete Fünfganggetriebe entsprach dem des VR6. Eine Automatikversion gab es für den Golf 3 GTI nie.

Bei 16V und VR6 gehörten eine geänderte Servolenkung sowie die tiefergelegte Karosserie mit Plus-Fahrwerk zum Serienumfang, inklusive modifizierter Stabilisatoren, Querlenker, Radlagergehäuse, Antriebswellen und Domlager. Dennoch blieb es weiterhin bei der hinteren Verbundlenkerachse und der Bremsanlage des 8V.

Kundschaft und Fachpresse waren mit dem 16V weitgehend versöhnt. In einem großen Vergleichstest der auto motor und sport (Heft 2/1993) setzte sich der Golf gegen durchaus respektable Konkurrenten wie Citroën ZX 16V, Ford Escort RS2000, Opel Astra GSi 16V und Renault 19 16V durch – dank funktionaler Karosserie, ausgewogenem Fahrwerk und einem temperamentvollen Motor, der sich zugleich »angemessen kultiviert und sparsam« zeigte.

»Oberhalb von 4.000/min hängt er mit giftigem Biss am Gas«, protokollierte Götz Leyrer, »dreht mit beispielhafter Mühelosigkeit hoch und entwickelt dabei weder spürbare Vibrationen noch lästige Dröhngeräusche«. Und das bei einem sparsamen Testverbrauch von 9,7 l/100 km – ein Wert, den nicht einmal der Opel unterbieten konnte. Zudem überzeugte der 16V auch aus dem unteren Drehzahlbereich mit ordentlichem Beschleunigungsvermögen bis 6.000/min. Fürs Modelljahr 1997 nahm VW den 16V aus dem Programm, wobei er aber im Rahmen des 20-Jahre-GTI-Sondermodells weiterleben durfte.

Golf GTI 16V von 1993 in schickem Montanagrün mit Doppelrohrauspuff. In dieser Farbe machte er wirklich etwas her!

GTI Viertürer, die Unauffälligkeit in Person.

»auto motor und sport kritisierte das Fahrwerk und bezeichnete den GTI – und das war unfair! – als Auto ohne spezifischen Charakter.«

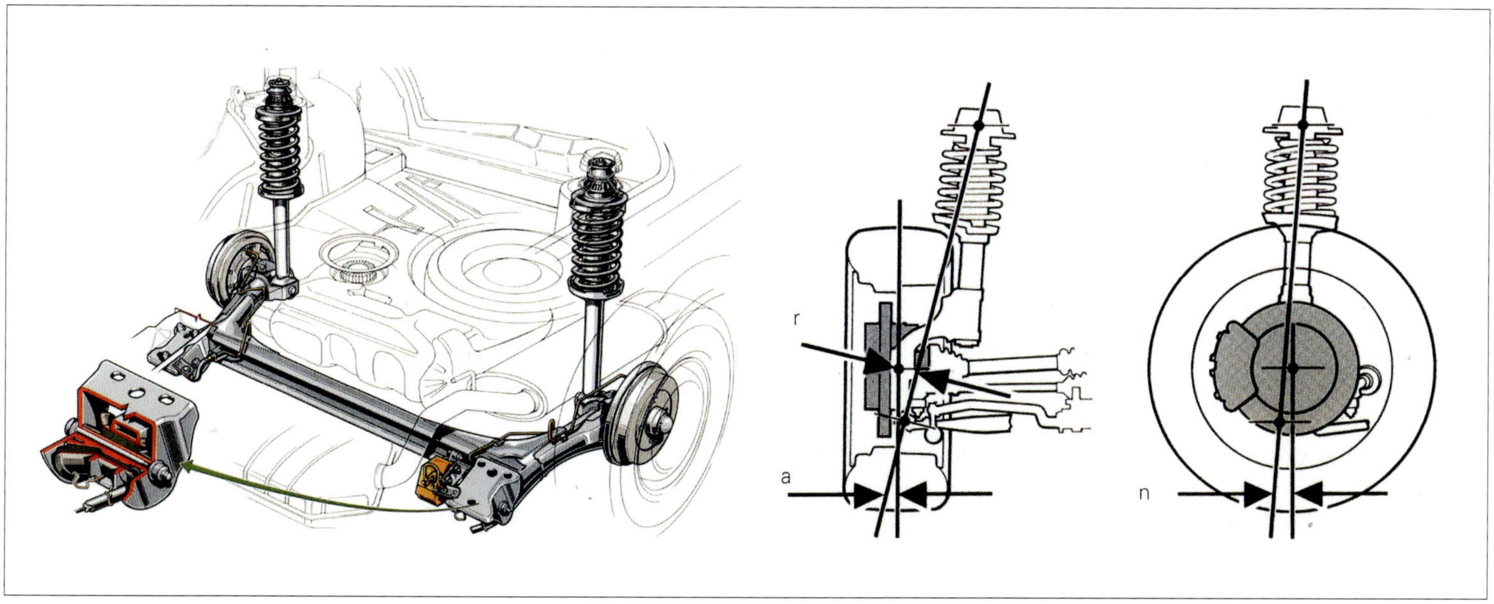

Das sportlich abgestimmte Fahrwerk des Golf 3 GTI (McPherson-Vorderachse, hintere Verbundlenkerachse) bescherte eine bessere Straßenlage und mehr Agilität. Straffere Federn und Dämpfer, verstärkte Stabilisatoren.

Interieur des 16V von 10/1992: lederbezogenes Vierspeichen-Lenkrad (Airbag), serienmäßig Drehzahlmesser mit integrierter Multifunktionsanzeige, beim 8V optional höhenverstellbare Recaro-Sportsitze, asymmetrisch geteilte Rückbank (optional für 8V und 16V).

Der 16V-Motor

Der 2,0-Liter-16V (ABF) behielt den gusseisernen Block, erhielt aber eine Ölwanne aus Leichtmetall. Die geschmiedete Kurbelwelle war eigenständig und wurde sowohl beim 16V als auch beim 8V verwendet. Zwei Nockenwellen betätigten je zwei Ein- und Auslassventile pro Zylinder über Tassenstößel mit hydraulischem Ventilspielausgleich. Die Auslassventile standen senkrecht, die Einlassventile waren um 25 Grad geneigt. Eine Nockenwelle wurde über Zahnriemen von der Kurbelwelle angetrieben, die zweite über eine kurze Rollenkette.

Gegenüber dem 1,8-Liter-16V des Vorgängers überzeugte der neue 2,0-Liter-Vierventer durch eine beeindruckende Leistung über das gesamte Drehzahlband. Mit dem Facelift 1996 erhielt der Motor statt des bisherigen, hauseigenen Digifant-Systems die moderne Simos-Einspritzung von Siemens, außerdem einen Heizdraht-Luftmassenmesser. Dabei handelte es sich um einen Sensor im Ansaugtrakt von Verbrennungsmotoren, der die Masse der vom Motor angesaugten Luft präzise maß. Diese Messung war entscheidend für das Motorsteuergerät, um die exakte Einspritzmenge für ein optimales Kraftstoff-Luft-Gemisch zu berechnen.

2,0-Liter-16V zunächst mit Digifant-System, inklusive Ansaugbrücke, Ventilbetätigung und Nockenwellenantrieb.

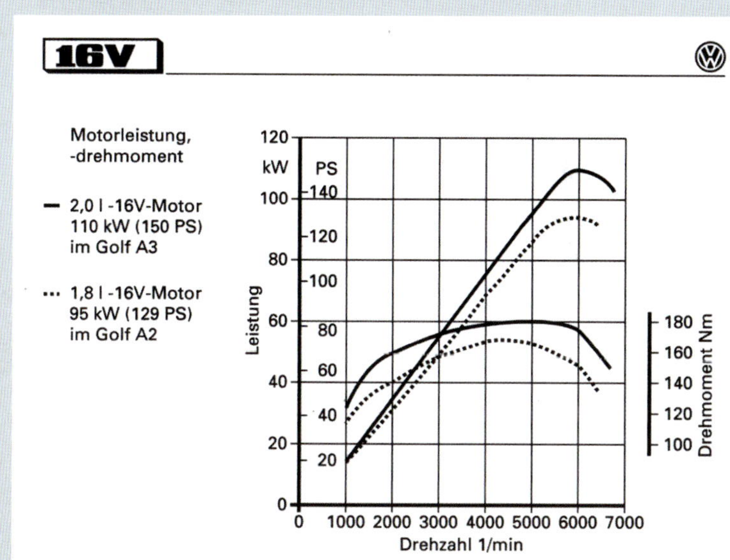

Vergleich Leistung und Drehmoment des 2,0-Liter-16V gegenüber dem 1,8er Vorgängermotor. Von 2.500/min bis 6.000/min standen konstant 170 Nm zur Verfügung.

Sondereditionen mit Potenzial

Limited Edition

Ab Frühjahr 1994 bot Volkswagen den GTI »Limited Edition« mit 115 PS (85 kW) starkem 2,0-Liter-Vierzylinder an. Im Sommer 1994 folgte die 150-PS-16V-Variante. Werkseitig gehörten Vierspeichen-Airbag-Lenkrad mit Lederbezug, Colorglas, elektrische Fensterheber, Bordcomputer, Doppelairbag, Alarmanlage, Sportfahrwerk mit 205/50 R15-Bereifung auf wahlweise 6,5J × 15-Speedline- oder BBS-Rädern sowie Recaro-Sitze mit schwarz-rot, schwarz-gelb oder schwarz-blau gemustertem Stoff zum Serienumfang (Nappaleder optional).

Das Sondermodell gab es als Zwei- und Viertürer, der »Edition« 8V kostete laut *ams* 33.000 Mark. Die Stückzahl ist nicht überliefert, angeboten wurde es bis 1997. Lieferbare Lackierungen: Flashrot (9308) und Schwarz (A1) sowie optional Fjordblau Metallic (C3), Sturmgrau Metallic (M9), Mysticblau Perleffekt (E6), Satinsilber Metallic (X1) und Blackmagic Perleffekt (Z4).

Zweitüriger Golf 3 GTI Edition 8V von 1994 mit Schiebedach. Exponat aus dem AutoMuseum Volkswagen. Stilbildend: Sitzstreifen und rote Ziernaht des Lenkrads.

Colour Concept

1996/1997 erschien der GTI »Colour Concept«. Farben: Jazzblue, Flashrot, Salsagreen, Yellow und Black Magic – jeweils auf Leder-Recarositzen umgesetzt. Erkennbar war das Sondermodell an seitlichen »Colour Concept«-Schriftzügen statt GTI-Logos und BBS-Solitude-Alurädern (6,5J × 15, 205/50er-Reifen). Instrumententräger: hellsilberne Zifferblöcke mit roten Zeigern. Preis lag bei 37.600 Mark und damit um 3.100 Mark über dem des GTI mit 115 PS (85 kW). Laut Klaus Morhammer – die Zahl stammt aus seinem GTI-Buch –, soll der Preis 38.400 Mark betragen haben. Stückzahlen sind nicht bekannt.

Mut zur Farbe: Sondermodell GTI Colour Concept in Salsagreen und Yellow.

»GTI-Jubimodelle sind in der Szene besonders heiß begehrt.«

Edition 20

1996, kurz vor Erscheinen des Golf 4, erschien der Golf 3 GTI »Edition 20« – limitiert auf 1.000 Einheiten – zur Feier des 20-jährigen GTI-Jubiläums. Er war sowohl mit 8V- als auch 16V-Motor lieferbar.

Farben: Schwarz (A1), Flashrot (D8), gegen Aufpreis Satinsilber Metallic (X1), Moonlightblue Perleffekt (9991), Mysticblue Perleffekt (E6) und Blackmagic Perleffekt (Z4).

Die Sonderausstattung beinhaltete:

- höhenverstellbare Sportsitze mit rot-silber-schwarz karierter Stoffbezug »Sportsline« und GTI-Logo,
- viele rote Interieurdetails, z. B. Sicherheitsgurte,
- Recaros mit »Cockpit«-Stoff, schwarze Gurte, weiß eingefärbte Blinkleuchten,
- Lederlenkrad, Lederschaltsack und Handbremsgriff mit roten Nähten,
- Golfball-Schaltknauf mit eingelassener Linse und GTI-Schriftzug,
- optional Glas-Schiebedach, Klimaanlage und Nokia-Soundpaket.

Besonderheiten außen: rote Schriftzüge vorn/hinten/seitlich, rote Zierleisten an Stoßfängern, Spiegel in Wagenfarbe, abgedunkelte Blinker und Rückleuchten, Doppelendrohr, zweiteilige 7.0J × 16-BBS-Aluräder (RS2) mit 215/40 R16-Reifen, rot lackierte Bremssättel. Serienmäßig: ABS, EDS, Zentralverriegelung, elektrische Fensterheber. Karosserie über 15-Zoll-Fahrwerk um 20 mm tiefergelegt.

Alle Modelle waren auch als Viertürer erhältlich. Preise: zweitüriger 8V DM 36.000,–, GTI 16V DM 38.500,–. Volkswagen bezifferte den Preisvorteil gegenüber den Serienmodellen mit 5.100 Mark.

Golf 3 GTI Edition 20. Mit serienmäßigen, geschraubten BBS-16-Zoll-Rädern, rotlackierten Bremssätteln und Golfball-Schaltknauf.

Nur beim 20-Jahre-Sondermodell tauchte der rote Streifen wieder auf, nun im Stoßfänger. Schicke BBS-16Zöller.

Heck des Edition 20, den es auch als Viertürer gab.

Recaros mit »Cockpit«-Stoff, Golfball-Schaltknauf.

Während die Benziner mit 2,0-Liter-8V (115 PS / 85 kW) und 150-PS-16V (110 kW) verfügbar waren, bot Volkswagen 1996 exklusiv für das Sondermodell und nur für Deutschland einen – durchaus umstrittenen – 1,9-Liter-Diesel an. Der TDI leistete 110 PS (81 kW) bei 235 Nm Drehmoment – über 50 Nm mehr Durchzugskraft bei moderater Drehzahl. Dieser AFN-Motor war nur im Jubiläumsmodell verfügbar, nicht im Normal-GTI. Auch der Diesel erhielt Plus-Fahrwerk, Sportsitze im GTI-Edition-Stil, Doppelendrohr und hintere Bremsscheiben. Ein Erkennungszeichen war der rote Streifen neben dem »i« der Modellbezeichnung am Heck. Die Edition 20 wurde bis 1997 exakt 6.583-mal ausgeliefert.

Der TDI beschleunigte in 10,8 Sekunden von 0 auf 100 km/h und erreichte 198 km/h Spitze. Preis: 38.500 M, rund 1.500 Mark über dem normalen 110-PS-TDI. Laut einem österreichischen Händler entstanden nur ca. 400 Exemplare mit dem AFN-Motor. Die Fahrzeuge trugen eine Plakette auf dem Mitteltunnel vor dem Schaltknüppel.

Weitere Motorisierungen, etwa der 1,8-Liter mit 90 PS (66 kW), waren im GTI nicht verfügbar. Diese Praxis setzte sich beim Nachfolger zunächst fort: Die drei Buchstaben »G-T-I« standen vorübergehend nur für eine Ausstattungsversion. GTI und GTD erhielten ihre eigenständige Position dann erst wieder ab Golf 6. Ein serienmäßiger Variant als GTI blieb aus.

Ein Facelift erlebten der Golf 3 und der 3er-GTI nicht. Zwischen 1991 und Produktionsende im Dezember 1997 entstanden rund 327.000 GTI auf Golf-3-Basis – die Faszination hatte angesichts zahlreicher Wettbewerber nachgelassen.

»Bei Höchstgeschwindgkeit und Beschleunigung hat sich der der TDI dem Otto-Motor deutlich angenähert – lobte Ferdinand Piëch.«

In dieser Anzeige wurde explizit auf den TDI-Motor hingewiesen.

Sondermodelle für den Export

In Österreich waren beim »Edition 20« Ledersitze serienmäßig. Für die USA führte Volkswagen den GTI wieder als eigenständiges Modell, zunächst ohne exklusiven Motor, da der 2,0-Liter die Standardmotorisierung der meisten US-Golf-3-Benziner war. Der 16V-Motor entfiel. 1997 erschien die »Driver's Edition GTI VR6« in den USA, während die Kombination mit dem Sechszylinder in Europa nicht angeboten wurde. Aus Mexiko wurde die 8V-Version mit 115 PS (85 kW) geliefert. geliefert. Eine solche Begeisterung wie beispielsweise in Großbritannien oder anderen Commenwealth-Staaten erzeugte der GTI in den Vereinigten Staaten jedoch nie.

»Anders als in den USA gab es bei uns den VR6 nie als GTI. Aber mit dem 16V fühlte sich die Kundschaft bereits bestens bedient.«

GTI mit VR6-Motor, jedoch vorn kein GTI-Hinweis.

Standardmotorisierung der meisten US-GTIs war der 2,0-Liter.

Ein 3er-GTI 2.0 aus Mexiko mit 115 PS (1998).

Volkswagen Driver's Edition GTI VR6, 15er-Alus.

Technische Daten Golf 3 GTI	2.0 GTI 8V 1991–1997	2.0 GTI 16V 1993–1996/1996–1997	1.9 GTI-TDI (SM) 1996–1997
Motor	LM-Kopf/GG-ZKG mit Getriebe quer vor VA		
	EA 827	EA 827	EA 180
Zylinder	4 (Reihe)	4 (Reihe)	4 (Reihe)
Bohrung x Hub (mm)	82,5 x 92,8	82,5 x 92,8	79,5 x 95,5
Hubraum (cm³)	1984	1984	1896
Leistung (PS/kW /min)	115 (84) /5400	150 (110) /6000	110 (81)/4150
Max. Drehmoment (Nm/min)	166 /3200, ab 1995: 166/2600	180/4800	235/1900
Verdichtung	10,4 : 1	10,5 : 1	19,5 : 1
Gemischbereitung	Elektronische Kraftstoffeinspritzung		Direkteinspritzung, Verteilereinspritzpumpe Bosch,Oxi-Kat, AGR, Turbolader, LLK
	Digifant, G-Kat, ab 1996: Simos, G-Kat	Digifant, G-Kat	
Ventile	2 pro Zylinder, hängend, obenliegende Nockenwelle (Antrieb über Zahnriemen)	4 pro Zylinder, hängend, 2 obenliegende Nockenwellen (Antrieb über Zahnriemen)	2 pro Zylinder, hängend, obenliegende Nockenwelle (Antrieb über Zahnriemen)
Kurbelwellenlager	5	5	5
Kühlung	Pumpe (6,3 L Wasser)	Pumpe (6,3 L Wasser), Ölkühler	Pumpe (5,0 L Wasser)
Schmierung	Druckumlauf (4,0 L Öl)	Druckumlauf (4,0 L Öl)	Druckumlauf (5,0 L Öl)
Batterie	12 V 54 Ah	12 V 60 Ah	12 V 61 Ah
Lichtmaschine	Drehstrom 60 A		Drehstrom 60/120 A
Kraftübertragung		Frontantrieb	
Kupplung		Einscheibentrocken	
Schaltung		Schaltstock in Wagenmitte	
Getriebe	5Gang	5Gang	5Gang
Sychronisierung	I-V	I-V	I-V
Übersetzungen	I. 3,45 II. 1,94 III. 1,29 IV. 0,97 V. 0,81 R: 3,17	I. 3,30 II. 1,94 III. 1,31 IV. 1,03 V. 0,84 R: 3,06	I. 3,78 II. 2,06 III. 1,35 IV. 0,97 V. 0,74 R: 3,17
Antriebsübersetzungen	3,67	3,67	3,16

Fahrwerk		Selbsttragende Ganzstahlkarosserie, 2- und 4Türer	
Vorderradaufhängung		McPherson-Federbeine, untere Querlenker, Schraubenfedern, Stabilisator	
Hinterradaufhängung	Verbundlenkerachse (Federbeine, Längslenker, Schraubenfedern, Querträger), Stabilisator		
Lenkung		Zahnstange, Servo	
Fußbremse		Diagonal-Zweikreis-Hydraulik, Servo vorn Scheibenbremsen, (Ø 256 mm, belüftet), hinten Scheiben (Ø 226 mm), ABS, EDS opt.	

Allgemeine Daten			
Radstand (mm)	2475	2475	2475
Spur vorn/hinten (mm)	1462/1444, 1995: 1450/1434	1450/1435	1460/1430
Gesamtmaße (mm)	4020 x 1695 x 1405	4020 x 1710 x 1405	4020 x 1695 x 1435
Räder	6,0J x 15, 1996: 6.5J x 15	6.5J x 15	6,0J x 15
Reifen	195/50 VR15, 1996: 205/50 VR15	205/50 VR 15	195/50 VR15
Wendekreis (m)	10,7	10,7	10.7
Gepäckraum (L)	330/1162	330/1162	330/1162
Leermasse 2/4T (kg)	1035/1060, 1995: 1110/1140	1090/1115, 1996: 1165/1195	1195/1250
Zul. Gesamtgewicht 2/4T (kg)	1565, 1995: 1610	1645, 1996: 1665	1630
Höchstgeschwindigkeit (km/h)	198	215	198
Beschleunigung 0-100 km/h (s)	10,1	8,3	10,8
Verbrauch Drittelm. (L/100 km)	7,8 S, Test: 9,8 S	8,4 S, Test: 9,7	5,5 D
Kraftstofftank (L)	55 (vor HA)	55 (vor HA)	55 (vor HA)

Grundpreise des Golf 3 GTI (Quelle: Oswald/Kittler, autosalon)

	2.0 (115 PS)	2.0 16V (150 PS)	1.9 TDI (110 PS)
Aug. 1991	29.590,–	---	---
Jan. 1992	29.590,–	---	---
Aug. 1993	32.530,–	37.930,–	---
Okt. 1994	32.630,–	38.200,–	
Feb. 1995	33.400,–	38.600,–	
Sept. 1995	34.500,–	38.600,–	
Dez. 1995	34.500,–	38.600,–	
März 1996	34.500,–/SM20J: 36.000,– SM Edition: 33.000,–	SM20J: 38.500,–	SM20J: 38.500,–
Okt. 1996	34.500,–	38.600,–	
Apr. 1997	35.320,–		

GTI
WOB CL 140

Golf 4 GTI.

Begeisterung erst zum Finale

Neuer, aber umstrittener Ansatz

Im Oktober 1997 debütierte der Golf 4 (Typ 1J), der bis Mitte 2003 im Programm blieb. Vom Vorgänger, dem Golf 3, lief nur noch die Kombiversion Variant einige Monate weiter. Der Golf 4 legte in den Außenmaßen zu: Radstand +36 mm, Länge +129 mm, Breite +40 mm, dazu kam ein Plus von rund 60 kg.

Der Wagen punktete mit deutlich verbesserter Qualität, mehr Ausstattung und neuer Technik. Das Design – erstmals unter Hartmut Warkuss und maßgeblich von Peter Schreyer gezeichnet – wirkte zeitlos und erscheint auch zwei Jahrzehnte später nicht altmodisch. Von 1997 bis 2003 entstanden insgesamt 4,92 Millionen Golf 4.

Ab Oktober 1998 startete die neue GTI-Generation mit drei Motoren: 1.8T, VR5 (im Buch hier nicht als »V5« bezeichnet) und TDI. Alle Motoren liefen bereits vorher in Serie. VW setzte erstmals Gasdruckdämpfer als Motorhaubenhalter ein – eine Praxis, die bis einschließlich 7er-GTI bestehen blieb. Der 1.8T mit 150 PS (110 kW) stand zunächst exklusiv dem GTI zu und erlaubte 216 km/h.

Die Pressemeldung von 2001 begründete die Motorwahl so: »Angewachsen auf 4,15 m Länge und über 1.200 kg Gewicht forderte der GTI Muskelaufbau-Maßnahmen, um die typische Agilität zu erhalten.« Echte Begeisterung wollte sich damit jedoch nicht wirklich einstellen.

Der 4er-GTI blieb letztlich eine reine Ausstattungslinie (»besonders sportlich orientierte Ausstattungsstufe«) oberhalb von Comfortline, Trendline und Highline – auch so im Kundenprospekt Mai 2003 dargestellt. Ab Modelljahr 2000 war der GTI 1.8T als »Colour Concept« erhältlich.

Kritik an dieser Modellpolitik äußerte selbst VW-Vorstand Bernd Pischetsrieder (*1948), der sich jedoch Ferdinand Piëch beugen musste: »Ich habe nie verstanden, dass man den GTI zu einer Ausstattungsvariante verkommen ließ«, zitierte ihn 2006 der *Delius-Klasing*-Band zum Sport-Golf.

Die Fachpresse hielt sich weitgehend zurück. *mot*-Kollege Hilmar Dunker schrieb in Ausgabe 15/1998, der GTI sei »von seiner Philosophie her ein sportlicher Highline« – eine sehr diskrete Kritik.

Der GTI war nie billig. Zur Einführung 1998 lag er rund 3.000 Mark über dem Preis des Golf Highline. Alle drei GTIs kosteten zunächst einheitlich 39.900 Mark; Ende 1998 stieg der Verkaufspreis auf 41.900 Mark. Mit vier Türen mussten noch 1.550 Mark dazu addiert werden.

Der glattflächige GTI-Schriftzug ohne Häkchen kam erstmals in der 4er-Generation zum Einsatz. Alle für den Presseauftritt genutzten roten GTI hatten den 1.8T-Motor unter der Haube, blau lackiert waren die Fünfzylinder.

GTI 1.8T von 1997: Erstmals setzte VW im Golf 4 Klarglasscheinwerfer ein, Nebelleuchten waren Serie. Die Frontscheibe stand flacher.

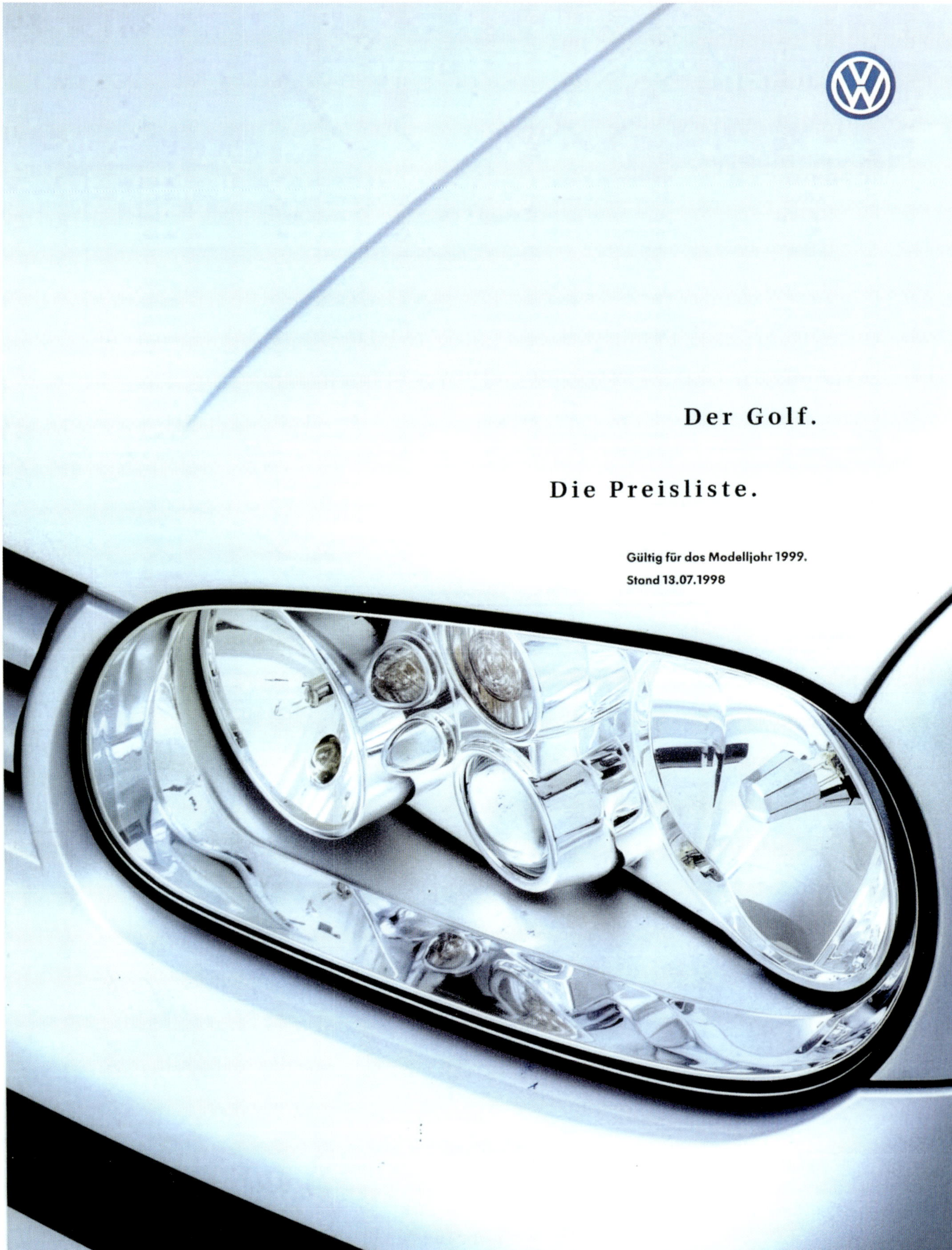
Der Golf.
Die Preisliste.
Gültig für das Modelljahr 1999.
Stand 13.07.1998

Die Modelle.

Geregeher Kotolysotor (EG-Norm)

		Getriebe	Türen	Leistung kW (PS)	Preis in DM
Galf		*5-Gang*	*2*	*55 kW (75 PS)[1)]*	**26.400,-**
		5-Gang	*2*	*74 kW (100 PS)[1)]*	**28.700,-**
		4-Stufen-Automatic	*2*	*74 kW (100 PS)[1)]*	**31.100,-**
	4motion	*5-Gang*	*2*	*92 kW (125 PS)[1)]*	**33.900,-**
Tnndiine		*5-Gang*	*2*	*55 kW (75 PS)[1)]*	**27.800,-**
		5-Gang	*2*	*74 kW (100 PS)[1)]*	**30.100,-**
		4-Stufen-Automatic	*2*	*74 kW (100 PS)[1)]*	**32.500,-**
	4motion	*5-Gang*	*2*	*92 kW (125 PS)[1)]*	**35.100,-**
Comfortiine		*5-Gang*	*2*	*55 kW (75 PS)[1)]*	**28.500,-**
		5-Gang	*2*	*74 kW (100 PS)[1)]*	**30.800,-**
		4-Stufen-Automatic	*2*	*74 kW (100 PS)[1)]*	**33.200,-**
	4motion	*5-Gang*	*2*	*92 kW (125 PS)[1)]*	**36.000,-**
Highline		*5-Gang*	*2*	*74 kW (100 PS)[1)]*	**34.500,-**
		4-Stufen-Automatic	*2*	*74 kW (100 PS)[1)]*	**36.900,-**
		5-Gang	*2*	*92 kW (125 PS)[1)]*	**37.000,-**
		4-Stufen-Automatic	*2*	*92 kW (125 PS)*	**39.400,-**
	4motion	*5-Gang*	*2*	*92 kW (125 PS)[1)]*	**39.700,-**
	V5	*5-Gang*	*2*	*110 kW (150 PS)[1)]*	**38.900,-**
	V5	*4-Stufen-Automatic*	*2*	*110 kW (150 PS)[1)]*	**41.900,-**
GTI	*5V turbo*	*5-Gang*	*2*	*110 kW (150 PS)[1)]*	**41.900,-**
	V5	*5-Gang*	*2*	*110 kW (150 PS)[1)]*	**41.900,-**

Die angegehenen Preise inkl. 16% Mwfit. sind unverbindliche Preisempfehiungen der Volksteagen AG ab Werk ohne Uberführungskoeten.

[1)] Diese Fahrzeuge entsprechen der deutschen Steuerforderung nach Euro 3-D Norm.

Verkaufsbroschüre vom 13. Juli 1998: Die GTI-Modelle 1.8T, VR5 und TDI reihten sich ins reguläre Ausstattungsprogramm ein. Kritik von der angepeilten Käuferschaft – die doch sicher das Besondere wollte – gab es offensichtlich nicht, was heutzutage sehr erstaunt.

Diesel-Modelle (EG-Norm)

Modell	Motor	Getriebe	Türen	Leistung kW (PS)	Preis in DM
Golf	*SDI*	*5-Gang*	*2*	*50 kW (68 PS)*	*28.200,-*
	TDI	*5-Gang*	*2*	*66 kW (90 PS)*[1]	*31.200,-*
	TDI 4motion	*5-Gang*	*2*	*66 kW (90 PS)*	*33.900,-*
	TDI	*5-Gang*	*2*	*81 kW (110 PS)*	*33.100,-*
	TDI	*4-Stufen-Automatic*	*2*	*81 kW (110 PS)*	*35.500,-*
Trendline	*SDI*	*5-Gang*	*2*	*50 kW (60 PS)*	*29.600,-*
	TDI	*5-Gang*	*2*	*66 kW (90 PS)*[1]	*32.400,-*
	TDI 4motion	*5-Gang*	*2*	*66 kW (90 PS)*	*35.100,-*
	TDI	*5-Gang*	*2*	*81 kW (110 PS)*	*34.300,-*
	TDI	*4-Stufen-Automatic*	*2*	*81 kW (110 PS)*	*36.700,-*
Comfortline	*SDI*	*5-Gang*	*2*	*50 kW (60 PS)*	*30.300,-*
	TDI	*5-Gang*	*2*	*66 kW (90 PS)*[1]	*33.300,-*
	TDI 4motion	*5-Gang*	*2*	*66 kW (90 PS)*	*36.000,-*
	TDI	*5-Gang*	*2*	*81 kW (110 PS)*	*35.200,-*
	TDI	*4-Stufen-Automatic*	*2*	*81 kW (110 PS)*	*37.600,-*
Highline	*TDI*	*5-Gang*	*2*	*66 kW (90 PS)*[1]	*37.000,-*
	TDI 4motion	*5-Gang*	*2*	*66 kW (90 PS)*	*39.700,-*
	TDI	*5-Gang*	*2*	*81 kW (110 PS)*	*38.900,-*
	TDI	*4-Stufen-Automatic*	*2*	*81 kW (110 PS)*	*41.300,-*
GTI	*TDI*	*5-Gang*	*2*	*81 kW (110 PS)*	*41.900,-*

Die angegebenen Preise inkl. 16% MwSt. sind unverbindliche Preisempfehlungen der Volkswagen AG ab Werk ohne Überführungskosten.

[1] Diese Fahrzeuge entsprechen der deutschen Steuerförderung nach Euro 3-D Norm.

Dynamisch: das BBS-Leichtmetallrad „Kreuzspeiche".

Der GTI-Innenraum: klassisch und sportlich.

Der Golf *GTI*.

38
39

Auch die GTI-Liebhaber dürfen sich freuen. Denn der Golf-Klassiker ist aufregender und dynamischer denn je zuvor.

Mit Leichtmetallrädern BBS „Kreuzspeiche" oder „Pau" (für 125 kW) auf 205/55er Breitreifen, abgedunkelten Heckleuchten und der zusätzlichen Grautönung im oberen Bereich der Windschutzscheibe zeigt er seine sportlichen Ambitionen ganz deutlich.

Zu Recht, denn die kraftvollen Benziner – der 1,8 l-5V Turbo mit 110 kW (150 PS) und der V5 mit 2,3 l und 125 kW (170 PS) – sowie die 1,9 l/81 kW (110 PS), 96 kW (130 PS) und 110 kW (150 PS) starken TDI-Motoren verhelfen ihm zu fahrerischen Höchstleistungen.

Entscheidenden Anteil daran hat das tiefer gelegte Sportfahrwerk, das kurvenreiche Strecken zu einem sicheren Vergnügen werden lässt.

Innen sorgen Sportsitze mit Lendenwirbelstützen vorn für den nötigen Halt und das elektrische Glasschiebe-/Ausstelldach für frische Luft.

Die schwarzen Myrte-Holzeinlagen und die Lederbezüge, zum Beispiel am Handbremshebel oder Dreispeichen-Sportlenkrad, vervollständigen das sportlich-elegante Ambiente. Eben typisch GTI.

April 2001: Volkswagen präsentierte den GTI mit sehr kompaktem Text. Drei TDI-Motoren sind aufgeführt, darunter auch die nur ein Jahr angebotene 130-PS (96 kW)-Version.

Dezentes Exterieur und Interieur

Äußerlich gab sich der vierte Golf GTI betont dezent – fast alle erkennbaren Insignien offensiver Sportlichkeit streifte er ab. Mit partiell abgedunkelten Heckleuchten und gut konturierten, farblich abgesetzten Recaro Sportsitzen (teilweise mit längenverstellbarer Beinauflage) »wahrte er noch eine gewisse Distanz zur Masse«, wie es in der Volkswagen Newsroom-Meldung heißt. In puncto Windschlüpfigkeit lag er (cW 0,31) auf dem Niveau des Vorgängers. Mittelkonsole, Türgriffe und Schaltknauf waren bei den Serien-GTI mit schwarzem Myrte-Holzdekor belegt. Eine Lederausstattung kostete 3.045 DM extra (Preisliste 13.07.1998), im letzten Modelljahr waren es 3.335 Mark bzw. 1.705 Euro. Eine Klimaanlage gab es für DM 2.090,–, das Navisystem schlug mit DM 1.835,– zu Buche (Preise von 1999).

Serienmäßig verfügte der GTI über die dritte Kopfstütze hinten, Cupholder, ZV, elektrische Fensterheber vorn, beheizte und elektrisch verstellbare Außenspiegel sowie das »gamma«-Radio mit acht Lautsprechern. Einen Golfball-Schaltknüppel suchte man vergeblich; stattdessen spendierte VW ein kleines Dreispeichen-Lederlenkrad. Der Tacho des 1.8T reichte bis zu sehr ambitionierten 260 km/h. Frischluftfans freuten sich über das serienmäßige elektrische Schiebedach.

Optisch verzichtete der Neue leider auf den charakteristischen roten Streifen im Kühlergrill und auf schwarze Karosserieapplikationen. Stoßfänger, Türgriffe und Seitenschutzleisten waren in Wagenfarbe lackiert, wodurch er zeitweise kaum von den anderen Modellen zu unterscheiden war. Der GTI war als Zwei- und Viertürer erhältlich. Vorn fehlte die GTI-Buchstabenkombination, hinten rechts prangte wenigstens das größer gewordene GTI-Logo.

Ein Auto für die Rennstrecke war der GTI 1.8T zwar nicht, aber er ließ sich erfreulich dynamisch bewegen.

Serienmäßig für den GTI waren das Dreispeichen-Lenkrad und die Lederapplikationen im Interieur. Zum Lieferumfang für alle Gölfe gehörte auch die blaue Instrumentenhinterleuchtung, die mittels 28 Leistungsdioden bewerkstelligt wurde. Der Doppel-DIN-Schacht in der Mitte beherbergte die Blaupunkt-Infoeinheit.

Farben Golf 4 GTI (Quelle: DoppelWObber/Perry Stathakis)

MJ 1998-1999	MJ 2000	MJ 2001	MJ 2002	MJ 2003
Schwarz	Schwarz	Schwarz	Schwarz	Schwarz
Candy Weiß	Candy Weiß	Candy Weiß	Candy Weiß	Candy Weiß
Flash Rot	Flash Rot	Tornado Rot	Tornado Rot	Tornado Rot
Perlblau	Perlblau	Perlblau	Perlblau	Perlblau
Satin Silber Metallic	Satin Silber Metallic	Reflex Silber Metallic	Reflex Silber Metallic	Reflex Silber Metallic
Blue-Anthrazit Perleffect	Blue-Anthrazit Perleffect	Blue-Anthrazit Perleffect	Blue-Anthrazit Perleffect	Blue-Anthrazit Perleffect
Futuragelb Metallic	Futuragelb Metallic	Stormbeige Metallic	Stormbeige Metallic	Stormbeige Metallic
Cosmicgreen Metallic	Cosmicgreen Metallic	Green Collection Perleffect	Green Collection Perleffect	OceanicGrün Perleffect
Brightgreen Perleffect	Brightgreen Perleffect	Brightgreen Perleffect	Brightgreen Perleffect	Indigoblau Perleffect
Jazzblue Perleffect	Jazzblue Perleffect	OceanicGrün Perleffect	OceanicGrün Perleffect	Muranorot Perleffect
Atlanticblue Perleffect (1998)	Indigoblau Perleffect	Jazzblue Perleffect	Jazzblue Perleffect	Black Magic Perleffect
Indigoblau Perleffect (1999)	Canyonred Perleffect	Indigoblau Perleffect	Indigoblau Perleffect	
Canyonred Perleffect	Tropicorange Metallic	Muranorot Perleffect	Muranorot Perleffect	
Tropicorange Metallic	Black Magic Perleffect	Black Magic Perleffect	Black Magic Perleffect	
Black Magic Perleffect				

Zum Modelljahr 2002 erhielt der Golf GTI neue Sportsitze statt der bisherigen Recaros. Die Sitze besaßen stärkere Konturen, höhere Seitenwangen und einen geänderten Nahtverlauf. Auch die Rücksitzbank wurde konturiert. Verschiedene Aluminiumräder setzten unterschiedliche Modelle optisch in Szene, z. B. BBS »Kreuzspeiche« oder »Pau« mit 205/55er-Breitreifen (letztere für den VR5). Ab dem folgenden Modelljahr kamen die »Montreal II«-LM-Räder hinzu. Serienmäßig waren stets 16-Zoll-Räder verbaut; 17-Zöller standen optional bereit.

Ab Anfang 2002 gehörten Funkfernbedienung, Tempomat, Multifunktionsanzeige, Alarmanlage und Klimaanlage zur Serienausstattung. Das bislang serienmäßige Schiebedach entfiel und kostete als Option künftig 800 Euro Aufpreis. Eine Verschönerung auch im Innenraum: Der Schaltknauf wurde nun mit Leder und Holz veredelt (zuvor nur Holz).

Ab Juni 2002, dem letzten Modelljahr 2003, stattete VW den GTI standardmäßig mit Kopfairbags, 16-Zoll-Aluädern »Montreal II« (kugelpoliert, hochglänzend), einer Diebstahlwarnanlage mit Backup-Horn sowie dem Radiosystem »delta« mit acht Lautsprechern vorne und hinten aus.

Die Lackfarbpalette umfasste Rot, Schwarz, Blau, Silber und Weiß; zusätzlich standen zunehmend Metallic- und Perleffekt-Lacke zur Wahl. Metallic-Lacke kosteten zunächst 695 DM extra, im letzten Modelljahr 773 DM (395 Euro).

Antriebsvielfalt

Der GTI bot eine geradezu verwirrende Auswahl verschiedener Motoren, darunter erstaunlicherweise auch weniger stärkere Varianten. Angeboten wurden Vier- und Fünfzylinder-Benziner. Die 1,8-Liter-Triebwerke stammten aus der neuen »großen« Vierzylinder-Baureihe EA 113 (mit Zahnriemen-getriebener Nockenwelle), die ab Mitte der 90er den guten alten EA 827 mit seiner Zwischenwelle ablöste. Gefertigt wurden diese Motoren in Györ/Ungarn. Nacheinander bzw. sogar parallel nebeneinander wurden für den GTI vier Vierzylinder-TDI mit unterschiedlicher Einspritztechnik aus dem Werk Salzgitter angeboten. Von außen war die Art der Motorisierung am Auto nicht markiert, auch an der Ausführung des Auspuffes war das Triebwerk nicht zu erahnen.

Warum Volkswagen parallel zum gleichstarken, aufgeladenen 1.8 20V einen in Salzgitter gebauten Fünfzylinder-Saugmotor anbot, bleibt unklar. Beschönigend hieß es: »Der Turbo ist der kernige Sprint-Sportler, der Sauger das souveräne Kraftpaket mit Feinschliff und fünfzylindertypischem, sonorem Sound …«

Generell bleibt ebenfalls schwer nachvollziehbar, warum 1.8T und TDI mit so unterschiedlichen Leistungen parallel in die Verkaufsunterlagen aufgenommen wurden – etwa im Prospekt vom April 2001, wo gleich drei Diesel gleichzeitig erscheinen.

Zum Ende der Modelllaufzeit schrumpfte das Motorenangebot wieder deutlich. In der letzten Golf-4-Preisliste (»Gültig für das Modelljahr 2004, Korrekturstand 02.06.2003«) erschienen als GTI ausschließlich der 1.8T mit 180 PS (preisgesenkt auf 25.530 Euro) sowie der TDI mit 150 PS (26.310 Euro). Den 150-PS-1.8T gab es nun nur noch als Highline (22.355 Euro), den 130-PS-TDI für 23.310 Euro und den 150-PS-TDI – ebenfalls als Highline – für 24.685 Euro. Neu hinzu kam im Juli 2001 das nachfolgend vorgestellte Sondermodell zum 25. Jubiläum, das 28.075 Euro (54.910 DM) kostete.

Die 180-PS-GTI-Benzinervariante unterschied sich äußerlich nur marginal durch andere 6.5J × 16-Räder »Montreal II« mit 205/55-Bereifung von der GTI-TDI-Version. Ein Doppelrohr-Auspuff war übrigens bei keinem der damaligen GTIs erhältlich.

Serienmäßig verfügten die Normal-GTI über Fünfgang-Getriebe, auch der 1.8T mit 150 PS (110 kW). Erst die ab Modelljahr 2002 angebotenen Sondermodelle 1.8T 180 PS und TDI 150 PS erhielten kompakte Sechsgang-Dreiwellengetriebe (letzte Schaltstufe als Schongang). Optional gab es eine Getriebeautomatik für GTIs mit VR5 und TDI (also nicht für den 1.8T). Ein Doppelkupplungsgetriebe, wie es ab 2002 im R32 verfügbar war, kam für keinen GTI dieser Baureihe zum Einsatz.

»Die Motorenvielfalt war sicher gut gemeint, schoss aber übers Ziel hinaus.«

Die Benziner für den 4er-GTI:

– **1,8 l 20V Turbo (EA 113), 150 PS/110 kW,** 210 Nm (1997–2002), Graugussblock, Topspeed 216 km/h, ab 39.900 DM.

1.8T-Motor mit 150 PS, der gleichen Leistung wie beim 16V-Vorgänger.

– **1,8 l 20V Turbo, 180 PS/132 kW,** 235 Nm (2001–2003, ab Frühjahr 2002 als Sondermodell »25 Jahre GTI«), Topspeed 222 km/h, 0–100 km/h in 7,9 s, ab 54.910 DM.

Die 180-PS-Variante nutzte einen anderen Lader und eine Software, die einen höheren Ladedruck bescherte.

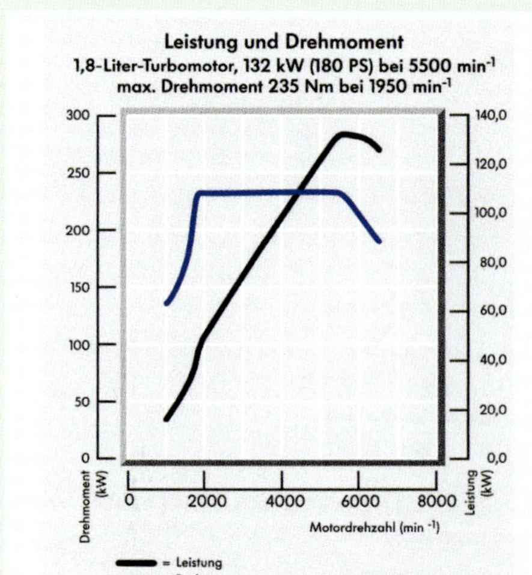

Drei Einlass- und zwei Auslassventile sorgten für einen besseren Gaswechsel und eine effizientere Verbrennung.

– **2,3 l VR5, 150 PS/110 kW,** 205 Nm (1997–2000), Zweiventiler, Schaltsaugrohr, Topspeed 216 km/h, ab 39.900 DM.

2,3-Liter-VR5-Motor mit 150 PS.

Die fünf Zylinder waren im 15-Grad-V-Winkel angeordnet, beide Bänke teilten sich einen Kopf.

– **2,3 l VR5, 170 PS/125 kW,** 220 Nm (2001–2002), Vierventiler (gemeinsame Kette für beide Nockenwellen), Schaltsaugrohr, Topspeed 224 km/h, ab 46.400 DM.

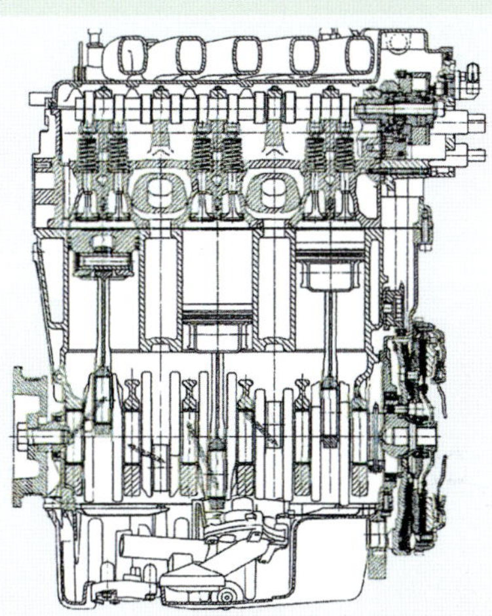

Neu an der stärkeren 170-PS-Version war die Vierventiltechnik, die neben mehr Laufruhe ein höheres Drehmoment brachte.

Diesel für den 4er-GTI:

– **1,9 l TDI 110 PS/81 kW** aus der der Diesel-Baureihe EA 188, 235 Nm (DI-Turbodiesel mit Verteiler-Einspritzpumpe VP37, verstärkte Kolbenringe, andere Kolben, verstärkte Kurbelwelle und größerer Ölkühler, 1997–2000), 0–100 km/h in 10,6 Sekunden, Topspeed 193 km/h, ab 39.900 DM.

110-PS-TDI im Golf GTI TDI, erstmals eingesetzt im 3er-GTI.

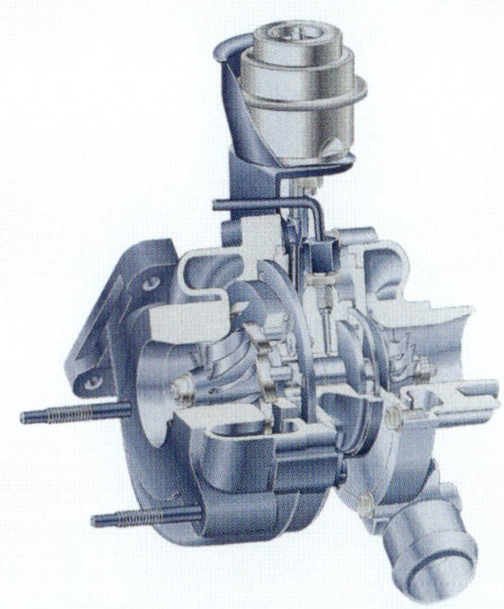

Dank der stufenlosen Verstellung der Leitschaufeln variiert der Ausströmwinkel des Abgases, was die Rotationsgeschwindigkeit des Laders beeinflusst.

– **1,9 l TDI 115 PS/85 kW,** 285 Nm (erstmals Pumpedüse-DI-Turbodiesel, 2050 bar Einspritzdruck, erster GTI mit elektronischem Gaspedal, 1999–2001), Topspeed 195 km/h, Sechsganggetriebe, TDI-Beschriftung mit rotmarkierten Buchstaben »DI«, ab 44.450 DM. Anders als zuvor bei der Verteilereinspritzpumpe verfügte nun jeder Zylinder eine separate, in den Kopf integrierte Einspritzdüse (angetrieben von der Nockenwelle). Viel höhere Einspritzdrücke sorgten für eine bessere Zerstäubung des Kraftstoffs, was eine bessere Verbrennung sowie mehr Leistung und vor allem spürbar mehr Drehmoment brachte. Den damit verbundenen Geräuschpegel musste man allerdings mögen.

– 1,9 l TDI 130 PS/96 kW, 310 Nm (Pumpedüse-DI-Turbodiesel, 1,35 bar Ladedruck, 2001–2002, in den meisten Veröffentlichungen nicht aufgeführt).

130-PS-TDI, Alternative für die 150-PS-Version.

– 1,9 l TDI 150 PS/110 kW, 320 Nm (Pumpedüse-DI-Turbodiesel, 1,5 bar Ladedruck, harmonischer als 130-PS-Version, 2000–2003, ab Modelljahr 2002 als »25-Jahre-GTI«-Sondermodell). Erkennbar an drei roten Buchstaben auf der Motorabdeckung. Neuer VNT-Turbolader, erhöhter Ladedruck, verbesserter Ladeluftkühler, geänderte Kolben, verstärkte Pleuel und optimierter Zylinderblock, weiterhin Zweiventiltechnik. Neues Sechsganggetriebe MQ350. Fahrleistungen oberhalb des VR5. Topspeed 216 km/h, 0–100 km/h in 8,6 Sekunden, Normverbrauch 5,3 l/100 km, ab 48.700 DM.

Hochgelobt in *mot* 25/2000 »Selbst unter gnadenlosen TDI-Glühern setzt sich langsam die Erkenntnis durch: Der wahre GTI ist der TDI.« Aber auch Kritik am Geräuschniveau: »Im Stand nagelt er ungehemmt und vibriert sogar ein wenig. In Fahrt wird er mit jedem Stundenkilometer lauter.«

Der starke 150-PS-TDI im Golf GTI, äußerlich erkennbar an den drei roten Buchstaben auf der Abdeckung.

Erspart geblieben ist dem 4er-GTI der 2,5-Liter-Fünfzylinder-TDI, über den ernsthaft nachgedacht worden ist. Wie er wohl in den Vorderwagen hineingepasst hätte?

Fahrwerk und Fahreindrücke

Das um 15 mm tiefergelegte Fahrwerk sorgte – so die Tester mehrerer Automobilzeitschriften – für mehr Fahrspaß. In *mot* 15/1998 hieß es: »Das Sportfahrwerk des GTI im Verbund mit den 16-Zoll-Rädern macht den Golf nochmals spürbar agiler, ohne merklich an Komfort zu verlieren«. Hinten kam erstmals eine optimierte Verbundlenkerachse mit getrennten Feder/Dämpfer-Einheiten zum Einsatz. Die Bremsen wurden größer ausgelegt, zudem gehörte neben ABS auch die elektronische Bremskraftverteilung EBV zum GTI-Paket. Der 150 PS starke Diesel erhielt als Erster serienmäßig das neue ESP. Serienmäßig waren Extras wie die BBS-Alu-räder (Kreuzspeichen) im Format 6.5J x 16 und 205/55-Breitreifen.

Ungeachtet aller heutigen Kritik: Wann immer der GTI von der Motorpresse getestet wurde – und das war bedauerlicherweise selten genug –, erfuhr er Lob. Wobei dies meist den 1.8T betraf. *ams*-Redakteur Heinrich Sauer verglich die 150-PS-Version in Ausgabe 23/1999 mit dem nagelneuen Opel Astra OPC (160 PS/118 kW) – wobei der VW viel besser wegkam: »laufruhig und leise, agil und spielerisch zu handhaben, sehr leichte, direkt ansprechende Lenkung« hieß es da, und dass beim GTI das ESP zur Serienausstattung gehörte, war ein Extrabienchen wert. Als Testverbrauch ermittelte *mot* 9,6 L/100 km (Ausgabe 15/1998).

In *mot* 19/1997 hatte es über den VR5 mit seinem Schaltsaugrohr geheißen: »... dreht bis 6.200/min, in kerniger Tonart, aber ohne raue Untertöne wie beim Passat.« *AZ Classic Cars* (1.10.2018) kritisierte Äußerlichkeiten: »V5-Embleme auf Front und Heck, aber keine GTI-Logos, keine sportlichen Anbauteile, keine sichtbare Tieferlegung.« Dazu kam, dass der Fünfzylinder dem 1.8T in den Fahrleistungen und im Verbrauch nie überlegen war – und dies bei einem Preis von rund 37.000 DM. »Frühere *AZ*-Kollegen schworen jedoch auf den grummeligen, sonoren Klang, wie man es seinerzeit nur von Audi kannte. Dass er sich obendrein als recht drehfreudig, gar bissig erwies und saugertypisch einen gleichmäßigen Durchzug hatte, waren weitere Trümpfe gegenüber dem Vierzylinder«, schrieb CC-Redakteur Alexander Koch.

Das passionierte Ingenieurs-Blatt *mot* hatte sich übrigens erst in Ausgabe 7/2000 einem echten Vergleichstest gewidmet – passenderweise fuhr hier der 1.8T gegen den Opel Astra OPC. Anders als zuvor der *ams*-Kollege kürte *mot*-Mann Gunnar Beer den leichteren und agileren Opel zum Sieger, lobte aber die alltagstauglichere Auslegung des durch diverse Luxusbeigaben angefütterten Wolfsburgers: »Das sehr kultivierte Wesen des Golfs bleibt auch im GTI erhalten. Für Freude sorgt vor allem ein gehöriger Punch im mittleren Drehzahlbereich. Seine respektablen Fahrleistungen erreicht der mit allerhand Elektronik-Features gespickte Mittelgewichtler äußerst unspektakulär. Außer dem dezenten Druck im Rücken weist nichts auf die wilde Vergangenheit hin.«

Mit dem GTI 1.9 TDI 150 PS (110 kW) beschäftigte sich im Dezember 2002 der *ADAC Autotest* und kam im Rahmen des vierseitigen Checks auf eine Gesamtnote von 2,1 (Zensuren von 1 bis 5). Motor/Antrieb und Fahreigenschaften erzielten Bestnoten, auch

Komfort und Sicherheit schnitten gut ab. So hieß es: »Das Fahrwerk des GTIs ist eher weich abgestimmt, erlaubt aber dennoch sportliche Fahrweise ... Der Wagen hält unbeirrbar Kurs, auch Fahrbahnunebenheiten bringen ihn nicht aus der Ruhe ... In Kurven untersteuert er leicht ... ESP verhindert Durchdrehen der Antriebsräder auf rutschigem Untergrund ... Bei Vollbremsungen steht der halb beladene Wagen bereits nach 39 m, wobei die Bremse schnell und kräftig anspricht.« In puncto Wirtschaftlichkeit rangierte der TDI allerdings unter »ungenügend« (Wertverlust, Fixkosten).

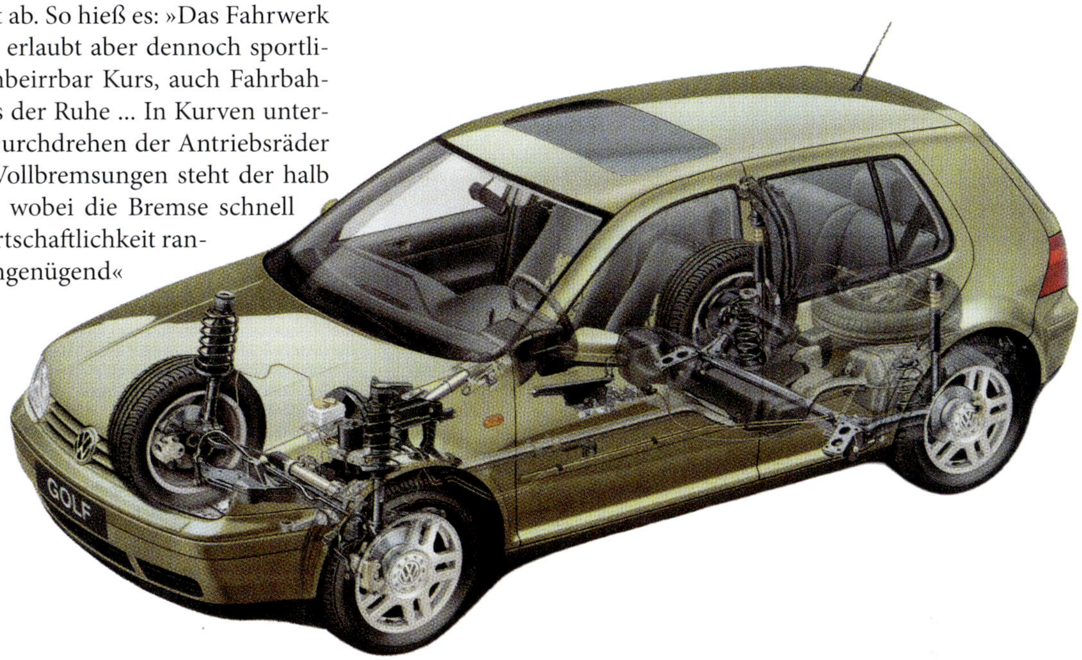

Fahrwerk des Golf, mit Anleihen vom Vorgänger. Alle Motorisierungen hatten die gleiche McPherson-Vorderachse mit serienmäßiger Servolenkung, neu angeordnete Federbeine. Dazu optimiertes Verbundlenker-Konzept hinten, Stoßdämpfer und Schraubenfedern getrennt sortiert.

GTI TDI 110 PS Viertürer (1999).

1.8T-Viertürer 180 PS (keine Sonderserie), GTI-Kennzeichnung am Heck mit rotem »i«.

Sondermodell »25 Jahre GTI«

Zum Modelljahr 2002 wurde der 25-Jahre-Jubiläums-GTI herausgebracht, der mit dem auf 180 PS erstarkten 1,8-Liter-Turbo ausgestattet war. Dieses Triebwerk wurde zuvor nur bei Audi eingesetzt, bald kam er auch dem zivilen GTI zugute. Das Auto war üppig ausgestattet, kostete aber gegenüber der 150-PS-Version (110 kW) erheblich mehr. Immerhin spendierte man dem Sondermodell erstmals eigene Prospekte und Preislisten – was für die anderen 4er-GTIs unverständlicherweise unterblieb.

Zudem hob sich das 54.910 DM teure Sondermodell viel deutlicher von den anderen Modellen ab. Endlich saß wieder ein Schriftzug vorn rechts im »Kühlerschutzgitter« (den es für die anderen GTI weiterhin nicht gab) und hinten, allerdings fehlte weiterhin der rote Streifen im Grill. Es war er mit eigenständigem Votex-Spoilerpaket (Front- und Heckschürze, verbreiterte Seitenschweller und Dachkantenspoiler in Wagenfarbe lackiert) und abgedunkelten Halogen-Frontscheinwerfern, 18 Zoll großen, kugelpolierten BBS-7.5J x 18-Leichtmetallrädern im Kreuzspeichen-Design mit 225/40 R18-Pneus, rot lackierten Bremssätteln, Einstiegsfolien mit GTI-Logo sowie einem fetten Sport-Endschalldämpfer mit 90-mm-Endrohr (Edelstahl-Auspuffblende) ausgestattet.

Zum anderen wurde auch der Innenraum mit einigen besonderen Extras aufgewertet:

- schwarzer Dachhimmel sowie A-, B- und C-Säulen,
- Dekoreinlagen aus gebürstetem Aluminium an der Mittelkonsole und den Türgriffen,
- Fußmatten vorn und hinten mit flashroter Einfassung,
- Handbremshebelgriff, Dreispeichen-Lenkrad und Schalthebelmanschette mit gelochtem Leder und flashroten Nähten,
- Pedalerie mit Alu-Auflagen und Gumminoppen,
- Recaro-Sportsitze vorn mit Lederwangen und Stoffsitzbezügen »Le Mans« und flashrotem GTI-Logo,
- Alu-Schaltknauf endlich erneut im Golfball-Design, Schalthebellinse mit GTI-Emblem,
- neu bestückter Instrumententräger (zwei Rundanzeigen für Geschwindigkeit und Motordrehzahl, zwei kleine für Wassertemperatur und Benzinstand),
- Sicherheitsgurte in Schwarz mit flashrotem Einfassband.

Weiterhin verfügte das Sondermodell serienmäßig über Nebelscheinwerfer, eine Klimaautomatik (Climatronic) sowie ein – gegenüber dem normalen GTI – nochmals um 10 mm tiefergelegtes Sportfahrwerk. Allerdings blieben dem Käufer einige Extras wie Xenonlicht, Sitzheizung, Tempomat, Schiebedach, Lederausstattung und andere Lackfarben verwehrt. Dafür entschädigte aber der auf eine Leistung von 132 kW (180 PS) gesteigerte, exklusive 1,8-Liter-20V-Turbomotor, ein Sechsgang-Schaltgetriebe und die größere, an die Leistung angepasste Bremsanlage mit Ø 312 mm auf der Vorderachse und 256 mm auf der Hinterachse. Die Antischlupfregelung ARR gehörte ebenfalls zum Paket.

Der 25-Jahre-GTI wurde ausschließlich als Zweitürer gebaut und war auf eine Anzahl von 3.000 Exemplaren für den deutschen Markt limitiert – je 1.000 Stück 1.8T in den Traditionsfarben Reflexsilber Metallic, Tornadorot und Blackmagic Perleffekt. Gern wird auch der 150-PS-TDI diesem Sonderkontingent zugerechnet – ob dies tatsächlich so war und wie hoch der TDI-Anteil in diesem Kontingent war, ist äußerst fraglich und vermutlich falsch. Gegen Aufpreis konnten Navigationssysteme mit Monochrom- oder Farbdisplay, Radioanlagen mit DSP (Digitalem Sound Paket), CD-Wechsler für bis zu sechs CDs, ein Technikpaket sowie ein Autotelefon oder eine Telefonvorbereitung geordert werden.

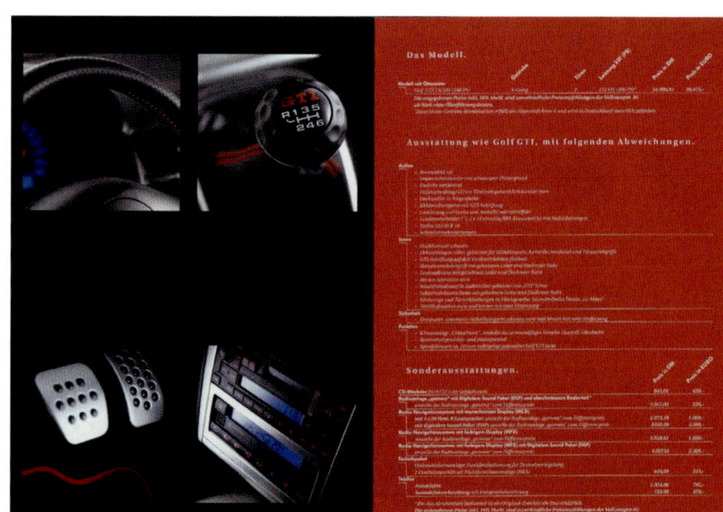

Prospekt/Preisliste für die 180-PS-Version mit silberfarbenem GTI-Logo, Juli und Dezember 2001.

Aufgrund der limitierten Stückzahl war das Sondermodell – neben dem Golf R32 (der nie als GTI gebrandet wurde) – bald sehr gefragt. Der Einstiegspreis (ohne Sonderausstattung) lag im Modelljahr 2002 bei 28.075 € (54.910 DM) und stieg dann bis zum Auslauf auf 28.500 € (55.740 DM).

Am Ende liefen die preisgünstigere 150-PS-Ausführung (nur noch als Highline) und die über 3.000 Euro teurere 180-PS-Variante des Normal-GTI noch einige Monate parallel. Die 150-PS-TDI- und die 1.8T-Version mit 180 PS, beide als Normal-GTI, kosteten übrigens fast den gleichen Preis: 26.310 € (51.460 DM) versus 25.530 € (49.930 DM).

Wirklich mitgerissen hat dieses finale Angebot – obwohl es in die genau richtiger Richtung ging – die Kunden aber wohl trotzdem nicht: Bis zum Auslauf 2003 entstanden lediglich insgesamt 164.859 GTI-Exemplare der 4er-Baureihe.

Sondermodell 25 Jahre GTI mit 1.8T-Motor und 180 PS von 2001, Sitzstoff »Le Mans«, Sechsgang-Getriebe, mit polierten 18-BBS-Zöllern im Kreuzspeichendesign und Alu-Pedalerie, vier Rundanzeigen im Alu-Look.

Export nach Nordamerika

Der Golf 4 GTI wurde – ausschließlich als Zweitürer – ab 1999 auch in den USA angeboten: als GLS mit 2,0-L-8V-Vierzylinder mit 115 PS (85 kW) und als GLX mit dem 2,8-L-VR6 mit 177 PS (130 kW). 2001 kam der GLS mit dem 1.8T-Motor mit 150 PS (110 kW), ein Jahr später als in Reflexsilber lackierte Sondermodell »337« mit der 180-PS/132 kW-Variante (Basis war das europäische 25-Jahre-Sondermodell). 1.500 Einheiten wurden für die USA bereitgestellt, weitere 250 für Kanada. 2002 waren in Nordamerika zudem gleich zwei VR6 als GTI zu haben – der Zwei- und der Vierventiler. Beide VR6-Varianten waren mit Schaltgetrieben und ausschließlich mit Frontantrieb lieferbar. Den in Europa im GTI angebotenen VR5 gab es in Amerika nicht. Ebenfalls offiziell nie im Programm war dort der GTI TDI – aber Volkswagen Classic in Wolfsburg hat genauso ein Auto im Bestand. Ein Versuchsmuster?

2003 legte Volkswagen in den USA den »20th Anniversary« auf (1,8 Liter mit 180 PS/132 kW), um das dortige 20-jährige Jubiläum zu feiern. Dieses in Imola Yellow, Jazz Blue Perleffect und Black Magic Perleffect immerhin 4.000-mal reservierte Sondermodell wies spezielle, exklusive Embleme auf – so den GTI-Schriftzug in klassischer Schreibweise mit Häkchen in Chrom/Rot sowie kleinen hoppelnden Kaninchen in Chrom in Anspielung auf die Ur-Basis, den Rabbit. Zur Ausstattung gehörten 7-Zoll-LM-Räder OZ »Aristo«. Produziert wurden die GTIs für Nordamerika 1999 und 2000 in Wolfsburg und 2000 bis 2005 in Curitiba/Brasilien.

Angeblicher US-GTI mit TDI im Depot von Volkswagen Classic – ein Versuchsmuster? Vielleicht weiß ein Leser mehr …

US-GTI mit VR6 und alternativ als 1.8T (GTI-Logo auch an der Front).

Unikat/Showcar

Volkswagen zeigte in der Ära des Golf 4 GTI keinerlei Ambitionen für aufsehenerregende Showcars. Aber einer traute sich heran – die Firma Foliatec, eher bekannt durch Tuningprodukte, Klebefolien und Pflegeprodukte. Das Unternehmen von Michael Böhm in Nürnberg ließ auf Basis des 150 PS starken Golf 4 GTI VR5 von Franco Sbarro ein Showcar aufbauen. Es hatte keinerlei Serienrelevanz und sollte ausschließlich als Werbeträger dienen. Erstmals gezeigt wurde es 1999 auf dem Genfer Salon, anschließend in Essen und in Frankfurt. Die Frontscheibe des Golf Millenium war entfernt worden, zwei Scherentüren kamen zum Einsatz, und das Ganze mutierte zum Zweisitzer-Roadster. Ein großer, mittiger Heckspoiler diente gleichermaßen als Überrollschutz. Ein erstes Update erfolgte 2003. Und 2017 – zum 35. Jubiläum von Foliatec – wurde das fahrbereite Showcar nochmal gründlich überarbeitet und bekam einen auf 232 PS gebrachten 1,8er-Turbomotor.

»Mit der Generation des 4er-Golf schien die Ära spektakulärer Umbauten zuende zu gehen. Aber weit gefehlt, wie wir sehen werden!«

Foliatec Millennium von 1999.

Grundpreise des Golf 4 GTI 1.8T (Quelle: *mot*)

	1.8T (150 PS) 1998–2002	1.8T (180 PS) 2001–2003
Juni. 1998	39.900 DM	
Dez. 1998	41.900 DM	
Juni 1999	42.200 DM	
Juli 1999	43.250 DM	
Okt. 1999	43.550 DM	
Juli 2000	44.400 DM	
Juli 2001	150 PS: 45.300 DM	180 PS Sonderserie: 54.910,DM
Dez. 2001	150 PS: 45.960 DM = 23.500 €	180 PS Sonderserie: 55.740 DM = 28.500 €
Juni 2003		180 PS: 49.930 DM = 25.530 €

Technische Daten Golf 4 GTI

	1.8 T 1997–2002, 2001–2003	2.3 VR5 1997–2000, 2000–2002	1.9 TDI 1997–1999 (110), 1999–2001 (115), 2001–2002 (130), 2000–2003 (150)
Motor	EA 113		EA 188
Zylinder	1781	2324	1896
Bohrung x Hub (mm)	1781	2324	1896
Hubraum (cm³)	81 x 86,4	81 x 86,4	81 x 86,4
Leistung (PS/kW/min)	150 (110)/5700, 180 (132)/5500	150 (110)/6000, 170 (125)/6200	110 (81)/4150, 115 (85)/4000, 130 (96)/4000, 150 (110)/4000
Max. Drehmoment (Nm/min)	210/1750-4600, 235/1950-5000	205/3200, 220/3300	235/1900, 285/1900, 310/1900, 320/1900
Verdichtung	9,5 : 1	10,1, 4V : 10,8	19,5 : 1 (150 PS: 18,5)
Gemischbereitung	Elektronische Kraftstoffeinspritzung Bosch Motronic, G-Kat, Turbolader, LLK		Direkteinspritzung VE-Pumpe Bosch bzw. ab 1999: PD (115, 130, 150 PS), Turbolader, LLK, Oxikat

Ventile	5 pro Zylinder, hängend, 2 obenlieg. Nockenwellen (Antrieb über Zahnriemen)	2 pro Zylinder, hängend, 2000: 4. pro Zylinder, hängend 2 obenlieg. Nockenwellen (Antrieb über Zahnriemen)	2 pro Zylinder, hängend, obenlieg. Nockenwelle (Antrieb über Kette)
Kurbelwellenlager	5	5	5
Kraftübertragung		Frontantrieb	
Kupplung		Einscheibentrocken	
Schaltung		Schaltstock in Wagenmitte	
Getriebe	5Gang, 180 PS: 6Gang	5Gang, 170 PS: 6Gang	5Gang (ab 2000 6Gang)
Fahrwerk	Selbsttragende Ganzstahlkarosserie, 2- und 4Türer		
Vorderradaufhängung	McPherson-Federbeine, Querlenker, Schraubenfedern, Stabilisator		
Hinterradaufhängung	Verbundlenkerachse (Federbeine, Längslenker, Schraubenfedern, Querträger), Stabilisator		
Lenkung		Zahnstange, Servo	
Fußbremse	Diagonal-Zweikreis-Hydraulik, Servo, vorn Scheibenbremsen (Ø 288 mm, belüftet), hinten Scheiben (Ø 232 mm), ABS, EBV, EDS, ESP		
Allgemeine Daten			
Radstand (mm)	2511	2511	2511
Spur vorn/hinten (mm)	1513/1494	1513/1494	1513/1494
Gesamtmaße (mm)	4149 x 1735 x 1439	4149 x 1735 x 1439	4149 x 1735 x 1444
Räder	6.5J x 16, 180 PS: 7.5J x 18	6.5J x 16	6.5J x 16
Reifen	205/55 WR16, 180 PS: 225/40 VR 18	205/50 WR16	205/50 VR16
Leermasse 2T (kg)	1210, 180: 1250	150: 1240, 170: 1250	110: 1204, 115: 1230, 130: 1226
Zul. Gesamtgewicht 2T (kg)	1730, 180: 1750	150: 1760, 170: 1770	110: 1760, 115: 1780, 130: 1780, 150: 1790,
Höchstgeschwindigkeit (km/h)	216, 180 PS: 222	216, 170 PS: 224	110 PS: 193, 115 PS: 195, 130 PS: 205, 150 PS: 216
Beschleunigung 0-100 km/h (s)	8,5, Test: 8,2, 180 PS: 7,9	8,8, 170 PS: 8,2	110 PS: 10,6, 115 PS: 10,3
Verbrauch DIN (L/100 km)	7,8 S, Test: 10,8, 180 PS: 8,4, Test 11,0	9,3 S, 170 PS: 8,9 S	110: 4,9 D, 115: 5,4, 130: 5,4, 150: 5,6

GTI
WOB DK 240

Golf 5 GTI.

Zurück zu alten Tugenden

Wiederbelebung eines Mythos

Die fünfte Golf-Generation (Typ 1K) erschien im Oktober 2003 und blieb bis 2008 im Programm – allerdings nicht mehr in den gewohnt hohen Stückzahlen. Die Formgebung verantworteten Chefdesigner Hartmut Warkuss (Ruhestand Januar 2004) und Peter Schreyer (*1953), wobei Schreyer im Herbst 2003 von Murat Günak abgelöst wurde. Als VW-Chefs agierten zunächst Bernd Pischetsrieder (bis 2006) und anschließend ab 2007 Martin Winterkorn. Erstmals erhielt der Golf 5 anstelle der seit dem Golf 1 eingesetzten einfachen Verbundlenkerachse eine aufwendige Vierlenker-Hinterachse mit Gasdruckdämpfern und separat angeordneten Federn. Insbesondere in Kurven verbesserten sich dadurch die Fahreigenschaften spürbar. Volkswagen zog damit technisch mit Wettbewerber Ford gleich, der bereits seit Herbst 1998 im Focus eine ähnlich komplexe Hinterachskonstruktion einsetzte. Insgesamt entstanden 3,27 Millionen Exemplare des Golf 5.

Mit einer Studie der nun aktuellen Golf-GTI-Generation hatte Volkswagen bereits im September 2003 auf der IAA ein viel beachtetes Comeback des Klassikers eingeläutet – vielversprechend mit 18-Zoll-Rädern, R32-Bremsanlage und einem Tacho bis 300 km/h. Anders als beim Vorgänger verschoss man dieses Pulver jedoch nicht direkt mit der Serieneinführung des neuen Golfs. Im September 2004 zeigte Volkswagen die Serienversion auf dem Pariser Salon, einen Monat später folgte die internationale Pressevorstellung auf dem Circuit Paul Ricard in Südfrankreich. Im November begann schließlich die Markteinführung des Golf 5 GTI. Die Presse überschlug sich mit Superlativen – vom »Reiß-Golf« (*ams* 24/2004) über den »Jäger des verlorenen Schatzes« (*Auto Bild* 38/2004) bis hin zur »Auto-Sexbombe« (*SPIEGEL* 39/2004).

»Mythos GTI« – unter diesem Slogan präsentierte Volkswagen im Herbst 2004 den neuen GTI, der sich nun optisch wie technisch endlich wieder deutlich eigenständiger zeigte. Die Optik wurde von VW als »deutlich geschärft« bezeichnet, tatsächlich geriet sie modischer und auffälliger als zuvor. Prägend war der schwarze, V-förmige Plaketten- beziehungsweise Waben-Kühlergrill im »Honeycomb« -Design mit feinem roten Rand. Darin saß ein unübersehbares silbernes GTI-Logo, eingefasst von einem roten Rahmen. Damit unterschied sich der GTI klar von allen anderen Modellen der Baureihe.

Die Karosserie wurde um 15 Millimeter tiefergelegt, der cW-Wert lag mit 0,32 auf dem Niveau des Vorgängers. Besonders markant waren die neuen BBS-Hohlkammer-Leichtmetallräder im Format 7.5J × 17 im »Denver«-Design mit 225/45-R17-Bereifung. Optional standen 18-Zoll-Räder »Detroit« für 515 Euro Aufpreis zur Verfügung, kombiniert mit 205/40-R18-Reifen. Hinzu kamen schwarze Seitenschweller, in Wagenfarbe lackierte Spiegel und Türgriffe, rot lackierte Bremssättel, ein Heckspoiler sowie Stoßfänger und Seitenschutzleisten ebenfalls in Wagenfarbe. Das Abgas-Doppelendrohr saß links. Die Buchstabenkombination GOLF tauchte am Fahrzeug überhaupt nicht mehr auf.

Studie des Golf GTI als Zweitürer mit 200-PS-FSI-Motor auf der IAA 2003, inklusive Instrumententafel mit Tacho bis 300 km/h.

Optionale 7.5J × 18-»Detroit«-Leichtmetallräder im Wählscheiben-Design mit 225/40-R18-Breitreifen, rot lackierte Bremssättel und links positioniertes Doppelendrohr.

Ausstattung

Das Interieur prägten karierte »Interlagos«-Stoffsitzbezüge der höhenverstellbaren Sportsitze mit GTI-Schriftzug in der Kopfstütze. Alternativ waren Ledervarianten in Anthrazit oder Pure Beige erhältlich. Hinzu kamen der schwarze Dachhimmel, Aluminiumeinlagen an Schalttafel, Mittelkonsole und Türen, eine Pedalerie im Alu-Look, Lederapplikationen an Handbremshebel und Schaltknauf sowie ein Dreispeichen-Sportlenkrad mit Aluminium-Applikationen. Bei der Tiptronic-Variante verfügte dieses über Schalttasten. Der Instrumententräger wurde erneut überarbeitet, der Tacho reichte weiterhin bis 300 km/h.

Front- und Sidebags gehörten ebenso zur Serienausstattung wie elektrische Fensterheber, eine manuell geregelte Klimaanlage und eine verstellbare Lenksäule. Eine Volllederausstattung kostete 1.740 Euro, während die Klimaautomatik Climatronic mit rund 300 Euro zu Buche schlug. Wie schon beim Vorgänger blieb die blaue Hinterleuchtung der Schalttafel erhalten.

»Mit einem neuen Turbo-Direkteinspritzer und historischen Design-Zitaten begann für den GTI eine neue Ära.«

Interieur des Golf 5 GTI mit »Interlagos«-Stoffsitzen oder optionaler Lederausstattung.

Cockpit mit Tacho bis 300 km/h und Drehzahlmesser bis 8.000/min, ab dem Golf 5 GTI mit GTI-Logo in der mittleren Spange des optionalen Dreispeichen-Multifunktions-Lederlenkrads. Hier sowohl die Schalt- als auch die DSG-Version des kompakten Sportmobils.

Den Golf 5 GTI gab es zunächst als Zweitürer, kurz darauf folgte der Viertürer. Als Lackfarben standen laut offizieller VW-Preisliste Tornadorot (G2), Schwarz (A1), Perlblau (D3) und Candyweiß (B4) zur Wahl, ergänzt durch Metallic-Spezialfarben wie Reflexsilber (8E), Shadow Blue (P6), United Grey (X6) sowie die Perleffekt-Lackierungen Blue Graphit (W9) und Black Magic (Z4). In der Pressemappe der Volkswagen Produktkommunikation zur Vorstellung im fransösischen Le Castellet im Herbst 2004 waren zusätzlich United Greymetallic, Show Bluemetallic und Laser Blue Perleffekt aufgeführt worden. Serienmäßig waren die »Interlagos«-Stoffsitze, während für die »Vienna«-Lederbezüge in Pure Beige oder Anthrazit Aufpreise fällig wurden.

Golf 5 GTI in der viertürigen Karosserievariante.

Farbparade in Tornadorot, Schwarz uni und Candyweiß, wobei die »Golf«-Kennzeichnung am Heck vollständig entfiel und der rote Streifen im Grill fortan stilbildend für alle kommenden Generationen wurde.

Neues Antriebsaggregat

Mit der neuen GTI-Generation endete die Ära der Fünfventilmotoren endgültig. Stattdessen kam ein turboaufgeladener, direkt einspritzender 2,0-Liter-TFSI zum Einsatz, der 200 PS (147 kW) und 280 Nm Drehmoment zwischen 1.800 und 5.000/min entwickelte. Dieses Aggregat war ab 2004 zunächst exklusiv dem GTI vorbehalten und gehörte noch zur Baureihe EA 113. Die FSI-Technik war erstmals 1999 im Lupo erprobt worden. Der Kraftstoff gelangte dabei mit hohem Druck direkt in die Zylinder, die Hochdruckpumpe wurde von der Einlassnockenwelle angetrieben. Die vier Ventile pro Zylinder betätigten Rollenschlepphebel, den Nockenwellenantrieb besorgte ein Zahnriemen. Hinzu kamen ein Schaltsaugrohr, zwei Ausgleichswellen und ein elektronisches Gaspedal.

Im GTI ging es dabei nicht um den beim ursprünglichen FSI angestrebten Sparbetrieb, sondern klar um Leistungsoptimierung. *ams*-Redakteur Alexander Bloch (*1972) charakterisierte den Motorlauf in Ausgabe 24/2004 so: »Eine heiser röchelnde Aggressivität mischt sich in den sonoren Ton des laufruhigen Vierzylinders. Bei heißem Triebwerk blubbert es wohlig im Auspuff.« Der Testverbrauch lag bei 10,3 L/100 km, während Volkswagen werksseitig unrealistische 8,0 L/100 km angab.

In nur 7,2 Sekunden beschleunigte der GTI mit Sechsgang-Handschaltung von 0 auf 100 km/h. Mit dem optionalen Sechsgang-Doppelkupplungsgetriebe DSG (DQ250) – Aufpreis 1.825 Euro – waren es sogar nur 6,9 Sekunden. Erstmals erhielt der GTI damit ein automatisiertes Getriebe, das von einem Großteil der Käufer gewählt wurde.

2,0-TFSI-Motor mit Aluminium-Zylinderkurbelgehäuse und Vierventiltechnik über Rollenschlepphebel, damals noch mit der Beschriftung »FSI Turbo«.

Optionales Sechsgang-DSG-Getriebe des Golf 5 GTI, dessen Doppelkupplung im Gegensatz zu späteren Siebengang-Varianten mit trockenen Kupplungen im Ölbad »nass« lief.

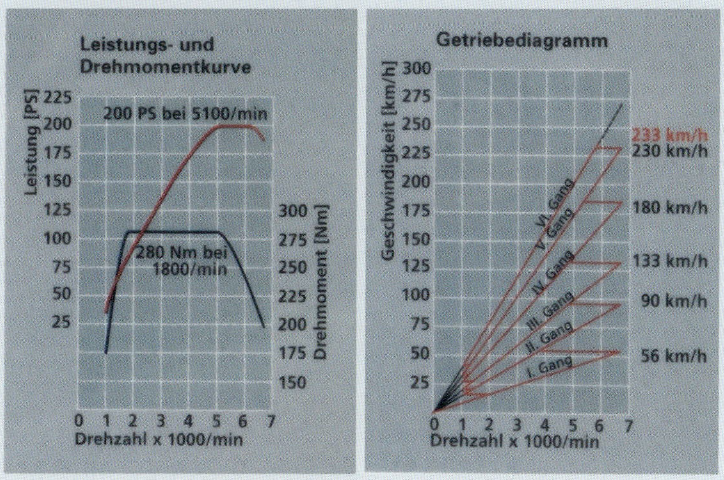

Leistungs- und Drehmomentdiagramm aus *sport auto* 11/2005.

Liebe zum Detail

Der Neue machte technisch einen weiteren, großen Schritt nach vorn – nicht nur bei Motor und Getriebe. Dafür wurden weitergehende Konstruktions- und Testeinrichtungen eingesetzt – nach dem bei VW gelebten Motto, dass das Bessere der Feind des Guten ist. Was sich nicht zuletzt in den Fahrleistungen zeigte.

Erst bei 235 km/h erreichte der mit Sportfahrwerk und elektronischer Differenzialsperre ausgestattete GTI seine Höchstgeschwindigkeit. Wesentlichen Anteil daran hatten die neue Mehrlenker-Hinterachse sowie die elektromechanische Servolenkung. Gegenüber dem Vorgänger wuchs zudem der Lochkreis der Räder. Die unteren Dreieckslenker vorn waren an einen Aluminium-Hilfsrahmen geschraubt. Die hinteren Stabilisatoren fielen laut ams um 20 Prozent steifer aus. Serienmäßig rollte der GTI auf 7.5J × 17-Leichtmetallrädern mit 225/45-R17-Bereifung. ABS und ESP gehörten nun ganz selbstverständlich zum Lieferumfang, verzögert wurde über eine 16-Zoll-Bremsanlage.

Technik unter dem Blech des Golf 5 GTI, die den deutlich erhöhten konstruktiven Aufwand dokumentiert.

Aero- und Schallerprobung des Golf 5 GTI.

Tatsächlich war viel getan worden, um dem GTI wieder mehr Dynamik einzuimpfen – und ihn quasi zu einem Neubeginn nach dem unglücklichen 4er-GTI avancieren zu lassen. Und das betraf nicht nur die äußere Gestaltung. Der Slogan im ersten Prospekt lautete: »Leistungssport hat noch nie so viel Spaß gemacht.« Alexander Bloch sprach in *ams* 24/2004 von einer »gesunden Härte« und fügte hinzu: »Wer GTI kauft, muss auch GTI aushalten können.«

Luftwiderstand ausgewählter GTIs (Quelle: automobil-guru.de)

	cW	A	cW x A
Golf 2 GTI	0,35	1,89	0,662
Golf 3 GTI	0,33	2,04	0,673
Golf 5 GTI	0,32	2,22	0,710
Golf 6 GTI	0,32	2,23	0,714
Golf 7 GTI	0,30	2,20	0,660

Wie sich der GTI verkaufte

Der Preis der Basisversion lag zunächst bei 24.200 Euro, stieg dann auf 25.020 Euro und schließlich auf 25.575 Euro. Die Gesamtproduktion des Golf 5 GTI von 2004 bis 2008 belief sich auf 181.800 Exemplare.

Angeboten wurde der GTI auch in vielen Exportmärkten, insbesondere in den USA. Dort firmierte der Basis-Golf nach 22 Jahren erneut als Rabbit, während der stets ohne besondere Typenbezeichnung als Volkswagen GTI verkauft wurde. Als Sondermodell für Nordamerika erschien im Modelljahr 2007 der GTI »Fahrenheit«.

Dass der GTI in seiner Klasse dennoch etwas an Attraktivität verloren hatte, lag nicht nur an der erstarkten Konkurrenz, sondern auch an einem Wettbewerber aus dem eigenen Hause – dem auf der IAA 2005 präsentierten Golf R mit bulligem 3,2-Liter-VR6-Motor 250 PS (184 kW), dessen Vorwärtsdrang bei 250 km/h elektronisch abgeregelt wurde. Andererseits gelang es Volkswagen, mit einer augenzwinkernd inszenierten Werbekampagne (»Für Jungs, die damals schon Männer waren. Der neue Golf GTI.«) erneut Aufmerksamkeit zu erzeugen. Bis zum Auslauf des Golf 5 waren seit Anbeginn insgesamt rund 1,7 Millionen GTI auf die Straßen der Welt entlassen worden.

Ein US-GTI, er trug keine zusätzliche Typenkennzeichnung. Immer zweitürig.

Golf GTI der fünften Generation vor seinem Urahn aus dem Jahr 1976.

Starke Sondereditionen

GTI Edition 30

Zum 30. Geburtstag des Kultsportlers beglückte Volkswagen seine Fans im Jahr 2006 mit dem 230 PS (169 kW) starken Sondermodell »30 Jahre GTI«, meist kurz »Edition 30« genannt, das bis 2007 im Programm blieb. Als Farben standen Schwarz, Candyweiß, Tornadorot, Reflexsilber Metallic, United Grey Metallic sowie Black Magic Perleffekt zur Wahl. Der Grundpreis lag bei 29.175 Euro, das optionale DSG kostete 1.795 Euro Aufpreis, für die Viertürer-Version wurden 850 Euro zusätzlich fällig.

Zu den Besonderheiten des Sondermodells zählten äußerlich in Wagenfarbe lackierte und gegenüber dem Serien-GTI leicht modifizierte Anbauteile, abgedunkelte Scheinwerfergehäuse und Rückleuchten, mattschwarz lackierte 18-Zoll-Aluminiumräder im »Detroit«-Design, ein »Edition 30«-Schriftzug am Heck rechts sowie rot lackierte Bremssättel. Bereift war der Wagen mit 225er-Pneus auf schwarz lackierten 7.5J x 18-Zoll-Rädern. Für deren Einsatz hatte sich Designer Murat Günak persönlich starkgemacht, weil sie zusammen mit den roten Bremssätteln »im besten Sinne der GTI-Idee folgen« sollten.

Auch der Innenraum wurde aufgewertet: Rote Ziernähte an Lenkrad, Handbremshebel, Fußmatten und am Golfball-Schaltknauf – sowohl bei Schaltgetriebe als auch DSG –, Türeinstiegsfolien mit »Edition 30«-Schriftzug sowie Sportsitze mit karierten »Interlagos«-Stoffbezügen, eingefasst von lederbezogenen Seitenwangen. In den vorderen Kopfstützen prangte ein GTI-Logo, der Tacho reichte weiterhin bis 300 km/h.

Anlässlich des runden Geburtstags erhielt der GTI einen auf 230 PS (169 kW) erstarkten 2,0-Liter-TFSI mit 300 Nm Drehmoment. Dafür sorgten ein größerer Turbolader, angepasste Einspritzdüsen, verstärkte Kolben und Pleuel sowie ein entsprechend modifiziertes Motormanagement. Turbolader und Rumpfmotor dieser Ausbaustufe fanden später auch im Audi S3 mit 265 PS (195 kW) Verwendung.

Golf GTI Edition 30 in verschiedenen Ansichten.

Aus Liebe zum Automobil

Studie:
Der Golf GTI Edition 30

Varianten:
Versionen: 2- und 4-Türer

Ausstattungs-Highlights (zusätzlich bzw. abweichend zur Serienausstattung des Golf GTI):
- Anbauteile in Wagenfarbe lackiert
- 18-Zoll Leichtmetallräder „Detroit" mattschwarz lackiert
- Plakette mit Schriftzug „Edition 30" an der Heckklappe rechts
- Abgedunkelte Rückleuchten
- Top-Sportsitzanlage, Stoff-/Leder-Kombination („Vienna"/„Interlagos")
- Lenkrad mit Spange (Schriftzug „GTI" auf rotem Grund) und roter Ziernaht
- Dekorleisten „Aluminium gebürstet" mit rotem Streifen, 3–4 mm breit
- Türeinstiegsfolie mit Schriftzug „Edition 30"
- Schalthebel im Golfballdesign (für SG und DSG)
- Fußmatten mit roter Umrandung

Lackierungen:
- Schwarz
- Candy-Weiß
- Tornadorot
- Reflexsilber Metallic
- United Grey Metallic
- Black Magic Perleffekt

692.1240.25.01 · Printed in Germany · Änderungen vorbehalten
Ausgabe: Mai 2006 · Internet: www.volkswagen.de

Prospekt zum Golf GTI Edition 30 aus dem Mai 2006.

GTI Pirelli

Ebenfalls mit 230 PS (169 kW) motorisiert erschien 2007 die Reinkarnation des legendären »Pirelli-GTI«. Der Golf GTI Pirelli rollte auf dunkel lackierten 7.5J x 18-Zoll-Rädern in »Titanoptik« mit 225er-P-Zero-Bereifung. Erste Hinweise auf das Sondermodell gab es bereits im Frühsommer 2007 beim GTI-Treffen am österreichischen Wörthersee, wo ein Prototyp aber nahezu unbeachtet blieb – inmitten der zahlreich vertretenen, stark modifizierten Golf-Exemplare.

Im September 2007 gab Volkswagen den Golf GTI Pirelli offiziell zum Verkauf frei. Zahlreiche Details erinnerten bewusst an den 1983 eingeführten Golf 1 GTI Pirelli: In der exklusiven Wagenfarbe »Sunflower« lackierte Stoßfänger und Seitenschweller, abgedunkelte Heckleuchten sowie eine Teilleder-Sportsitzanlage mit in die Mikrofaser-Mittelbahnen eingeprägtem Reifenprofil und gelben Ziernähten. In die vorderen Kopfstützen war der Schriftzug »Pirelli« eingestickt, die hinteren Scheiben waren abgedunkelt.

Gelbe Kontrastnähte, Sitzheizung, elektrisch einstellbare Lendenwirbelstütze sowie die üblichen Komfortdetails wie Klima- und Audioanlage rundeten die Ausstattung ab. Neben »Sunflower« war der Pirelli-GTI auch in Blue Graphit, Black Magic Perleffekt und Reflexsilber erhältlich, wobei der gelbe Farbton exklusiv diesem Sondermodell vorbehalten blieb.

Nach der Presse-Fahrvorstellung in Italien im Herbst 2007 erreichten ab Anfang November die ersten zweitürigen Fahrzeuge die Händler, in kleiner Stückzahl folgten auch Viertürer. Im Juni 2008 lief die Sonderserie aus. Der Preis lag bei 30.175 Euro und damit rund 1.000 Euro über dem der Edition 30. Zur Stückzahl existieren widersprüchliche Angaben, die von 2.500 bis zu 10.000 Exemplaren reichen. Einzelne Märkte erhielten limitierte Kontingente, darunter Großbritannien mit 222 Fahrzeugen und Australien mit 400. Auch in Japan und Mexiko wurde der Golf GTI Pirelli angeboten.

Mit optionalem Sechsgang-DSG kostete der Pirelli-GTI glatte 32.000 Euro, bot dafür jedoch bessere Fahrleistungen und einen geringfügig niedrigeren Verbrauch. Der Sprint von 0 auf 100 km/h gelang in 6,6 Sekunden gegenüber 6,8 Sekunden beim Handschalter, der Normverbrauch lag bei 7,9 L/100 km. Die Höchstgeschwindigkeit betrug ebenfalls 245 km/h.

Golf GTI Pirelli in der exklusiven »Sunflower«-Lackierung mit 230-PS-Motor.

Golf GTI Pirelli im Vergleich mit dem Golf GTI von 1983.

Interieur des Golf GTI Pirelli mit Tacho bis 300 km/h, Sitzmittelbahnen im Reifenprofil-Design. Der FSI-Turbo-Motor brachte 230 PS.

Viertüriger Golf GTI Pirelli, wie er unter anderem für den japanischen Markt ausgeliefert wurde.

GTI Limited Edition 240

Volkswagen stellte 2008 mit der »GTI Limited Edition 240« ein Sondermodell auf Basis des »Edition 30« vor. Namensgebend war der 2,0-Liter-TFSI-Motor mit 240 PS (176kW), er war also rund 10 PS stärker als ein Edition 30. Dieses Modell war zusätzlich mit Bi-Xenon-Scheinwerfern, Pioneer-Touchscreen-Navigationssystem, neuem Soundsystem sowie dem Emblem »Limited Edition 240« an Frontgrill und Heck ausgestattet. Das Sondermodell, von dem nur 300 Stück gebaut wurden, kam ausschließlich in den Niederlanden auf den Markt.

Nur für die Niederlande: der Golf GTI Limited Edition 240.

Studien und Showcars

Golf R GTI

Die GTI-Studie des Golf R stand auf der SEMA Show 2006 (Foto: Jamie Orr).

Der Golf R GTI wurde auf der SEMA Show 2006 in den Vereinigten Staaten vorgestellt. Entstanden ist das Fahrzeug in Zusammenarbeit zwischen dem US-Designteam von Volkswagen und dem amerikanischen Tuner APR. Gleichzeitig führte Volkswagen mit dieser Studie das »R«-Konzept konsequent weiter.

Angetrieben wurde der Golf R GTI vom bekannten 2,0-Liter-TFSI-Serienmotor, der jedoch dank größerem Turbolader und umfangreicher technischer Modifikationen eine Leistung von 279 kW (380 PS) erreichte. Mit 100-Oktan-Kraftstoff ließ sich die Leistung sogar auf knapp über 294 kW (400 PS) steigern. Damit beschleunigte der Golf R GTI in nur 4,4 Sekunden von 0 auf 100 km/h, die Höchstgeschwindigkeit wurde elektronisch bei 250 km/h begrenzt.

Zur weiteren Leistungssteigerung wurde das Fahrzeug konsequent gewichtsoptimiert. Zahlreiche Karosserieteile bestanden aus kohlenstofffaserverstärktem Kunststoff, im Innenraum ersetzten zwei Schalensitze die Rückbank. Der Golf R GTI war streng genommen kein klassisches Konzeptfahrzeug mehr, ging jedoch ebenso wenig in Serie.

Golf GTI 53+1

Golf GTI 53+1 bei einer Ausstellung autonom fahrender Fahrzeuge im Jahr 2015 im AutoMuseum Volkswagen.

Autonomes Fahren ist bei Volkswagen kein Thema der jüngeren Vergangenheit. Bereits beim Golf 1 beschäftigte man sich intern mit entsprechenden Konzepten, ging es doch stets um maximale Sicherheit und Unfallvermeidung. Vollständig autonom entscheidende Fahrzeuge benötigen zwar weiterhin Zeit, doch selbstständig fahrende Autos mit angelernter Streckenkenntnis lassen sich bereits seit Jahren zu Forschungszwecken einsetzen. Ziel ist dabei die exakte Reproduzierbarkeit von Fahrsituationen, um fahrdynamische Schwächen zuverlässig erkennen und beseitigen zu können.

Vor diesem Hintergrund stellte Volkswagen 2005 den Golf 5 GTI »53+1« vor. Das 200 PS (147 kW) starke Fahrzeug hatte mithilfe eines Radarsensors eine ausgewählte Strecke eingescannt und konnte diese anschließend ohne Eingriff eines Fahrers in Bestzeit absolvieren – und das beliebig oft. Möglich wurde dies durch die elektronische Vernetzung von Drosselklappe, Lenkung und Bremse. Die Bezeichnung »53+1« spielte auf die Startnummer des legendären »Herbie« an, der in den Walt-Disney-Filmen der 1960er- und 1970er-Jahre völlig »autonom« unterwegs war.

Gumball 2005

Unter den zahlreichen, außerhalb von Volkswagen entstandenen Umbauten auf Golf-Basis ragen einige besonders heraus. Dazu zählen die Teilnehmerfahrzeuge des Gumball-Langstreckenrennens durch Europa.

Das in Leichtbauweise gefertigte Unikat GTI Gumball von 2005 verfügte über einen 240 PS (177 kW) starken 2,0-Liter-Motor, eine auffällige Lackierung sowie einen konsequent auf den Rennsport ausgelegten Innenraum. Eingesetzt wurde das Fahrzeug beim Gumball 3000 von dem japanischen Modedesigner Mark Eley Kishimoto und seinem britischen Beifahrer, dem Tuner Jason MacLean.

»Für Jungs, die damals schon Männer waren – das war ein zugkräftiger Slogan für den Neuen. Showcars heizten das Interesse zusätzlich an.«

Der GTI-Gumball-Prototyp von 2005 steht heute als Exponat in der Autostadt.

Golf GTI W12 650

Anlässlich des GTI-Treffens in Reifnitz am Wörthersee 2007 entwickelte Volkswagen die spektakuläre Studie Golf GTI W12 650. Für dieses Einzelstück wurde die Karosserie um 16 Zentimeter verbreitert und um 8 Zentimeter abgesenkt. Die Studie stand auf 19-Zoll-Rädern im Design des Golf 5 GTI.

Das eigentliche Highlight verbarg sich jedoch unter der Karosserie: Vor der Hinterachse arbeitete ein 6,0-Liter-Biturbo-W12-Motor aus dem Bentley Continental (Plattformbruder Phaeton gab es nie mit aufgeladenem W12). Das Aggregat leistete 650 PS (478 kW), entwickelte ein maximales Drehmoment von 750 Nm und katapultierte den Wagen in nur 3,7 Sekunden von 0 auf 100 km/h. Die Höchstgeschwindigkeit lag bei 325 km/h.

Ein Heck zum Verlieben! Aber dieser GTI ging nie in Serie.

Der Golf GTI W12 650 blieb ein Unikat. Es befindet sich im Bestand der Autostadt. Für die 50-Jahre-GTI-Feierlichkeiten wurde das Fahrzeug rot foliert.

Motor vor der Hinterachse, Tank vorn, Sechsgang-Automatik, natürlich Heckantrieb. Massive Lufteinlässe. Bremsen vom Audi RS4 (vorn) und vom Lambo Gallardo (hinten). Dazu ein Karbondach, das auch als Spoiler dient. Drinnen Zusatzanzeigen, Kippschalter mit Schutzkappen.

Technische Daten Golf 5 GTI

	GTI 2004–2008	GTI Edition 30 2007–2008	GTI Pirelli 2007–2008
Motor	EA 113	EA 113	EA 113
Hubraum (cm³)	1984	1984	1984
Bohrung x Hub (mm)	82,5 x 92,8	82,5 x 92,8	82,5 x 92,8
Verdichtung	10,3 : 1	10,3 : 1	10,3 : 1
Gemischbereitung	Kraftstoff-Direkteinspritzung (elektronisch gesteuert), Turbolader, LLK		
Ventile	4 pro Zylinder, hängend, 2 obenlieg. Nockenwellen (Antrieb über Zahnriemen)	4 pro Zylinder, hängend, 2 obenlieg. Nockenwellen (Antrieb über Zahnriemen)	4 pro Zylinder, hängend, 2 obenlieg. Nockenwellen (Antrieb ü. Zahnriemen)
Kurbelwellenlager	5	5	5
Leistung (PS/kW /min)	200 (147)/5100	230 (169)/5500	230 (169)/5500
Max. Drehmoment (Nm/min)	280/1800-5000	300/2200-5200	300/2200-5200
Kraftübertragung		Frontantrieb	
Kupplung		Einscheibentrocken	
Schaltung		Schaltstock in Wagenmitte	
Getriebe	6Gang, opt. 6Gg-DSG	6Gang, opt. 6Gg-DSG	6Gang, opt. 6Gg-DSG
Fahrwerk	Selbstragende Ganzstahlkarosserie, 2 und 4Türer		
Vorderradaufhängung	McPherson-Federbeine, untere Querlenker, Stabilisator		
Hinterradaufhängung	Vierlenkerachse, Gasdruckdämpfer, separate Federn, Stabilisator		
Lenkung	Zahnstange (elektromechanisch), Servotronic		
Fußbremse	Diagonal-Zweikreis-Hydraulik, Servo, vorn Scheibenbremsen (Ø 312 mm, belüftet), hinten Scheiben (Ø 286 mm), ABS, EBV, ESP, EDS		
Allgemeine Daten			
Radstand (mm)	2578	2578	2578
Spur vorn/hinten (mm)	1539/1528	1539/1528	1539/1528
Gesamtmaße (mm)	4216 x 1759 x 1469	4216 x 1759 x 1469	4216 x 1759 x 1469
Räder	7.5J x 17 (LM)	7.5J x 18 (LM)	7.5J x 18 (LM)
Reifen	225/45 VR 17	225/40 VR 18	225/40 VR 18
Leermasse 2T (kg)	1336 (DSG: 1355), 4T: 1372 (DSG 1391)	1355	1355

Zul. Gesamtgewicht 2T (kg)	1900 (DSG: 1920)	1900	1900
Höchstgeschwindigk. (km/h)	235 (DSG: 233)	245 (DSG: 243)	245 (DSG: 243)
Beschleunigung 0-100 (s)	7,2 (DSG: 6,9)	6,8 (DSG: 6,4)	6,8 (DSG: 6,4)
Verbrauch EU (L/100 km)	8,0 (DSG: 7,9) S, Test 10,3 S	8,6 (DSG: 8,3) S, Test DSG: 10,9 S	8,6 (DSG: 8,3) S

»Das Auto vermittelte eine gesunde Härte, schrieb ein begeisterter Testredakteur. Wer GTI fahren will, muss auch GTI aushalten!«

GTI

Golf 6 GTI.

Sogar als Cabrio purer Genuss

Ehrgeizige Weiterentwicklung

Der Golf 6 zählt offiziell als sechste Golf-Generation, ist jedoch faktisch eine gründlich überarbeitete Version seines Vorgängers, des Golf 5. Konzern-Chefdesigner Walter de Silva, Marken-Designchef Klaus Bischoff und Exterieur-Chef Marc Lichte führten die Neugestaltung durch, wobei die Rohkarosse des Vorgängers übernommen wurde. Der Radstand von 2.578 mm blieb unverändert, während der Wagen durch neue Stoßfänger um 5 mm kürzer ausfiel.

Front- und Heckpartie wurden überarbeitet, Türen, Dach, Scheinwerfer und Heckleuchten leicht verändert. Die Stoßleisten an den Türen entfielen, Technik und Elektronik-Architektur wurden modernisiert. Das Lenkrad sowie die Bedienelemente für Klimaanlage und Radio wurden neu gestaltet, die Sicherheitsausstattung um einen Knieairbag für den Fahrer erweitert. Zudem verbesserte sich die Schalldämmung des Innenraums durch eine Dämmungsfolie in der Frontscheibe und bessere Dichtungen an Türen und Seitenscheiben. Die beim Golf 4 eingeführte blaue Instrumentenbeleuchtung wurde nun auf Weiß geändert. Der Golf 6 wurde im Oktober 2008 vorgestellt. Bis zum Produktionsende 2012 entstanden etwa 2,85 Millionen Einheiten.

Der GTI folgte wiederum mit etwas zeitlichem Abstand. Präsentiert wurde die sechste Generation des sportlichen Kompakten erstmals als Studie im Oktober 2008 in Paris. Die Studie war bereits weitgehend seriennah. Volkswagen kündigte den neuen GTI mit den Worten an: »schärfer und souveräner geschnitten als alle anderen je zuvor«. Die Serienversion folgte 2009.

Walter de Silva zusammen mit den Vorgänger-Designern Giugiaro (Golf 1) und Warkuss (Golf 4) vor Schloss Bensberg im Jahr 2010.

Das Karosseriedesign wurde verfeinert: angedeutetes Wabengitter mit zwei roten Leisten, zusätzliche Lufteinlässe im Frontspoiler („Splitter« genannt), vertikale Nebelscheinwerfer, Xenon-Hauptscheinwerfer, größerer Heckspoiler, lackierte Stoßfänger und schwarze Schweller. Die roten Bremssättel, der Diffusor, die zwei Endrohre und die abgedunkelten Heckleuchten betonten die Eigenständigkeit.

Das Farbangebot: Tornadorot, Schwarz, Blau, Silber, Candyweiß, Grau sowie Metallic-Töne wie Reflexsilber, Delfingrau, Carbon Stahlgrau, Deep Black Perleffekt und Shark Blue Metallic.

»Der Neue war schärfer und souveräner geschnitten als alle anderen je zuvor.«

Alle GTI-Generationen vom weißen 1er bis zum roten 6er auf einen Blick.

Vergleich der Frontpartien von Generation 6 mit dem kultigen Urahn.

Golf 6 GTI 2009–2012

Bi-Xenon-Scheinwerfer mit dynamischem Kurvenlicht

225er-Reifen geben ihm eine offensive Statur

Vertikale Nebelscheinwerfer in Frontschürze

Erstmals **schwarze Splitter**

Zwei rote **GTI-Linien** zieren wabenförmigen **Kühlergrill**

»Böser Blick«: vorne um 22, hinten um 15 Millimeter tiefergelegt

Je Seite: **drei** scharf gezeichnete Finnen

Maskuliner und nach vorn gezogener **Frontspoiler**

Der Golf 6 GTI zusammen mit seinem Urahn in St. Tropez. Hans-Joachim Stuck fungierte als Markenbotschafter und übernahm die Abstimmungsfeinarbeit.

Beim Interieur fielen verschiedene Chromzierelemente, ein Dreispeichenlenkrad mit Spange sowie das neuinterpretierte rot-schwarze GTI-Karodesign (»Jacky«) einschließlich roter Nähte und Kopfstützen mit GTI-Logo ins Auge. Neu war das liebevoll gemachte Kombiinstrument mit einer 3D-Optik durch indirekte Beleuchtung, die Schalttafel kam nun in Titanschwarz (und damit dunkler als in den anderen Serien-Gölfen) daher. Das unten etwas abgeflachte Multifunktionslenkrad (wie es heute sogar bei braven Familienkutschen Usus ist ...) gehörte zur Serienausstattung. Optional war dagegen die Lederausstattung für die Sportsitze, die ansonsten mit dem traditionellen GTI-Karostoff bezogen waren und sich mit einer Bestickung in der Kopfstütze schmückten.

Neue Räder im Wählscheiben-Design (»Denver« 17 Zoll, »Detroit« 18 Zoll).

Kennzeichnung im Wabengrill.

Das Interieur des zweitürigen Golf GTI von 2009, auf diesem Foto mit mit Schaltgetriebe. Neu interpretiertes, rot-schwarzes Karo-Design.

Edel: Lederausstattung und DSG-Schaltung. Die Tacho-Skala reichte beim 6er-GTI bis 280 km/h.

Lederapplikationen mit schicken Ziernähten, optional gab es eine Vollleder-Ausstattung.

Liebevoll umgesetzte Details auch beim unten abgeflachten Multifunktionslenkrad.

»Der 6er-GTI war auf dem richtigen Weg, nicht zuletzt wegen der spürbaren Liebe zum Detail.«

Als ernstzunehmende Gegner hatte Volkswagen mittlerweile den Ford Focus ST, den Opel Astra OPC sowie den Opel Astra GTC im Visier. Doch auch im eigenen Hause war ihm Konkurrenz erwachsen: Der im März 2009 präsentierte GTD mit Common-Rail-Einspritzung und 170 PS (125 kW) machte auch optisch etwas her und wies silberne statt roter Zierleisten sowie graue statt rote Kappnähte auf. Glücklicherweise kam niemand auf die Idee, ihn als GTI zu vermarkten …

Der Grundpreis des Golf GTI mit Schaltgetriebe lag bei 26.650 Euro; für die DSG-Version waren mindestens 28.525 Euro fällig (März 2009). Angeboten wurde der GTI bis zum Ende des 6er-Golfs im Jahr 2012 als Zwei- und Viertürer (+750 Euro), und er wurde auch in den USA verkauft. Ein Viertel des GTI-Volumens war als Zweitürer prognostiziert worden. Die Gesamtproduktion des Golf 6 GTI aus Wolfsburg und Zwickau lag bei 199.900 Stück – nicht schlecht angesichts der relativ kurzen Modelllaufzeit.

Golf GTD mit ebenfalls beeindruckenden Fahrleistungen – aber eben kein GTI!

Golf 6 GTI im US-Trimm an der Golden Gate Bridge (leider keine Angabe zum Motor).

Motor und Performance

Der neue 2,0-Liter-Turbomotor der EA-888-Generation löste den EA 113 ab. Es handelte sich um einen reinen Direkteinspritzer (noch kein duales Einspritzsystem). Er leistete 210 PS (155 kW) bei 280 Nm Drehmoment, verfügbar bereits ab 1.700/min. Die Höchstgeschwindigkeit betrug 240 km/h (DSG: 238 km/h). Von 0 auf 100 km/h beschleunigte der GTI in 6,9 Sekunden. Der Kraftstoffverbrauch lag bei 7,3 L/100 km und war damit 0,7 Liter niedriger als beim Vorgänger.

Der EA-888-Motor basierte auf Audi-Technik und war 2007 im Konzern eingeführt worden. Er war abgeleitet vom 1,8-Liter-TSI, erhielt neue Kolben, Kolbenringe, Ölpumpe, Injektoren und eine Hochdruck-Kraftstoffpumpe. Die Nockenwellen wurden per Kette angetrieben, erstmals kam ein variables Ventileinlasssystem zum Einsatz. Der Motorblock bestand aus Grauguss, der Zylinderkopf aus Leichtmetall. Der Hubraum betrug 1.984 cm³, die Wandstärke des Blocks wurde auf 3,5 mm reduziert, und das Aggregat war drei Kilogramm leichter als der Vorgänger.

Der GTI-Motor EA 888 wurde nun als »TSI« gekennzeichnet.

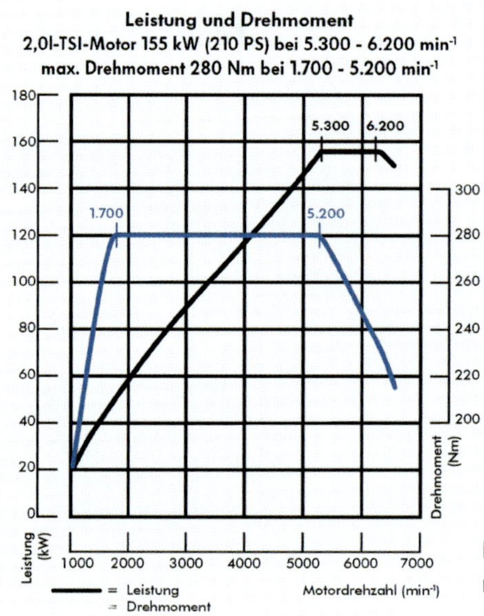

Leistung/Drehmoment-Diagramm.

Das Sportfahrwerk verhalf zu fulminanter Performance.

»Seine deutlich verbesserte Performance verdankt der GTI auch der erstmals eingesetzten elektronisch gesteuerten Quersperre (XDS).«

Ein GTI von 2009,
hier und unten als Viertürer. Nebenstehend
nur mit zwei Türen.

»Der offene GTI kam in Kurven sofort zur Sache, blieb aber neutral und erreichte stressarm hohe Geschwindigkeiten.«

Erster Serien-GTI ohne Dach

Erstmals gab es den GTI ab Mitte 2012 – also unmittelbar vor dem Modellwechsel zum Golf 7 – sogar als als völlig offene Variante. Das neue Cabrio blieb auch während der folgenden Golf-Generation bis 2016 im Programm. Nie zuvor trug ein offener VW diese Insignien im Namen. Gebaut wurde der Viersitzer im VW-Werk Osnabrück, im früheren Karmann-Werk, das 2009 in Insolvenz gegangen war. Das Cabrio öffnete sein Stoffverdeck in nur neun Sekunden und beschleunigte als GTI in 7,3 Sekunden auf Tempo 100 – »Sturmfrisuren garantiert«, wie die Werbung versprach. Allerdings war es mit 31.350 Euro sehr teuer; ausgestattet mit DSG wurden sogar 34.025 Euro aufgerufen. Für die Version mit adaptivem Fahrwerk waren 32.215 Euro fällig.

Der 210-PS-Motor sorgte für respektable Fahrleistungen – Sturmfrisuren garantiert!

Das Heck zierte ein kleiner Spoiler, um den Auftrieb zu reduzieren.

Schickes »Jacky«-Design für den Innenraum.

Das zivile Golf 6 Cabriolet war mit Ottomotoren von 105 bis 265 PS (77 bis 195 kW) und Dieseln von 105 bis 150 PS (77 bis 110 kW) erhältlich. Das grundsätzlich frontgetriebene, 237 km/h schnelle GTI Cabrio bekam dagegen stets den 2,0 Liter EA 888 mit zunächst 210 PS (2012 bis 2015), später 220 PS (2015 bis 2016). Auch bei der Zugkraft wurde nachgelegt: Nach zunächst 280 Nm bei 1.700 bis 5.200/min kletterte sie auf 350 Nm bei 1.500 bis 4.000/min. Gab es anfangs das Siebengang-DSG nur optional, war es ab 2015 serienmäßig. Die im Frühjahr 2013 nachgereichte R-Variante mit 265 PS (195 kW) war oberhalb des GTI positioniert und deutlich teurer.

»Ein gut ausgestatteter, ausgewogen dynamischer Freiluft-GTI« lobte *ams*-Autor Jörn Thomas (1967) in Ausgabe 16/2012: »Respekt an die VW-Leute, denen es gelang, Antriebseinflüsse weitgehend mechanisch zu verringern und den Rest von der Elektronik erledigen zu lassen.« Bei der Fahrdynamik hatten die Wolfsburger einen Tick übertrieben: »Der offene GTI kommt in Kurven sofort zur Sache, bleibt neutral und erreicht stressarm Geschwindigkeiten, die Zarte eher zur Spucktüte als zum Seidenschal greifen lassen.«

Ende Februar 2016 – als der 7er-GTI längst im Programm war, aber nicht mehr als Cabrio angeboten wurde – gab VW bekannt, dass das Golf Cabrio eingestellt werde. Die freiwerdende Kapazität in Osnabrück werde für die Auslaufproduktion des VW Tiguan 1 verwendet. Zum Abschied legte VW aber noch eine auf 200 Exemplare limitierte »Last Edition«-Version (220 PS/162 kW) mit nummerierter Plakette auf GTI-Basis auf. Sie war ab 46.500 Euro erhältlich. Zum Vergleich: Für das noch potentere Golf R Cabrio wurden 43.850 Euro aufgerufen.

Das GTI Cabrio lief auch nach dem Modellwechsel beim geschlossenen GTI weiter.

Das war's: Ein GTI Cabrio der »Last Edition« von 2016. (Foto VoetsVerified)

Schicke Sondermodelle

GTI adidas

Mit einer Auflage von 4.110 Fahrzeugen rollte ab Mai 2010 der optisch aufgewertete Golf GTI »adidas« vom Band, eine Crossmarketing-Aktion mit dem Schuh- und Modeproduzenten aus Herzogenaurach. Erstmals gezeigt wurde er beim GTI-Treffen am Wörthersee 2010. Der »adidas« verfügte über denselben 210-PS-Motor wie der normale GTI, bot jedoch einige exklusive Zusatzausstattungen, darunter Bi-Xenon-Scheinwerfer mit LED-Tagfahrlicht, abgedunkelte Rückleuchten-LEDs vom Golf R, spezielle 18-Zoll-Leichtmetallräder »Serron«, Türeinstiegsleisten und Teilledersitze im adidas-Dreistreifen-Design sowie weitere »adidas«-Logos. Er war nur in den Farben Unischwarz, Tornadorot und Oryxweiß erhältlich und kostete 2.800 Euro mehr als ein ziviler GTI.

Dreistreifen-Design fürs Interieur des GTI »adidas«, Wählhebel in Golfball-Optik, 18-Zoll-Räder »Serron«.

Edition 35

Zum 35. Geburtstag debütierte im Juni 2011 der Golf GTI »Edition 35«, erstmals präsentiert beim GTI-Treffen am Wörthersee. Als Antriebsaggregat gelangte aber keineswegs der aus dem Standard-GTI bekannte, neue 2,0-Liter-Turbobenziner (EA 888) zum Einsatz, sondern der Vorgängermotor EA 113 mit ebenfalls 2,0 Litern Hubraum, Turbolader und Ladeluftkühler, der nun 235 PS (172 kW) anstelle der 210 PS (155 kW) des normalen GTI leistete. Der EA 113 war auch im Golf R mit 270 PS (199 kW) verbaut und besaß noch den Zahnriemenantrieb für die Nockenwellen, während der EA 888 einen Kettentrieb nutzt. Die Kolben des Motors waren mit verstärkten Bolzen versehen, zudem wurden Pleuel und Zylinderblock versteift.

Mit 247 km/h Höchstgeschwindigkeit (mit Sechsgang-DSG 246 km/h) erreichte der 1.410 kg schwere Zweitürer mit Sechsgang-Handschaltung und 18-Zoll-Rädern »Watkins Glen« die 250-km/h-Schallmauer. Mit einem Leistungsgewicht von 6 kg/PS war der GTI agiler als je zuvor, und nach nur 6,6 Sekunden war er bereits auf 100 km/h. Serienmäßig verfügte das Modell über die elektronische, traktionsfördernde Differenzialsperre XDS. Wie bei allen GTI war die Karosserie um 15 mm tiefergelegt.

Äußerlich erkannte man den GTI »Edition 35« an geänderten Stoßfängern mit Aerodynamik-Kit ähnlich dem Golf R, in Wagenfarbe lackierten Schwellerverbreiterungen, abgedunkelten Seitenscheiben, schwarz lackierten Außenspiegeln, Xenonscheinwerfern mit Kurvenlicht sowie den »35«-Schriftzügen an den vorderen Kotflügeln. Im Innenraum wiederholte sich die Zahl an Kopfstützen, Sitzmittelbahnen und Einstiegsleisten. Typische GTI-Elemente wie rote Ziernähte und der Schaltknauf in klassischer Golfball-Optik, wie bereits im »adidas«-Sondermodell, waren ebenfalls vorhanden. Serienmäßig gehörten die Klimaautomatik »Climatronic«, die Einparkhilfe »ParkPilot«, das Winterpaket und zahlreiche weitere Features zur Ausstattung.

Das Editionsmodell war auf 4.410 Exemplare limitiert und lief ausschließlich im Modelljahr 2012. Der Grundpreis lag bei 30.875 Euro, rund drei Tausender über dem Standard-GTI, die DSG-Version kostete 32.775 Euro.

Der GTI Edition 35 mit stärkerem EA113-Motor, Aerodynamik-Kit und »Watkins Glen«-LM-Rädern.

Technische Daten Golf 6 GTI

Technische Daten Golf 6 GTI	GTI 2009–2012/13	GTI Edition 35 2011–2012	GTI Cabrio 2012–2016
Motor	EA 888 Gen. 2	EA 113	EA 888 Gen. 2/Gen. 3
Zylinder	1781	2324	1896
Bohrung x Hub (mm)	82,5 x 92,8	82,5 x 92,8	82,5 x 92,8
Hubraum (cm^3)	1984	1984	1984
Leistung (PS/kW/min)	210 (155)/5300-6200	235 (172)/5500	210 (155)/5300-6000, 2015: 220 (162)/ 4200-6200
Max. Drehmoment (Nm/min)	280/1700-5200	300/2200-5500	280/1700-5200, 2015: 350/1500-4000
Verdichtung	9,6 : 1	10,3 : 1	10,3 : 1
Gemischbereitung		Elektronische Kraftstoff-Direkteinspritzung, Turbolader, LLK	
Ventile	4 pro Zylinder, hängend, 2 obenliegende Nockenwellen (Antrieb über Kette)	4 pro Zylinder, hängend, 2 obenliegende Nockenwellen (Antrieb über Zahnriemen)	4 pro Zylinder, hängend, 2 obenlieg. Nockenwellen (Antrieb über Kette)
Kurbelwellenlager	5	5	5
Kraftübertragung		Frontantrieb	
Kupplung		Einscheibentrocken	
Schaltung		Schaltstock in Wagenmitte	
Getriebe	6Gang, opt. 6Gg-DSG	6Gang, opt. 6Gg-DSG	6Gang, opt. 6Gg-DSG, 2014: nur 6Gg-DSG
Fahrwerk		Selbstragende Ganzstahlkarosserie, 2 und 4Türer	
Vorderradaufhängung		McPherson-Federbeine, untere Querlenker, Stabilisator	
Hinterradaufhängung		Vierlenkerachse, Gasdruckdämpfer, separate Federn, Stabilisator	
Lenkung		Zahnstange (elektromechanisch), Servo	
Fußbremse		Diagonal-Zweikreis-Hydraulik, Servo, vorn Scheibenbremsen (Ø 312 mm, belüftet), hinten Scheiben (Ø 272 mm), ABS, EBV, ESP, EDS	
Allgemeine Daten			
Radstand (mm)	2578	2578	2578
Spur vorn/hinten (mm)	1533/1514	1533/1514	1533/1514
Gesamtmaße (mm)	4213 x 1779 x 1469	4213 x 1779 x 1469	4258 x 1782 x 1414
Räder	7.0J x 17 (LM)	7.5J x 18 (LM)	7.5J x 17(LM)

Reifen	225/45 VR 17	225/40 /R 18	225/45 VR 17
Leermasse 2T (kg)	1405 (1339)	1420	1533
Zul. Gesamtgewicht 2T (kg)	1870 (1890)	1910	1960
Höchstgeschwindigkeit (km/h)	240 (DSG: 238)	245 (DSG: 243)	237 (DSG: 235), 2015: 237
Beschleunigung 0-100 km/h (s)	6,9 (DSG: 6,9)	6,8 (DSG: 6,4)	7,5 (DSG: 7,2), 2015: 6,9
Verbrauch Verbrauch NEFZ (L/100 km)	7,8 S, Test: 10,8, Test: 9,8 S	9,3 S, Test: 10,2 S	110: 4,9 D, 115 : 5,4, Test 9,5 S

GTI
WOB VH 255

Golf 7 GTI.

Neue Plattform, neuer Aufschlag

Neue Plattform, neuer Aufschlag

Der VW Golf 7 (interne Typbezeichnung AU) ersetzte in Deutschland im November 2012 seinen Vorgänger. Vorgestellt wurde er am 4. September 2012 in Berlin. Er basierte auf einer vollständig neuentwickelten Plattform, dem Modularen Querbaukasten »MQB«. Der Golf und der Audi A3 nutzten als erste beide Modelle des Volkswagen Konzerns diese neue Basis. Alle anderen neuen Kompakten (auch von Seat und Skoda) mit mit quer eingebautem Motor folgten.

Der Golf 7 hatte in allen Dimensionen zugelegt, war aber nicht schwerer geworden. Mit einer Länge von 4.225 mm (+56 mm), einer Breite von 1.799 mm (+13 mm) und einer Höhe von 1.452 mm (-28 mm) bei einem Radstand von 2.637 mm (+59 mm) präsentierte er sich mit dynamischen Proportionen. Die längere Motorhaube und der weiter nach hinten gerückte Kabinenbereich unterstrichen den neuen, sportlichen Auftritt. Dank der um 28 mm niedrigeren Karosserie sank der Luftwiderstand um 14 %: Die Stirnfläche betrug 2,19 m^2, der cW-Wert lag bei 0,287.

Das Leergewicht verringerte sich gegenüber dem Vorgänger unter anderem durch den Einsatz hochfester Stähle um bis zu 100 kg (was eine krasse Leistung war!). Hinten wuchs die Kniefreiheit, zudem profitierten die Schulter- und Ellbogenbreite von den neuen Abmessungen. Das Gepäckraumvolumen stieg auf 380 Liter, bei umgeklappten Rücksitzen auf 1.270 Liter, etwas weniger als beim Golf 6 mit seinen 1.305 Litern. Der Kraftstofftank fasste nun 50 Liter, fünf Liter weniger als zuvor.

Das äußere Design entstand unter der Leitung von Marc Lichte, Leiter Exterieur-Design. Chefdesigner war zunächst Walter de Silva, später Klaus Bischoff. Für den Innenraum zeichnete Tomasz Bachorski verantwortlich, für die Leuchten Andreu Sola. Von 2012 bis 2019 wurden insgesamt 6,3 Millionen Golf 7 ausgeliefert. Für den nordamerikanischen Markt erfolgte die Produktion sogar noch bis Sommer 2020.

Der neue 7er in den Standardlackierungen Tornadorot, Black und Pure White. Dazu angepasst wurden Interieur und Sitzbezüge.

Auf dem Pariser Salon im Herbst 2012 präsentierte Volkswagen den neuen GTI, zunächst wieder als Studie. Nach dem Genfer Salon im März 2013 ging er dann nahezu unverändert in Serie, der Händlerstart erfolgte im Mai 2013. Zeitgleich erschien auch der neue GTD mit 184 PS (135 kW). Die internationale Presse erlebte den GTI im Frühjahr 2013 in St. Tropez, neun Jahre nach der Präsentation des 5er-GTI an gleicher Stelle.

Besondere Merkmale waren der rote Streifen im leicht überarbeiteten Kühlergrill, die rot lackierten Bremssättel und die verchromten Endrohre links und rechts. Die Kundennachfrage nach dem GTI blieb trotz des nicht minder attraktiven Diesel-Sportlers GTD recht hoch,, sie lag bei über 10 %.

Als Lackierungen standen standardmäßig Tornadorot, Black und Pure White zur Verfügung. Gegen Aufpreis waren Carbon Steel Grey Metallic, Reflex Silver Metallic, Tungsten Silver Metallic, Limestone Grey Metallic, Night Blue Metallic, Deep Black Perleffekt und Oryx White Mother of Pearl Effect erhältlich. Serienmäßig kombinierte Volkswagen die drei Grundfarben mit den Stoffbezügen »Clark« oder schwarzem Leder »Vienna«. Bei den Metallic-Lackierungen war dafür ein Aufpreis fällig.

Die neue GTI-Generation, gebaut wiederum in Wolfsburg, kam mit gleich zwei Versionen des 2,0-Liter-TSI (EA 888 Gen. 3). Als Novum in dieser Leistungsklasse wurde, so ließ Volkswagen verlauten, die wassergekühlte Abgasführung zum IHI-Turbolader IS20 vollständig in den Zylinderkopf integriert. Diese Maßnahme zur Temperaturminimierung trug zur Senkung des Volllastverbrauchs bei. Darüber hinaus erhielt der TSI-Motor ein duales Einspritzsystem mit Saugrohreinspritzung (für die Teillast) und Direkteinspritzung (für den Volllastbereich) sowie eine variable Ventilsteuerung mit doppelter Nockenwellenverstellung. Zusätzlich ließ sich nun der Ventilhub auf der Auslassseite in zwei Stufen schalten. Die beiden Ausgleichswellen wurden auf Wälzlagerung umgestellt.

Rote Linie im Kühlergrill mit schwarzer Wabenstruktur, auffälligen Lufteinlässe unten im Stoßfänger, C-Säule nach Muster der GTI-Generationen 1 und 4.

In Wagenfarbe lackierter größerer Heckspoiler, schwarzer Diffusor und verchromte Abgas-Endrohre.

Serienmäßiges Multifunktions-Lenkrad, »Clark«-Stoffsitzbezüge schwarzrot, Tacho bis 280 km/h. Bedienschalter für die elektrische Parkbremse statt des guten alten Handbremsgriffs. Dazu der DSG-Wählhebel.

Basis-GTI mit zunächst nur 220 PS

Die GTI-Grundversion entwickelte 220 PS (162 kW) und beschleunigte in 6,5 Sekunden von 0 auf 100 km/h. Die Höchstgeschwindigkeit lag bei 246 km/h, das maximale Drehmoment bei 350 Nm. Serienmäßig war der 220 PS-GTI mit dem Fahrdynamiksystem XDS+ ausgestattet, das gezielte Bremseneingriffe an den kurveninneren Rädern ermöglichte und gegenüber dem XDS des Golf 6 weiterentwickelt worden war. Ebenfalls serienmäßig verbaut war die Progressivlenkung mit nur 2,1 Lenkrad-Umdrehungen. Das elektronisch simulierte XDS war ins ESC-Stabilisierungsprogramm integriert und verbesserte die Traktion durch gezielte Bremseingriffe. Gleichzeitig wurde der Federungskomfort gegenüber dem Vorgänger gesteigert.

»Der Verbrauch konnte gegenüber dem Golf 6 GTI um 1,3 Liter beziehungsweise 18 Prozent gesenkt werden«, verkündete Volkswagen (Version mit Schaltgetriebe) und ergänzte, dass der GTI immerhin 42 kg leichter sei als sein Vorgänger. Der Grundpreis für die 220 PS-Version lag anfänglich bei 28.350 Euro, mit optionalem DSG-Getriebe bei 30.250 Euro. Dafür erhielt der Käufer zahlreiche neue Assistenzsysteme, darunter die City-Notbremsfunktion und die elektrische Parkbremse.

In dieser Form lief die Grundversion des GTI bis zur Modellpflege im Februar 2017 vom Band. Im Modelljahr 2018 wurde sie bis Mai 2018 als Zwischenmodell mit dem 230 PS-Paket der bereits eingeführten, nebenseitig präsentierten vorgestellten Performance-Version ausgeliefert. Im Innenraum gab es zusätzliche Elektronik, weiterhin »Clark«-Karobezüge, und das Auto rollte nun auf 19-Zoll-»Brooklyn«-Rädern. Die im Folgenden erwähnte Vorderachssperre VAQ war in der Basis-Version noch nicht serienmäßig. Der Preis der Basis-Version mit Performance-Triebwerk startete 2018 bei 30.425 Euro.

Der weiterentwickelte EA 888-TSI-Motor brachte 220 PS, während die 230-PS-Version im Motorraum minimal anders angeordnet war.

Darunter ein ungewöhnlicher Aufschnitt – mittig zu sehen das DSG (Exponat der Autostadt).

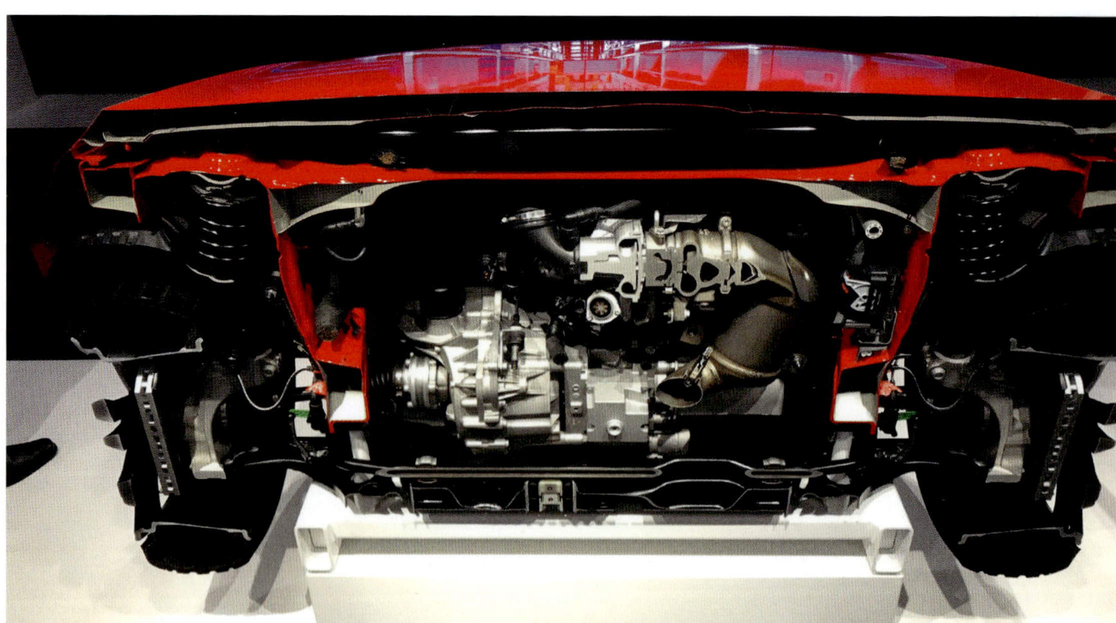

Nachgelegt – der GTI Performance

Viel spannender als der Normal-GTI war natürlich die ab März 2013 parallel angebotene, nur 925 Euro teurere Version mit 230 PS (169 kW) – der Golf GTI Performance, der anfänglich 29.475 Euro kostete. Äußerlich unterschied sich die Performance-Variante nur durch die größeren Bremsscheiben: vorn Ø 340 mm statt 310 mm, hinten Ø 310 mm statt 300 mm.

Mit manuellem Sechsgang-Getriebe erreichte der Performance-GTI als erster Golf GTI eine Höchstgeschwindigkeit von 250 km/h. Optional war ein Sechsgang-DSG erhältlich (Aufpreis 1.900 Euro). Beide Versionen – 220 PS und 230 PS – konnten auf Wunsch auch als Viertürer bestellt werden; der Aufpreis betrug 900 Euro, inklusive elektrischer Fensterheber.

Nur die stärkere Performance-Variante verfügte serienmäßig über eine komplexe, elektronisch gesteuerte Vorderachs-Differenzialsperre (VAQ) mit Lamellenkupplung, Steuergerät und Hydraulikpumpe. Sie verteilte die Antriebskraft zwischen den Vorderrädern, verbesserte Traktion und Stabilität in Kurven, reduzierte Untersteuern und verhinderte ein Durchdrehen der Räder Die elektronische Sperre arbeitete variabel, war vollständig in ESC-, EDS- und XDS+-Funktionen integriert und nutzte – ähnlich dem einst beim Golf 2 und beim VW Transporter T3 eingeführten syncro-Allradsystem (vgl. S. 68 G60 syncro) – ein Lamellenpaket, das je nach Hydraulikdruck ein optimales Sperrmoment erzeugte.

Die Vorderachse bestand weiterhin aus einer McPherson-Konstruktion mit untenliegenden Querlenkern sowie einem Hilfsrahmen aus Aluminium (Gewichtsreduzierung), während die Hinterachse erneut wie schon beim 5er- und 6er-Golf GTI als Mehrlenkerachse ausgeführt war – im Gegensatz zu den schwächeren Serien-Golf, die mit einer Verbundlenkerachse auskommen mussten. Serienmäßig verfügten beide Versionen über 17-Zoll-Leichtmetallräder »Brook-

»Bereits mit 230 PS und Handschaltung war die Performance-Variante als erster GTI echte 250 km/h schnell.«

Der 230-PS-GTI war eine Spaßmaschine vom Allerfeinsten.

Serienmäßig beim Basis- wie auch beim Performance-GTI waren die karierten »Clark«-Sitzbezüge. Hier der Handschalter.

Schön eingepasst: der 230-PS-Motor, der 2017 im Performance von einem 245 PS starken Triebwerk abgelöst wurde.

Rotlackierte Bremssättel mit GTI-Schriftzug gehörten zu den Kennzeichen der Performance-Version.

Bei der Performance-Version kam die neue Vorderachs-Differenzialsperre VAQ zum Einsatz.

lyn« mit 225/45 R17-Reifen. Optional standen 18-Zöller »Austin« (620 Euro) und 19-Zöller »Santiago« (1.245 Euro) zur Wahl. Gegenüber dem Normal-GTI sank die Karosseriehöhe um 15 mm.

An Außenfarben standen Pure White, Tornadorot und Schwarz uni serienmäßig zur Wahl, diverse Metallic- und Perleffektlackierungen waren jeweils gegen 525 Euro Aufpreis erhältlich. Oryxweiß Perleffekt kostete 970 Euro mehr. Ein Blick auf die Bestandszahlen des deutschen KBA zeigt, dass die 230 PS-Version zweifelsfrei die beliebtere Wahl war.

Im Innenraum fand sich sowohl beim Normal-GTI als auch beim Performance-Modell erstmals eine fahrerorientierte Mittelkonsole. Serienmäßig waren die »Clark«-Sportsitze mit Karomuster, optional mit Seitenwangen und Kopfstützen in Alcantara, ebenso die »Vienna«-Lederausstattung für 1.630 Euro. Das serienmäßige Multifunktions-Lederlenkrad trug rote Ziernähte, der klassische Golfball-Schaltknauf war selbstverständlich wieder da. Die Pedalerie bestand aus gebürstetem Edelstahl. Beim GTI Performance wurde der klassische Handbremshebel durch einen einfachen Schalter zur elektromechanischen Betätigung ersetzt. Von Februar 2017 bis Dezember 2019 lief die überarbeitete Performance-Version mit 245 PS (180 kW) vom Band, der Einstiegspreis lag bei 32.950 Euro. Im Zuge der Modellpflege verbreiterte sich die Front durch die Verlängerung der roten Zierleiste bis in die optionalen Voll-LED-Scheinwerfer (statt Xenon-Leuchten). Die zweiteiligen Rückleuchten erhielten eine neue Lichtsignatur, und die Heckschürze wurde überarbeitet, einschließlich der größeren Endrohre. Innen kamen neue Dekorleisten sowie ein rahmenloser Innenspiegel hinzu. Das VAQ-Sperrdifferenzial blieb weiterhin serienmäßig. Das modifizierte Modell avancierte schließlich zum Standard-GTI und erhielt das digitale Cockpit »Active Info Display«; optional war ein Discover Pro mit der nur von ihren Designern präferierten, viel zu gewöhnungsbedürftigen Gestensteuerung.

245 PS sowie Modifikationen an Front und Heckpartie nach 2017. Das Bild unten zeigt das geänderte Cockpit mit dem DSG-Wählhebel.

»Die Vorderachs-Differenzialsperre verbesserte Traktion und Stabilität.«

Sportliche Alternative – der Clubsport

Zum 40. Geburtstag des GTI im Januar 2016 präsentierte Volkswagen den GTI Clubsport mit 265 PS (195 kW). Vorgestellt wurde er zunächst als Studie beim Wörtherseetreffen 2015, anschließend als Serienversion auf der IAA sowie im November 2015 auf der Rennstrecke von Portimão in Portugal. Der Motor stammte praktisch vom Golf R. Seinen Klang bezeichnete *ams*-Autor Jens Dralle (*1977) als den eines »grantelnden Vierzylinders, der aber ein wenig gekünstelt klingt«.

Der sportlich ausgelegte Clubsport beschleunigte mit DSG von 0 auf 100 km/h in 5,9 Sekunden, mit Schaltgetriebe in 6,0 Sekunden. Eine Besonderheit war die Boost-Funktion, mit der sich die Leistung jeweils für zehn Sekunden auf 290 PS (213 kW) und das Drehmoment auf 380 Nm steigern ließ. Dralle nannte diese Funktion in *ams* 13/2016 eine »Spielerei«, doch viele Fahrer empfanden sie als gelungenes Extra.

Dank neu gestaltetem Frontstoßfänger, Heckspoiler, Diffusor und Seitenschwellern erreichte der serienmäßig zweifarbige Clubsport Abtriebswerte auf Rennwagenniveau. Die Beschleunigung von 0 auf 200 km/h betrug 20,1 Sekunden, und Dralle resümierte: »Mit dem Clubsport spitzt VW die GTI-Idee fantastisch zu, er fährt präzise, schneller, härter – bleibt aber dennoch alltagstauglich.«

Im Innenraum fanden sich Rennschalensitze und exklusive GTI-Details. Erstmals wurde optional das »nasse« Siebengang-DSG MQ381 eingesetzt, das über eine Launch-Control für blitzschnelle Starts verfügte. Das Fahrwerk war um 10 % härter abgestimmt (Werksangabe). Serienmäßig rollte der Clubsport auf 225/40 R18-Reifen auf LM-Schmiederädern »Belvedere«, optional standen Semi-Slicks auf »Pretoria«-Felgen zur Verfügung. Die Höchstgeschwindigkeit wurde bei 250 km/h elektronisch abgeregelt.

Preislich rangierte der bis Februar 2017 angebotene Clubsport ab 34.500 Euro, etwa 5.000 Euro über der ursprünglichen GTI Performance-Einordnung – trotz des happigen Preises und gilt er vielen Fans als lohnende Investition. Verlässliche Stückzahlangaben zur 265-PS-Version existieren nicht; Internetquellen sprechen von über 3.000 Einheiten, *SPIEGEL online* (4.12.2015) schätzte 5.000 bis 6.000 Exemplare.

Zweitüriger Clubsport im Serientrimm: Weiter herausragende vordere Spoilerlippe, zweigeteilter und Luft-durchströmter Heckflügel. Hinter ihm der vom GTI abgeleitete TCR-Rennwagen.

»Der GTI Clubsport war eine echte Ansage. Übertroffen wurde er nur noch vom 320 PS starken Clubsport S – einem begeisternden Rennwagen mit Straßenzulassung.«

Aerodynamisch verfeinertes Heck des zweitürigen GTI Clubsport.

Sportives Gestühl mit erheblich besserem Seitenhalt im Clubsport.

Mehr geht nicht – der Clubsport S

Damit nicht genug, zeigte Volkswagen beim Wörtherseetreffen im Mai 2016 erstmals den Clubsport S. Im September 2016 folgte die limitierte Sonderserie auf 400 Exemplare, davon 100 für Deutschland, wobei die Produktionsnummer in der Mittelkonsole eingraviert war. Der Clubsport S lief bis Februar 2017 und begeisterte die Kundschaft. Die Leistung des EA 888 (Gen. 3) kletterte dank veränderter Motorsteuerung und einer modifizierten Auspuffanlage auf 310 PS (228 kW) bei 380 Nm. Durch das neue Abgassystem mit vergrößertem Querschnitt vor den Endtöpfen war beim Verzögern ein markantes Schubrappeln »Backfire« hörbar.

Der nur als Zweisitzer lieferbare, straßenzugelassene Wagen war ausschließlich mit Handschaltung erhältlich. Zudem wog er final 30 kg weniger, da Rückbank, Dämmmatten, variabler Ladeboden und Fußmatten entfielen – stattdessen erhielt er eine kleinere Batterie, Domstrebe und Käfig. »Adrett entkerntes Cockpit« nannte dies Guido Naumann (*1968) in *Autobild Sportscars* 5/2025.

Serienmäßig war der Clubsport S mit digitalen Instrumenten, LED-Licht rundum und geänderter Frontpartie ausgestattet. Eine spezielle Individual-Fahrprofilabstimmung für den Nürburgring war inklusive: Dieses Setting passte Dämpfung (DCC), Motor, Lenkung und Sound optimal auf die Nordschleife ab. Die innovative Vorderachssperre blieb unverändert erhalten.

Schmuckloser Motorraum des Clubsport S, mit dem Benny Leuchter seine Rekordrunde absolvierte.

Zweitüriger und zweisitziger Clubsport S für bekennende Genießer und Petrolheads.

Die Vorderachse des abgespeckten Clubsport nutzte einen Aluminium-Hilfsrahmen, während die 17-Zoll-Bremsanlage in puncto Standfestigkeit optimiert wurde. Sie bestand aus Aluminium-Topf und Stahlguss-Scheiben. Serienmäßig kamen 235/35 R19 Semi-Slicks (Michelin Sport Cup 2) auf 8.0J x 19-LM-Rädern »Pretoria« zum Einsatz.

Der Clubsport S war in den klassischen GTI-Farben Tornadorot, Pure White und Deep Black Perleffekt lackiert, das Dach der weißen und roten Exemplare in der Regel in Schwarz. Der Grundpreis betrug 40.000 Euro. Die Fans liebten den kompromisslosen Clubsport S heiß und innig – was es den Nachfolgern in der GTI-Generation 8 in puncto Akzeptanz besonders schwer machte.

Mit dem Clubsport S verschwammen bereits die Grenzen zum Motorsport, pulverisierte doch VW-Werksfahrer Benjamin Leuchter (*1987) im Frühling 2016 mit dem 265 km/h schnellen Golf GTI Clubsport S mit Sechsgang-Schaltgetriebe in 07:49:21 Minuten den bisherigen Rekord für Fronttriebler auf der 20,8 km langen Nürburgring-Nordschleife. Nie zuvor war ein frontgetriebenes Auto so schnell auf diesem historischen Geläuf unterwegs. Das war das vielleicht schönste Geschenk zum damaligen 40. GTI-Geburtstag. 2022 deklassierte Leuchter die eigene Glanzleistung mit dem allradgetriebenen, 333 PS (245 kW) starken Golf R »20 Years«) mit 07:47:31. Wer hätte geahnt, dass dieser Rekord vom Golf 8 GTI Edition 50 nochmals deutlich unterboten werden würde?

Der Clubsport S während der 2016er-Rekordfahrt.

Rennprofi Benny Leuchter bei der Auswertung seiner Rundenzeiten.

Erbarmungslos über die Curbs – der Rekordwagen ohne geschwärztes Dach. Auf S. 179 als gebrandetes Ausstellungsfahrzeug.

Sportwagen – der GTI TCR

Von Anfang 2019 bis zum Produktionsende des Golf 7 – eigentlich schon parallel zur Einführung der achten Generation – brachte Volkswagen noch den GTI TCR. Erstmals zeigte VW das Modell im Mai 2018 beim Wörtherseetreffen als Concept Car mit angekündigten 264 km/h Höchstgeschwindigkeit. Es handelte sich um »eine straßentaugliche Ehrbekundung an den gleichnamigen FIA-Rennwagen«, wie Marcus Peters in *ams* 25/2019 anerkennend schrieb.

Preislich positionierte Volkswagen den TCR selbstbewusst: Zunächst kostete er 38.950 Euro als Zweitürer und 40.275 Euro als Viertürer, später stieg der Preis auf 43.535 Euro – damit bewegte sich der GTI TCR bereits im Umfeld des Golf R. Trotz dieser Einordnung fiel der Serientrimm insgesamt eher karg aus. Dafür bot der TCR eine sehr gute Sicherheitsausstattung und eine solide Multimediabestückung. Serienmäßig war stets das Siebengang-DSG an Bord.

Anfangs ließ sich der TCR noch als Zweitürer bestellen, ab Mitte 2019 stand er ausschließlich als Viertürer im Programm. Anders als beim Clubsport S war die Stückzahl nicht limitiert; Insider sprechenvon insgesamt rund 700 Exemplaren. Das ebenfalls viertürige Rennfahrzeug wird in Kapitel 10 behandelt.

Der 290 PS (213 kW) und 380 Nm starke GTI TCR übernahm logischerweise zahlreiche Designmerkmale des kurz zuvor eingeführten Golf-7-Facelifts, trat dabei aber bewusst nicht krawallig auf. Im Gegenteil: »Kein Spoiler-Gewitter, keine Launch-Control-Show«, hieß es treffend in der *ams*. Serienmäßig verbaute Volkswagen selbstverständlich das hochgelobte VAQ-Vorderachs-Sperrdifferenzial. Genau wie der Golf R verfügte auch der GTI TCR über zwei zusätzliche Wasserkühler, um die thermische Stabilität und Kühlleistung zu verbessern.

Zur Wahl standen die Außenfarben Pure Grey, Pure White, Oryx White Perlmutteffekt, Deep Black Perleffekt und Tornadorot. Ein echter Schalthebel, echte Betätigungstasten und ein echter Zündschlüssel galten damals noch als Selbstverständlichkeit. Optional ließen sich unter anderem ein Lederpaket sowie verschiedene Dekoreinlagen ordern.

Serienmäßig rollte der GTI TCR auf 18-Zoll-Schmiederädern vom Typ »Belvedere«. Gegen Aufpreis gab es 8.0J x 19-LM-Räder »Pretoria« mit 235/35 R 19-Sportreifen vom Typ Michelin Pilot Sport Cup 2 sowie diverse weitere Extras. Allerdings schränkten diese Semi-Slicks den Alltagsnutzen leider doch deutlich ein – bei der Bereifung, so Testredakteur Markus Peters kritisch, »haben sie bei VW den Pfad der Tugend verlassen.«

TCR in Pure Grey vom Januar 2019 mit geänderter Schwellerverkleidung, aufgeklebter TCR-Erkennungsfolie und Heckdiffusor mit integrierten Endrohren.

»Der TCR war eine straßentaugliche Ehrbekundung an den gleichnamigen FIA-Sportwagen.«

Das beeindruckende Triebwerk des TCR Concept im leider weiterhin wenig dekorativ zurechtgemachten Motorraum. Der 290-PS-Serienmotor verfügte ebenfalls über das duale Einspritzsystem.

Serienmäßig war das Siebengang-DSG an Bord. Echte Tasten und ein echter Zündschlüssel waren damals nioch selbstverständlich.

Nur Anfang 2019 wurde der selbstbewusst eingepreiste TCR auch als Zweitürer angeboten.

Ab Mitte 2019 stand der TCR nur noch ausschließlich als Viertürer im Programm. Die Stückzahl wurde offiziell nicht limitiert.

Kultige Sammlerstücke

Doch der TCR hat das Zeug zum kultigen Sammlerstück. »Kaum ein GTI wurde kürzer gebaut, und kaum einer liefert so viel Fahrspaß fürs Geld«, hieß es in der Online-Ausgabe der *ams* vom 27. November 2025. »Der Golf 7 GTI TCR ist kein Influencer-Auto, sondern eine fahrdynamische Punktlandung mit Understatement. Einfach ein Auto, das sich auf seine Stärken konzentriert: schnelles, ehrliches Fahren.« Chapeau an die ansonsten kritischen Kollegen in Stuttgart – treffender ließ sich die Beurteilung dieses Meisterstücks kaum formulieren.

Auch in den USA hatte man längst Gefallen an den sportlichen Golf-Varianten gefunden. Dort kürte man den Golf R und den GTI im Jahr 2015 gemeinsam zum »North American Car of the Year«. Der nordamerikanische Golf 7 lief noch bis Januar 2021 im mexikanischen Werk Puebla vom Band.

Der straßenzugelassene TCR neben der Rennversion und dem ursprünglichen 1er-GTI.

US-GTI der Generation 7 und seine Vorgänger.

Studien und Unikate

Design Vision GTI

Die extreme, völlig überdrehte Studie Design Vision GTI basierte auf der siebenten Generation des Golf GTI und übersetzte die Optik des Kult-Sportwagens konsequent in den Motorsport. Natürlich mit der markanten roten Linie in der Frontpartie. Erstmals zu sehen war das in »White Club« lackierte Showcar beim GTI-Treffen am Wörthersee im Mai 2013. Die Abmessungen betrugen 4.253 × 1.870 × 1.442 mm.

»Muskeln unter Lack« nannte die *Auto Bild* den Vision GTI von 2013. Keine Rückbank, keine Ablagefächer, aber dafür riesige Scherentüren, viel Power (503 PS) und noch mehr Durchzug (560 Nm).

Die Entwickler zogen C-Säulen und Seitenschweller deutlich nach außen, um Platz für eigens konstruierte 20-Zoll-Räder zu schaffen (vorn 235/35, hinten 275/30). Unter der Haube des »Über-GTI« arbeitete ein 3,0-Liter-V6-TSI mit zwei Turboladern und 503 PS (370 kW). Die Kraft leitete ein DSG-Getriebe an alle vier Räder weiter. Für den Sprint von 0 auf 100 km/h gab Volkswagen 3,9 Sekunden an. Serienchancen: null.

Roadster Vision Gran Turismo

Zum Wörthersee-Treffen 2014 legte Volkswagen ein weiteres Unikat nach: einen extrem flachen und breiten GTI-Roadster, ebenfalls angetrieben von einem 503 PS (370 kW) und 665 Nm starken 3,0-Liter-Biturbo-V6 mit Siebengang-DSG und Allradantrieb. Der spektakulär gestaltete, offene Zweisitzer, so hieß es, sei direkt aus der virtuellen Welt des Sony-PS3-Spiels »Gran Turismo 6« auf die reale Volkswagen-Bühne gesprungen.

Das Unikat wog 1.420 kg. Vorn verzögerten Scheiben mit 380 mm, hinten mit 356 mm Durchmesser das aufsehenerregende Gefährt. Für den Spurt von 0 auf 100 km/h versprachen die Wolfsburger 3,6 Sekunden, die Höchstgeschwindigkeit sollte bei 309 km/h liegen – überprüft hat dies vermutlich niemand. Serienchancen wurden dem spektakulären Roadster leider nie eingeräumt.

»Sehr fraglich, ob sich ein so scharfes Gerät mit VW-Logo hätte wirklich verkaufen lassen.«

GTI Roadster von 2014, der ursprünglich für ein Jubiläums-Videospiel von Sony erdacht worden ist.

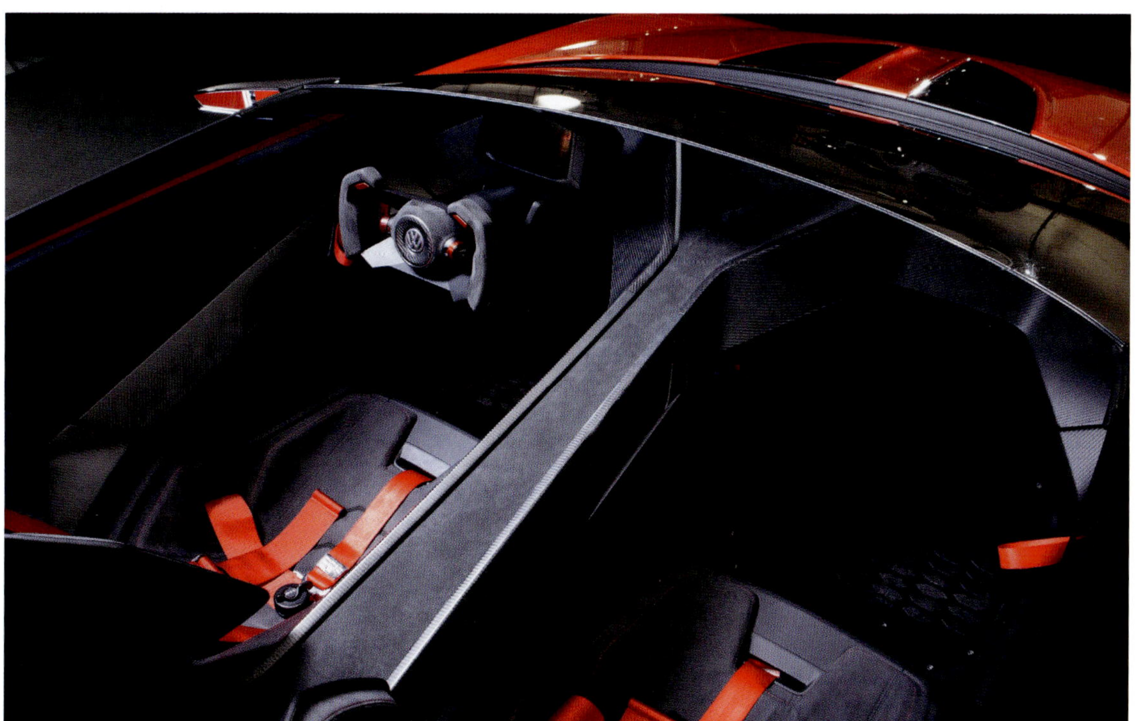

Über Scherentüren gelangte die Besatzung in das puristisch gezeichnete Innere des Showcars.
Wegen der niedrigen Rennscheibe wurden Helme empfohlen.

Technische Daten Golf 7 GTI

Technische Daten Golf 7 GTI	GTI 2013–2017 2017–2018	Performance 2013–2017 2017–2019	Clubsport 2016–2017	GTI TCR 2019
Motor	EA 888 Gen 3			
Zylinder	4 (Reihe)			
Bohrung x Hub (mm)	82,5 x 92,8	82,5 x 92,8	82,5 x 92,8	82,5 x 92,8
Hubraum (cm^3)	1984	1984	1984	1984
Leistung (PS/kW/min)	220 (162)/4500-6200, 230 (169)/4700-6200	230 (169)/4700-6200, 2018: 245 (180)/ 5000-6200	265 (195)/5350, Overboost: 290 PS, S: 310 (228)/ 5800-6500	290 (213)/5000-6800
Max. Drehmoment (Nm/min)	350/1500-4400, 350/1500-4600	350/1500-4600, 2018: 370/1600-4300	350/1700-5300, Overboost: 380, S: 380/1850-5700	380/1600-4300
Verdichtung	9,6 : 1	9,6 : 1	9,6: 1	9,6 : 1
Gemischbereitung	Duales Einspritzsystem (Direkt- und Saugrohreinspritzung), Performance nur DI, Turbolader, LLK			
Ventile	4 pro Zyl., hängend, 2 obenliegende Nockenwellen (Antrieb über Kette)	4 pro Zyl., hängend, 2 obenliegende Nockenwellen, (Antrieb über Kette)	4 pro Zyl., hängend, 2 obenliegende Nockenwellen (Antrieb über Kette)	4 pro Zyl., hängend, 2 obenliegende Nockenwellen (Antrieb über Kette)
Kurbelwellenlager	5	5	5	5
Kraftübertragung	Frontantrieb			
Kupplung	Einscheibentrocken			
Schaltung	Schaltstock in Wagenmitte			
Getriebe	6Gang, opt. 6G-DS (DQ250)	6Gang, opt. 6G-DSG (DQ250), 2017: 7Gang-DSG (DQ381)	6Gang, opt. 7Gang-DSG (DQ381), CS S: 6Gang	7G-DSG (DQ381)
Fahrwerk	Selbstragende Ganzstahlkarosserie, 2 und 4Türer			nur 4Türer
Vorderradaufhängung	McPherson-Federbeine, untere Querlenker, Stabilisator			
Hinterradaufhängung	Vierlenkerachse, Gasdruckdämpfer, separate Federn, Stabilisator			
Lenkung	Zahnstange (elektromechanisch), Servo			
Fußbremse	Diagonal-Zweikreis-Hydraulik, Servo, vorn Scheibenbremsen (Ø 314, Perf+Clubsp.+TCR: Ø 340 mm, belüftet), hinten Scheiben (Ø 300, Perf+CS+TCR.: Ø 310 mm, belüftet), ABS, EBV, ESP, EDS			

Allgemeine Daten				
Radstand (mm)	2631	2631	2631	2637
Spur vorn/hinten (mm)	1538/1516	1538/1516	1549/1520	1533/1503
Gesamtmaße (mm)	4268 x 1799 x 1442	4268 x 1799 x 1442	4268 x 1790 x 1452	4268 x 1790 x 1482
Räder	7.5J x 17 (LM)	7.5J x 17 (LM)	7.5J x 18 (LM), S: 8.0J x 19 (LM)	7.5J x 18 (LM), opt. 8.0J x 19 (LM)
Reifen	225/45 VR 17	225/45 VR 17	225/40 R18, S: 235/35 ZR 19	225/40 R 18, opt. 235/35 R 19
Leermasse 2T (kg)	1351 (DSG: 1370), 2017: 1364 (1386)	1382 (DSG: 1402), 2017: 1387	1375 (DSG: 1395), S: 1360	1410
Zul. Gesamtg. 2T (kg)	1820 (DSG: 1840)	1850 (DSG: 1870)	1870	1880
Höchstgeschwindigkeit (km/h)	246 (DSG: 244), 250 (DSG: 248)	250 (DSG: 248)	250, S: 265	250, Perform-Paket: 260
Beschleunigung 0-100 km/h (s)	6,0 (DSG: 6,5), 2017: 6,4	6,0 (DSG: 6,4), 2018: 6,2	6,3, S: 5,8	5,6
Verbrauch NEFZ (L/100 km)	6,0 (DSG: 6.4) S, 2017: 6,3 (6,4) S	6,0 (DSG: 6,5) S, 2018: 6,3 (DSG 6,4)	7,0 (DSG: 6,9) S, Test: 9,3	6,7 S, Test 8,8

Golf 8 GTI.

Perfektion und Emotion

Perfekter denn je zuvor

Der VW Golf 8 (Typcode CD) markiert die achte Generation der Baureihe und nutzt den weiterentwickelten MQB-evo-Baukasten. Öffentlich vorgestellt wurde er am 24. Oktober 2019 in der Autostadt Wolfsburg, ab Dezember 2019 stand er bei den deutschen VW-Händlern. Gegenüber dem Vorgänger fiel der Golf flacher und gestreckter aus, bei nahezu identischem Radstand. Das Design verantworteten maßgeblich Felipe Montoya und Marco Pavone, unter der Leitung von Designchef Klaus Zyciora (vormals Bischoff).

Eine überarbeitete Version der Baureihe präsentierte Volkswagen am 24. Januar 2024 – passenderweise anlässlich des 50. Geburtstags des Golf. Sie kam im Juli 2024 auf den Markt und reagierte auf Kunden, die mit der überambitionierten, zu sehr am iPhone orientierten Bedienführung nicht zufrieden waren.

Im Mai 2020 folgte der mittlerweile achte GTI. Präsentiert wurde er rein digital, da der Genfer Automobilsalon pandemiebedingt pausierte. Diese Ausbaustufe lief bis zum Facelift 2024. Unter der Haube arbeitete der wieder mit dualem Einspritzsystem versehene, via Garrett-Turbo aufgeladene Vierzylinder EA 888 der vierten Generation mit 1.984 cm^3 und 245 PS bei 5.000 bis 6.500/min.

Der bereits aus dem Golf 7 GTI Performance bekannte Motor verfügte nun über weiterentwickelte Hochdruckinjektoren, die das Benzin-Luft-Gemisch mit bis zu 350 bar in die Brennräume einspritzten. Das Gesamtsystem erhöhte den Einspritzdruck, reduzierte die innere Reibung und setzte zusätzlich auf einen Ottopartikelfilter sowie einen effizienteren Katalysator. Angepasste Ladedruckkennlinien, Zündzeitpunkte und Einspritzmengen trugen ebenfalls zur gesteigerten Effizienz und Leistung bei.

Das maximale Drehmoment lag nun bei 370 Nm. Für den Spurt von 0 auf 100 km/h nannte Volkswagen 5,9 Sekunden. Ein GTI dieser Leistungsstufe war im Vorgängermodell noch dem Golf 7 GTI Performance vorbehalten gewesen. An der elektronisch begrenzten Höchstgeschwindigkeit von 250 km/h änderte sich dagegen nichts.

Der 2020er GTI mit 245 PS war in jeder Hinsicht ein Statement.

»Neu beim EA888 der vierten Generation waren Garrett-Turbolader und andere Einspritz-Injektoren.«

Ein kleiner Wermutstropfen: Im Zuge allgemeiner Kosteneinsparungen entfielen die Gasdruckdämpfer der Motorhaube, stattdessen kamen einfache Stabaufsteller zum Einsatz. Auch ein ursprünglich diskutierter 48-Volt-Mildhybrid wurde verworfen.

Gekoppelt war der TSI zunächst an ein Sechsgang-Schaltgetriebe mit klassischem Golfball-Bedienstick – eine Kombination, die puristische Sportfahrer besonders schätzten. Optional stand das neue, schnell schaltende Siebengang-Doppelkupplungsgetriebe DQ381 mit Mini-Wählhebel zur Verfügung. Es ersetzte das frühere Sechsgang-DSG. Beide Versionen arbeiteten mit im Ölbad laufenden Kupplungen (»DSG nass«); das neue Getriebe verkraftete nun 380 bis 420 Nm, schaltete schneller und senkte zugleich den Kraftstoffverbrauch. Das bei schwächeren Motoren eingesetzte Siebengang-DSG DQ 200 blieb ein trocken laufendes Getriebe und war auf 250 Nm begrenzt. Serienmäßig an Bord: die per Knopfdruck aktivierbare Launch Control, bekannt aus dem letzten Clubsport.

Der Einstiegspreis für die 245-PS-Variante lag im Oktober 2019 bei 35.633 Euro, mit DSG bei 37.355 Euro. Im September 2022 waren bereits 39.230 Euro (mit DSG 41.450 Euro) fällig, vor dem Facelift 2024 stieg der Preis schließlich auf 43.155 Euro. Natürlich war der Golf 8 GTI nochmals perfekter als sein Vorgänger – vielleicht an einigen Stellen zu perfekt. Elektronische Instrumente mit mehreren Informationsebenen und eine in 15 Stufen einstellbare Adaptivdämpfung (1.045 Euro) wirkten auf manche wie Technik um der Technik willen. Der Autor sieht hier eher den Wunsch ambitionierter Nerds im Vordergrund; der Hinweis, auch die Konkurrenz biete Vergleichbares, greift ihm zu kurz.

Unstrittig blieb jedoch die fahrdynamische Qualität: Im Vergleichstest der *auto motor und sport* (Ausgabe 9/2021) setzte sich der GTI gegen BMW 128i M Sport und Ford Focus ST 2.3 E3 durch. Testchef Jörn Thomas lobte: »Der Golf fährt blitzsauber, sauschnell, liegt wie ein Brett und macht in jeder Kurve eine gute Figur.«

Neues Design

Das Exterieur

Außen übernahm der nur noch als Viertürer angebotene Golf 8 GTI die sportlichere Formgebung des neuen Golf, setzte sich jedoch mit eigenständigen Details klar vom Normalmodell ab. Auffällig waren der Frontstoßfänger mit GTI-»Wings« und Wabengitter, der GTI-Diffusor mit links und rechts angeordneten Endrohren, schwarz lackierte Seitenschweller sowie die markanter ausgeformten Frontscheinwerfer. Insgesamt wirkte der Auftritt deutlich zerklüfteter und spürbar aggressiver als zuvor.

Zur Auswahl standen die Außenfarben Uranograu Uni, Pure White Uni, Tornadorot Uni, Mondsteingrau Uni, Grenadillschwarz Metallic, Delfingrau Metallic, Oyster Silver Metallic, Dark Moss Green Metallic, Crystal Ice Blue Metallic, Anemonenblau Metallic, Kings Red Metallic sowie Oryxweiß Perlmutteffekt. Metallic- und Perleffektlackierungen kosteten jeweils 610 Euro Aufpreis, während die eigenständige Perlmuttlackierung mit 1.025 Euro zu Buche schlug.

Seit dem Auslauf des 7er-Vorgängers ist der GTI nur noch als Viertürer erhältlich. Neu waren der rote Streifen über dem Kühlergrill und die unübersehbaren Änderungen an Front und Heck.

Der Luftwiderstandsbeiwert (cW) des 8er-Grundmodells sank von 0,30 auf 0,275. Weiter verbessert wurde die Aerodynamik durch zahlreiche Einzelmaßnahmen: optimierte Außenspiegel, zusätzliche Luftabweiser (»Aeroecken«), ein modifizierter Dachkantenspoiler, eine vollflächige Unterbodenverkleidung sowie strömungsgünstig gestaltete Details in den Radhäusern.

Optisch kennzeichneten den GTI typische, teils gänzlich neue Merkmale – etwa der oberhalb des Kühlergrills über die komplette Fahrzeugfront bis in die Kotflügel reichende rote Streifen. Er wurde nach unten hin durch eine parallel verlaufende LED-Querspange ergänzt. GTI-spezifisch gestaltet war auch der untere Bereich der Frontpartie mit schwarzem Lufteinlass im Wabendesign. Optional integriert: die erstmals X-förmig ausgeführten LED-Nebelscheinwerfer in Kombination mit den neuen IQ.LIGHT LED-Matrix-Leuchten.

Weitere GTI-Erkennungszeichen waren die umlaufende Frontsplitter-Einheit samt Seitenschwellern sowie die Einfassung des Heckdiffusors. GTI-Embleme in Chrom/Rot saßen auf den vorderen Kotflügeln, der Heckklappe und im Kühlergrill.

Das Interieur

Neu war das vollständig digitale Anzeige- und Bediensystem mit entsprechenden Instrumenten und Bedienelementen – eine Lösung, die nicht jedermanns Geschmack traf. Unter dem Zentralmonitor saß der vielfach kritisierte, unbeleuchtete »Slider«.

Im forcierten Streben nach digitalem Fortschritt und einer neuen Bedienlogik nahm Volkswagen in Kauf, dass es während der Fahrt häufiger zu Fehlbedienungen kam. Beispiele waren das unbeabsichtigte Aktivieren der Lenkradheizung infolge fehlender klar definierter Tasten oder die umständliche Deaktivierung des ESP ausschließlich über das Untermenü »Bremsen«. Guido Naumann brachte es in *Autobild Sportscars* (Ausgabe 2/2021) auf den Punkt: »viel zu modern im Interieur« und: »die digitale Bedienung ist ein Krampf«.

Ein kleiner Gag am Rande: Die serienmäßige Engine/Start-Stopp-Taste pulsierte vor dem Anlassen des Motors rot. Ebenfalls neu war das Multifunktions-Sportlederlenkrad mit Touch-Bedienflächen, gelochtem Leder und GTI-Spange in Chrom/Rot. Optional erhältlich war ein empfehlenswertes Head-up-Display (700 Euro).

Die Sportsitze mit integrierten Kopfstützen trugen rote Ziernähte und einen Karostoff im sogenannten »Scalepaper«-Look auf Sitz- und Lehnenflächen. Alternativ standen »Vienna«-Ledersitze für 1.725 Euro auf der Optionsliste. Schalttafel und Türverkleidungen waren mit einem markanten Wabenmuster dekoriert.

Digitalisiertes Cockpit, das aber zunächst manche »User« überforderte. Statt eines markanten Schaltknaufs findet sich nun ein zierliches Schalterchen für die DSG-Bedienung auf der Mittelkonsole.

Kaum sichtbar ist das in den Kopfstützenbezug eingewebte GTI-Logo.

»Leider ist der kultige Golfball-Schaltknauf wegrationalisiert worden.«

Das Fahrwerk

Ein neues, übergeordnetes Regelsystem – der sogenannte Fahrdynamikmanager – vernetzte nun sämtliche elektromechanischen Fahrwerkskomponenten. Die Abstimmung ließ sich individuell über die Fahrprofilauswahl konfigurieren. Serienmäßig an Bord war die elektronisch geregelte Vorderachssperre XDS+, die bereits beim Golf 7 GTI Performance zum Einsatz gekommen war. Ebenfalls serienmäßig: die adaptive Fahrwerksregelung DCC sowie die weiterentwickelte Progressivlenkung mit bedarfsweise reduzierten Lenkraddrehwinkeln.

Zum Paket gehörte zudem ein Sportfahrwerk mit 15 mm Tieferlegung. Die Bremssättel waren rot lackiert. Konstruktiv blieb es bei den bekannten Achskonzepten – vorn McPherson-Achse (mit gewichtsoptimiertem Hilfsrahmen aus Aluminium, so bereits im Clubsport S der Vorgeneration eingesetzt), hinten Vierlenkerachse –, die jedoch im Detail weiter optimiert wurden, unter anderem durch höhere Federraten (vorn 5, hinten 15 Prozent) und neu abgestimmte Querlenkerlager. Die adaptiven Dämpfer ließen sich fast stufenlos abstimmen, wobei im Individual-Modus ein noch feineres Setting möglich war.

Serienmäßig rollte der GTI auf 7,5J x 17-Leichtmetallrädern. »Richmond« mit 225/45 R17-Bereifung. Optional standen 18-Zoll-Räder (»Richmond« oder »Bergamo«) und 19-Zoll-Räder (»Adelaide« oder »Estoril«) zur Wahl.

Überarbeitete Fahrwerkstechnik mit Vorderachssperre und adaptiver Dämpfung (DCC). Neu abgestimmte Querlenkerlager. Federn und Anschlagdämpfer, Dämpfer-Hydraulik. Der steifere Alu-Hilfsrahmen sparte 3 kg. Vergrößerte Federraten.

»Blitzsauber, sauschnell und macht in jeder Kurve eine gute Figur.«

Die McPherson-Mehrlenker-Hinterachse erhielt neu abgestimmte Querlenkerlager, neue Radträger, modifizierte Federn samt Zusatzfedern sowie neue Dämpferlager und -hydraulik.

GTI Clubsport

Vom Herbst 2020 bis 2024 bot Volkswagen zusätzlich den neuen, natürlich ebenfalls viertürigen Golf GTI Clubsport an. Bei ihm wurde erstmals die Regelung der elektromechanischen Vorderachsquersperre in das Netzwerk des Fahrdynamikmanagers eingebunden. Dieser intelligente Verbund hob, gerade bei einem frontgetriebenen Sportwagen, die Fahrdynamik auf ein nochmals höheres Niveau. Seine Karosserie war gegenüber dem Serien-Golf ebenfalls um 15 mm tiefergelegt. Serienmäßig waren gelochte und belüftete große Bremsscheiben vorn und rot lackierte Bremssättel mit GTI-Schriftzug.

Der Golf GTI Clubsport unterschied sich technisch vom »klassischen« Golf GTI mit seinem um 55 PS stärkeren Turbomotor (TSI) und dem Rennstrecken-Fahrprofil »Special« (gab es bereits im Clubsport S). 300 PS (220 kW) und 400 Nm waren die stolzen Leistungsdaten, erreicht durch die Motorsteuerung, den höheren Ladedruck des neuen im Clubsport und im Golf R eingesetzten Conti-Turboladers, einen größeren Ladeluftkühler sowie weitere innermotorische Maßnahmen. Besonderheit des Clubsport-Modells war der schnellere Drehmomentaufbau dank »Turboladervorspannung«. Von 0 bis 100 km/h brauchte der Clubsport nur noch 5,6 Sekunden. In verschärfter Form kam dieser Motor auch im Golf R zum Einsatz. Noch stärkere Serien-Leistungen gibt es im GTI nun nicht mehr, um den Abstand zum R-Modell zu wahren.

Zu den äußeren Clubsport-Merkmalen gehören unter anderem vergrößerte Lufteinlässe (mehr Sauerstoff für den TSI), ein speziell durchströmter, offener Dachkantenspoiler (höherer Abtrieb) und eine eigene Sportabgasanlage. Das Siebengang-DSG war erwartungsgemäß serienmäßig. Dazu gab es eine sportliche Auspuffanlage mit Klappensteuerung, serienmäßig 18-Zoll-Felgen (optional 19-Zoll, beispielsweise »Queenstown« für 825,-).

Optional war das Performance-Paket (intern auch »Race Paket« genannt) – mit besagten 19-Zoll-Felgen, einer Akrapovič-Titan-Abgasanlage und vor allem mit der Vmax-Aufhebung auf bis zu 270 km/h. Weitere Serien-Features: sportiver wirkende Frontschürze, größerer Dachkantenspoiler, angedeuteter Diffusor, größere Endrohre. Das Interieur bestimmten Sportsitze mit Wabenmuster und integrierter Kopfstütze, rote Nähte, ansonsten ähnelte es dem normalen GTI. Die Touch-Bedienung des 12-Zoll-Displays mag innovativ gewesen sein, gefiel aber nicht allen.

Der Preis des Clubsport entwickelte sich rasant: Mitte September 2022 lag er bei ca. 42.000 Euro, ab September 2022 bei 44.645 Euro, danach dann schon bei 47.245 Euro.

Der GTI Clubsport, natürlich auch nur als Viertürer zu haben.

GTI Clubsport 45

Parallel neben dem »normalen« Clubsport wurde 2021 anlässlich des 45. GTI-Jubiläums für wenige Monate der GTI Clubsport 45 angeboten. Er behielt den 300-PS-Motor, das serienmäßige DSG – und wurde ebenfalls bei 250 km/h abgeregelt (Aufhebung über das optionale Performance-Paket). Exklusiv für den Clubsport 45 war die serienmäßige Bestückung mit 19-Zoll-Rädern »Scottsdale«, der Akrapovič-Abgasanlage und Designfeatures wie Dach/Spiegel in Schwarz, Clubsport-45-Sitze sowie diverse »45«-Schriftzüge. *Autobild Sportscar* lobte in Ausgabe 10/2021: »Keine Marketing-Nummer, sondern fahrdynamisch ein bisschen vom normalen Clubsport entfernt«.

auto motor und sport ermittelte einen Testverbrauch von 8,4 L/100 km, im Sportfahrer-Modus waren es 10,8 L/100 km. Kritisiert wurde allerdings einmal mehr das Infotainment-System und seine komplizierte Menüführung. Binnen kurzem war, so vermeldet das Stuttgarter Fachblatt, diese Clubsport-Variante vergriffen. Limitiert gewesen war die Serie aber nicht; doch Angaben zur Stückzahl wurden nicht veröffentlicht. Sicher ist nur: Der Vorverkauf in Europa begann am 1. März 2021, in Deutschland kostete er ab 47.790 Euro.

GTI Clubsport 45 in Mondsteingrau mit speziellen 19-Zöllern, einem schmalen Lackstreifen auf dem Felgenrand und »45«-Schriftzügen. Änderungen auch an der Front und beim Cockpit.

Warum nicht gleich so?

GTI und GTI Clubsport folgten nach der Vorstellung im Mai 2024 als etwas modifizierte Nachfolger mit neuen Licht-, Infotainment- und Bediensystemen. Die Frontschürzen und die Rückleuchten (LED) wurden überarbeitet, neu waren zudem unterschiedlich gestaltete Heckspoiler. Bei der Front unterschieden sich die beiden Modelle in den Luftleitelementen »Wings«, der farblichen Gestaltung und den Nebelscheinwerfern. Sowohl Frontschürze als auch Tagfahrlicht erhielten ein neues Design, gleiches galt für das verbesserte LED-Licht-Layout – optional verfügbar als IQ.LIGHT/LED-Matrix-Scheinwerfer mit extrem weit reichendem Hochleistungsfernlicht. In der Silhouette fallen die neuen GTI an den nun einzeln in Rot auf Chrom ausgeführten drei Buchstaben »GTI« im Bereich der A-Säulen auf; zuvor trugen die Vorgänger hier lediglich eine schmale Plakette. Eine kleine Spielerei: das nun beleuchtete Logo.

Optional standen ein schwarzlackiertes Dach sowie 8.0J x 19-Zoll-Räder »Queenstown« mit 235/35 R19-Reifen zur Wahl, dazu konnten als Extra leichte 19-Zoll-»Warmenau«-Schmiederäder bestellt werden. Serienmäßig rollten die GTI auf 17-Zoll-LM-Rädern »Richmond«. Die österreichische *Auto Aktuell* kommentierte in Heft 5/25 treffend: »Mit dem Facelift und der etwas schärferen Front ist aus dem hässlichen Entlein ein ansehnlicher Schwan geworden. Der GTI ist nun klar vom regulären Golf zu unterscheiden und bekommt eine eigene Frontschürze mit sehr markanten Nebelscheinwerfern.«

Der GTI-Basismotor EA 888 Gen. 4 mit kettengetriebenen Nockenwellen leistete nun 265 PS (195 kW) bei 5.000 bis 6.500/min und 370 Nm ab 1.600/min. Die Mehrleistung wurde über Motorsteuerung, Ladedruck und weitere innermotorische Maßnahmen erreicht. Im Mai 2024 kostete die GTI-Grundversion 44.505 Euro, kurze Zeit später dann 45.655 Euro und im Jahr 2025 schließlich schon 46.250 Euro. *sportauto* 2/2026 kommentierte die Preisent-

Die Überarbeitung des Normal-GTI im Detail: Es blieb bei der beleuchteten Kühlergrillspange als Element des LED-Tagfahrlichts. Über den IQ LIGHT-Matrix-Scheinwerfern wurde der rote Zierstreifen weitergezogen. Optional waren je fünf markant X-förmig angeordnete LEDs (»Rennflaggen-Design«), als Nebelscheinwerfer im Frontstoßfänger (gut zu sehen auf S. 184 oben).

wicklung nüchtern als »ernste Preisfrage«, angesichts des seit 2021 um 10.000 Euro gestiegenen Einstiegspreises. Glücklicherweise bot VW regelmäßig Sonderleasing-Aktionen mit Monatsraten ab 250 Euro an.

Die Clubsport-Variante blieb bei 300 PS und 400 Newtonmetern Drehmoment, kostete 2025 aber zwischen 49.225 und 49.820 Euro. Serienmäßig wurde bei beiden Varianten bei 250 km/h abgeregelt; nur der Clubsport konnte mit dem Performance-Paket (4.050 Euro) auf bis zu 270 km/h ausgerüstet werden. Dazu gab es 19-Zoll-Räder »Queenstown« und eine Sportauspuffanlage.

Der Spurt von 0 auf 100 km/h erfolgte beim Normal-GTI in 5,9 Sekunden. Die 265-PS-Version nutzte eine 17-Zoll-Bremsanlage, während die 300-PS-Version auf 18 Zoll verzögern konnte. Gangwechsel erfolgen nun ausschließlich über das schnell schaltende Siebengang-Doppelkupplungsgetriebe (mit Schaltwippen am Lenkrad). Offiziell gab Volkswagen einen Verbrauch von 7,2 L/100 km an; die österreichischen Tester ermittelten 8,6 L/100 km, *Autobild Sportscar* kam auf 8,1 L/100 km. Für den Clubsport maßen die Redakteure 8,9 L/100 km.

Das Sportfahrwerk war für beide GTI-Varianten serienmäßig, es blieb bei der Tieferlegung um 15 mm. Das adaptive DCC-Fahrwerk mit zahlreichen Fahrmodi-Einstellungen (880,–) ließ sich allerdings nur optional ordern: Vor allem jüngere, experimentierfreudige Fans dürften davon fasziniert gewesen sein. Neu war das modifizierte,

Serienmäßiges Digital Cockpit Pro (individualisierbar) sowie das Infosystem »Discover«. Stark verbesserte Lenkradbedienung mit Physischen Tasten anstelle der bisherigen Touchscreens, dazu Topsportsitze mit Lederbezügen.

Der modifizierte Clubsport war von vorn auf Anhieb erkennbar an den großen »Wings« in der Frontschürze (*Autobild Sportcars* nannte sie »umgekehrte Stoßzähne«). Dreidimensionale LED-Leuchten mit dynamischer Blink-Lichtorgelfunktion.

serienmäßige Digital Cockpit Pro mit deutlich vereinfachter Menüstruktur. So gab es endlich wieder echte Tasten am Lenkrad, die eine unkompliziertere Bedienbarkeit erlaubten.

Verschiedene Grundkonfigurationen waren möglich: Im Info-Profil »GTI« blickte man auf einen großen, klassischen Drehzahlmesser (bis 8.000 U/min), in dessen Zentrum in roten Buchstaben »GTI« sowie darunter die aktuelle Geschwindigkeit eingeblendet wurden. Links und rechts davon saßen jeweils kleinere Rundinstrumente, etwa zur Anzeige des aktuellen Turbolader-Ladedrucks in bar und des gerade abgerufenen Drehmoments.

Erstmals konnte der Golf GTI zudem optional mit Innenraum-Applikationen aus Echtkarbon ausgestattet werden. Die serienmäßigen Sportsitze mit gesticktem GTI-Logo und karierten Mittelbahnen »Scalepaper« sowie roten Nähten in Sitzen, Mittelarmlehne, Fußmatten und im Multifunktions-Ledersportlenkrad setzten bewusst nostalgische Akzente.

Das Interieur des Golf GTI Clubsport differenzierte sich vom 265-PS-GTI durch Sportsitze im serienmäßigen »ArtVelours«; in diesem ebenso edlen wie robusten Material waren auch die Türinserts ausgeführt. Für beide Golf-GTI-Varianten standen optional sowohl eine Lederausstattung als auch eine Sitzklimatisierung zur Verfügung.

Bis 12/2025 entstanden über 150.000 Einheiten des Golf 8 GTI in allen seinen Varianten.

Eigenständiger Dachkantenspoiler und Diffusor unter dem hinteren Stoßfänger.

Die »Queenstown« erinnerten ans Wählscheibendesign der GTI-»Detroit«-Alus in der Generation 5).
GTI-Schriftzug in den vorderen Kopfstützen.

Edition 50 – der Hardcore-GTI

Mit Blick auf das 50-jährige Bestehen des GTI präsentierte Volkswagen bereits im Juni 2025 beim 24-Stunden-Rennen auf dem Nürburgring das Sondermodell GTI Edition 50. Die maximale Leistung des 2,0-Liter-Motors stieg auf 325 PS (239 kW) – also 25 PS mehr als beim bisherigen Clubsport. Gleichzeitig kletterte das maximale Drehmoment um 20 auf 420 Nm. Die Höchstgeschwindigkeit wurde elektronisch auf 270 km/h begrenzt und lag damit auf dem Niveau des Golf R.

Der Sprint von 0 auf 100 km/h gelang in nur 5,3 Sekunden, als Verbrauch gab Volkswagen 7,9 bis 7,6 L/100 km an. *auto motor und sport* ermittelte für den Spurt von 0 auf 200 km/h 16,8 Sekunden. Damit avancierte der GTI Edition 50 zum stärksten, schnellsten und zugleich attraktivsten GTI-Serienmodell aller Zeiten. Der Einführungspreis lag bei 54.540 Euro, der Marktstart war für das erste Quartal 2026 vorgesehen.

Sofort zu erkennen war der neue Viertürer an den »GTI 50«-Logos (am Heckspoiler, innen an den schwarzen Außenspiegeln sowie an der gebrandeten Lenkradnabe), am schwarzen Dach und den dunklen VW-Logos vorn und hinten, an abgedunkelten Scheiben sowie an den schwarzen Auspuffblenden. Die Stoßfänger trugen die Optik der Clubsport-Modelle. Das IQ.LED-Licht war serienmäßig.

Neben Pure White standen optional die Farbtöne Moonstone Grey und Grenadilla Black Metallic zur Wahl, hinzu kamen die beiden exklusiven Lackierungen Tornadorot und Dark Moss Green Metallic – jeweils mit schwarzem Dach und für 600 Euro Aufpreis.

Es blieb bei der McPherson-Vorderachse und der Vierlenker-Hinterachse, beide jedoch weiter optimiert. Das serienmäßige Jubiläumsmodell lag weiterhin 15 mm tiefer als der Standard-Golf. Serienmäßig an Bord waren die neu abgestimmte DCC-Fahrwerksregelung (adaptive Dämpfer), die feinjustierte Progressivlenkung sowie 19-Zoll-Leichtmetallräder »Queenstown«. Zum Lieferumfang gehörte außerdem die elektronisch geregelte Vorderachsquersperre.

Schnelle und beeindruckende Beschleunigungsorgien sind die besondere Spezialität des Edition 50.

Der große Heckspoiler (mit kleinem »GTI 50«-Aufkleber) reduzierte den Auftrieb beträchtlich. Schwarze Auspuffblenden.

GTI Edition 50 in Tornadorot (oben zusammen mit dem Clubsport 24h). Serienmäßig waren LED-Matrix-Scheinwerfer.

Den Innenraum dominierten sportliche Sitze im nostalgisch anmutenden »Clark«-Karo-/Streifendesign mit roten Details, roten Sicherheitsgurten, roten Pedalkappen (Gas und Bremse) sowie das Multifunktions-Ledersportlenkrad mit »50 Jahre GTI«-Emblem und integrierten Schaltwippen für das verstärkte Siebengang-DSG. Nicht für Geld und gute Wort gab es den traditionellen Schaltknauf anstelle des winzigen Wählhebelchens.

Serienmäßig verfügbar waren die Fahrmodi Comfort, Eco, Individual, Sport und – wie im GTI Clubsport – Special. In diesem Modus sind Antrieb, Lenkung und Fahrwerk speziell auf die Nürburgring-Nordschleife abgestimmt, was ein enormes Maß an Fahrspaß vermittelt. Im Sport-Modus ließ sich zudem die Launch Control aktivieren: Getriebe in S-Stellung, ESP aus, 3.500/min, Bremse los – Vollgas. Die Spielereien rund um den pulsierenden Startknopf und die Ambientebeleuchtung blieben auch beim Sondermodell an Bord, wären jedoch problemlos entbehrlich gewesen.

Wer es noch kompromissloser wollte, für den stand das GTI-Performance-Paket Edition 50 (Aufpreis: 4.200,–) bereit. Es umfasste ein sportiver abgestimmtes Fahrwerk mit härteren Federn und weiter verbessertem Einlenkverhalten; die Karosserie wurde damit nochmals um 5 mm auf insgesamt 20 mm Tieferlegung abgesenkt.

Hinzu kamen extrem leichte 19-Zoll-LM-Schmiederäder »Warmenau« mit 235/35-Semi-Slick-Reifen »Potenza Race« von Bridgestone. Diese boten rund zehn Prozent weniger Rollwiderstand und waren auch als separate Sonderausstattung ohne Performance-Paket erhältlich. Der vergrößerte negative Sturz der Vorderachse – ermöglicht durch modifizierte Schwenklager – steigerte den Fahrspaß weiter, ging jedoch mit spürbar strafferem Abrollen einher.

Der ambitionierte Fahrer erlebte nun einen noch ausgeprägteren Drehzahlanstieg und später ansetzende Schaltvorgänge, begleitet von einem deutlich sportlicheren Klangbild. Zum Paket gehörte zudem die R-Performance-Abgasanlage mit Titan-Endschalldämp-

Für den Edition 50 optimiertes Cockpit. Hier der Control-Monitor mit gut gemachter Fahrprofil-Einstellmöglichkeit.

Sportsitze im Karo-/Streifendesign, schwarz lackiertes Dach sowie abgedunkelte Seiten- und Heckscheiben.

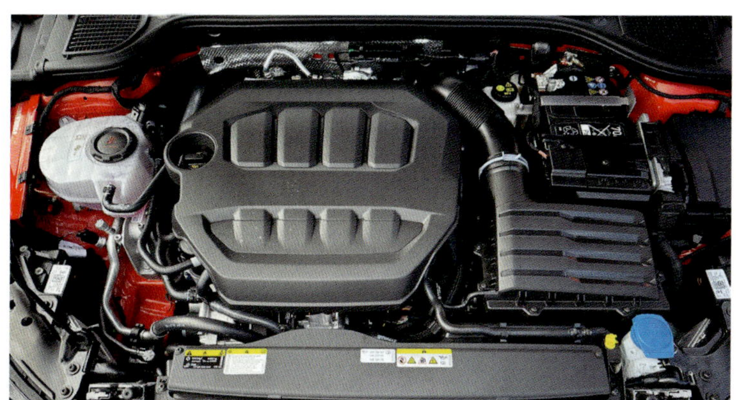

Sehr nüchtern verpackter, auf 325 PS (239 kW) erstarkter Motor im GTI Edition 50 – ein enger Verwandter des Clubsport-Triebwerks.

fern. Insgesamt reduzierte sich das Gewicht des Jubiläumsmodells um rund 25 kg – etwa 12 kg entfielen auf die Abgasanlage, rund 13 kg auf die Rad-/Reifen-Kombination.

Preislich machte dieses Paket den GTI zu einem ebenso faszinierenden wie kostspieligen Angebot. Empfehlenswert erscheint nach ausgiebiger Probefahrt auch das optionale Head-up-Display, während das Glasschiebedach verzichtbar bleibt.

19-Zoll-LM-Räder »Queenstown« (mit rotem Lasurlack und spezieller GTI-Radnabenkappe). Da sich die Nabenkappe nicht mitdreht, bleibt das GTI-Zeichen stets erkennbar.

GTI Edition 50 in Dark Moss Green Metallic.

»Warmenau«-Felgen mit 235/35 R19-Pneus.

Edition 50 in Rot mit schwarzem Dach, »Queenstown«-Rädern und 235/35 R 19-Bereifung sowie Edition 50 in Grün mit gleicher Bereifung und »Warmenau«-Felgen, welche die ungefederten Massen um rund 20 Prozent reduzierten.

Rekordfahrt

Rennprofi Benjamin Leuchter setzte im April 2025 mit einem GTI Edition 50 samt optionalem Performance-Paket auf der 20,832 km langen Nürburgring-Nordschleife ein Ausrufezeichen. In 7:46,13 Minuten fuhr der Test- und Entwicklungsfahrer von Volkswagen die schnellste Runde, die jemals mit einem Serien-Golf in der »Grünen Hölle« absolviert wurde. Mit dem Golf 7 GTI Clubsport S hatte er 2016 noch 7:49,21 Minuten benötigt.

Leuchter erklärte: »Noch vor drei Jahren hätte ich nicht gedacht, dass ich die Rundenzeit des extrem souveränen Golf R einmal mit einem frontgetriebenen Golf GTI so deutlich unterbieten könnte. Dass dies – übrigens bei eher schlechter Witterung – gelungen ist, sagt eigentlich alles über das hervorragende Setup und das außerordentliche Potenzial dieses GTI.« Insider wissen zudem, dass sich der Motor problemlos auf bis zu 400 PS (294 kW) bringen ließe und sicher noch bessere Werte bringen würde – entsprechende Traktion vorausgesetzt.

Benjamin Leuchter mit dem GTI Edition 50 bei seiner Rekordfahrt im April 2025.

»Noch nie war ein Serien-GTI schneller auf der Nordschleife unterwegs als der Edition 50.«

Der GTI in den USA

In Nordamerika wurde der Golf 8 nur noch als GTI und R angeboten. Diese Modelle machten dort in den vergangenen Jahren zusammen rund die Hälfte aller verkauften Golfs aus. Die Produktion des Golf im mexikanischen Puebla lief im Januar 2021 aus, weshalb die Belieferung des nordamerikanischen Marktes nun von Deutschland aus erfolgt. Ob sich an dieser Konstellation in absehbarer Zeit etwas ändern würde, war gegenwärtig nicht abzusehen.

Auf jeden Fall entstand speziell für den nordamerikanischen Markt noch zum Modelljahr 2024 eine als besonders sportlich geltende Version namens »380« mit Handschaltung, klassischen Karo-Sitzen und 19-Zoll-Rädern.

Handschalter-Version »380« des 8er-GTI speziell für den US-Markt.

Technische Daten Golf 8 GTI

	GTI 2020–2024 ab 2024	GTI Clubsport 2020–2024 ab 2024	GTI Edition 50 ab 2025
Motor		EA 888 Gen 4	
Zylinder	4 (Reihe)	4 (Reihe)	4 (Reihe)
Bohrung x Hub (mm)	82,5 x 92,8	82,5 x 92,8	82,5 x 92,8
Hubraum (cm^3)	1984	1984	1984
Leistung (PS/kW/min)	245 (180)/5000-6500, 265 (195)/5250-6500	300 (221)/5300, 2024: 300 bei 5300-6500	325 (239)/5500-6500,
Max. Drehmoment (Nm/min)	370/1600-4300, 370/1600-4500	400/2000-5200, 2024: 400/2000	420/2000-5500
Verdichtung	9,3 : 1, ab 2024: 9,6	9,3 : 1	9,3 : 1

Gemischbereitung	Duales Einspritzsystem (Direkt- und Saugrohreinspritzung), Turbolader, LLK		
Ventile	4 pro Zylinder, hängend, 2 obenliegende Nockenwellen (Antrieb über Kette)	4 pro Zylinder, hängend, 2 obenliegende Nockenwellen (Antrieb über Kette)	4 pro Zylinder, hängend, 2 obenlieg. Nockenwellen (Antrieb über Kette)
Kurbelwellenlager	5	5	5
Kraftübertragung		Frontantrieb	
Kupplung		Einscheibentrocken	
Schaltung		Schaltstock in Wagenmitte	
Getriebe	6Gang, opt. 7Gg-DSG, 2024: 7Gang-DSG	7Gang-DSG	7Gang-DSG (DQ381)
Fahrwerk	Selbstragende Ganzstahlkarosserie, 4Türer		
Vorderradaufhängung	McPherson-Federbeine, untere Querlenker, Stabilisator		
Hinterradaufhängung	Vierlenkerachse, Gasdruckdämpfer, separate Federn, Stabilisator		
Lenkung	Zahnstange (elektromechanisch), Servo		
Fußbremse	Diagonal-Zweikreis-Hydraulik, Servo, vorn Scheibenbremsen (GTI: Ø 340; CS Ø 357 mm, belüftet), hinten Scheiben (GTI+CS Ø 310 mm, belüftet), ABS, EBV, ESP, EDS		
Allgemeine Daten			
Radstand (mm)	2629	2629	2629
Spur vorn/hinten (mm)	1535/1517	1535/1517	1543/1517
Gesamtmaße (mm)	4287 x 1790 x 1471	4295 x 1790 x 1465	4295 x 1790 x 1465
Räder	7.5J x 17 (LM)	7.5J x 18 (LM)	8.0J X 19 (LM)
Reifen	225/45 R17	225/45 YR 18	235/35 R 19
Leermasse EU (kg)	1390/DSG: 1428, 2024: 1460	1460, 2024: 1500	1470
Zul. Gesamtgewicht (kg)	1920, 2024: 1950	1930, 2024: 1950	1930
Höchstgeschwindigkeit (km/h)	250	250, CS45+Perf: 267	270
Beschleunigung 0-100 km/h (s)	6,2/ DSG: 6,0, 2024: 5,9	5,6	5,3
Verbrauch WLTP (L/100 km)	7,4 S, Test 8,4, DSG: 7,0, Test 8,1	7,6 S, Test 8,4	7,6 S, DSG 7,4

PIERBURG
BILSTEIN
PIERBURG
WOB VZ 10

Der GTI im Motorsport.

Gebaut, um zu gewinnen

Viele Jahre in der Käfer-Ära vergingen ohne eine offizielle Beteiligung von Volkswagen im Motorsport – die Wolfsburger Entscheider hielten ein solches Engagement für nicht zielführend. Erste zarte Versuche mit dem Formel Vau ab 1966 wurden eher geduldet als aktiv gefördert. Anders agierte beispielsweise der Importeur in Salzburg, dessen heiße Käfer überaus erfolgreich waren.

Mit dem Golf begann auch im Motorsport eine neue Ära: Von Anfang an setzte Volkswagen – wie bereits beim Serienauftrag vorgesehen – den Golf GTI im Rennsport ein. Seit 1977 mischten seriennahe Golf 1 in der Deutschen Rallyemeisterschaft (DRM) mit, zunächst in der Serientourenwagen-Kategorie mit noch überschaubaren 120 PS (88 kW), ab 1979 dann mit 175 PS (129 kW). Gefahren wurden diese Fahrzeuge unter anderem von Holger Bohne (1948–2022) und Peter Diekmann (1944–2015).

1980 gingen die schnellen Schweden Per Eklund (*1946) und Hans Sylvan (*1944) mit dem ersten offiziellen Werks-Rallyewagen an den Start: Ihr 170 PS (125 kW) starker »Pierburg-Golf« auf GTI-Basis erreichte bei der Rallye Monte Carlo auf Anhieb einen respektablen Gesamtrang fünf.

Ab 1978 eingesetzter Golf »Zebra«.

»Mit dem Golf begann eine neue Ära im Motorsport-Engagement von VW.«

Pierburg-Golf, ab 1980 erfolgreich.

Die Einsätze bei den Spezial-Tourenwagen der Gruppe 2 gipfelten 1981 im Titel der Deutschen Rallyemeisterschaft für die Golf-Piloten Alfons Stock und Paul Schmuck (*1947) – ein Triumph, den Erwin Weber (*1959) und Manfred Hiemer (1961–2023) mit dem Rallye Golf zehn Jahre später wiederholten. Zuvor hatten sie sich bereits bei zehn Läufen eindrucksvoll in Szene gesetzt.

Ihr in der Sponsorfarbe des neuen Hustenbonbon-Herstellers Rheila giftgrün lackiertes Auto, der legendäre »Rheila-Frosch«, schöpfte rund 180 PS (132 kW) aus 1,6 Litern Hubraum. Im zweiten Einsatzjahr erhielt der Wagen einen 197 PS (145 kW) starken Vierventil-Motor. Die Homologation wurde dadurch erreicht, dass der französische VW-Importeur die erforderliche Stückzahl an Kunden-Golf mit Oettinger-Vierventilköpfen abnahm.

Mit VW-Werksfahrer Klaus-Joachim »Jochi« Kleint (*1948) nahm die Erfolgsserie des Klassikers im Motorsport weiter Fahrt auf. Er gewann mit seinem Golf GTI 1600 den Estering-Pokal in der damals noch inoffiziellen Deutschen Rallyecross-Meisterschaft.

Der legendäre »Rheila-Frosch« mit Spucknapf-Lenkrad und konventionellem Schaltknüppel.

1978 Hockenheimring (Foto Kühlmann).

1979 GTI-Cup, Rabbit Cup in den USA.

Doch nicht nur Rallyes, auch Berg- und Rundstreckenrennen wurden zur Domäne des Golf GTI. 1977 etablierte Volkswagen zunächst den Junior Cup, dessen Premiere auf Sylt stattfand. 40 identische GTI mit 110-PS-Motor (81 kW) traten dort gegeneinander an. Von 1978 bis 1982 lief die Rennserie unter dem Namen GTI Cup weiter. Die Fahrzeuge erhielten sukzessive Modifikationen, leisteten schließlich bis zu 150 PS (110 kW) und erreichten rund 210 km/h. Der Preis lag bei etwa 33.000 Mark.

Zehnmal pro Jahr starteten die spannenden Rennen im Rahmenprogramm großer Rundstreckenveranstaltungen. 1978 gewann der Hannoveraner Walter Struckmann (1937 – 2025) alle zehn Saisonläufe. Parallel dazu lief der GTI-Markenpokal in den USA unter dem Namen »Rabbit Cup«. Paul Hacker avancierte dort zum Rekordsieger und mehrfachen Champion.

Mehr als 40 Tuningfirmen hatten sich in Europa des Golf GTI angenommen – sowohl optisch als auch leistungsmäßig. Zwar hatten bereits die frühen Golf-Modelle die Tuner-Gilde elektrisiert, doch erst der GTI avancierte zur Ikone der PS-Zauberer. Ob Abt oder Nothelle, Oettinger oder Nordstadt, MAHAG oder Max Moritz – sie alle verdankten dem Golf GTI in den 1970er- und 1980er-Jahren einen Großteil ihrer Tuning-Blüte. In einer Zeit, in der selbst Sportlimousinen noch auf Stahlfelgen rollten, sorgte der GTI zudem für einen Boom bei den Leichtmetallrädern. ATS, Ronal, BBS und Konsorten boten für kein anderes Automobil seiner Zeit eine vergleichbar große Vielfalt an Designs und Formaten an.

Auch ungewöhnliche Einsätze brachten Volkswagen Renommee: So rüsteten die Wolfsburger zwei GTI mit dem damals noch neuen 1,5-Liter-Diesel aus. Klaus-Joachim »Jochi«/Andy Hänsch sowie Eckhard Schimpf (*1938)/Christoph Mehmel waren mit diesen leicht getunten Fahrzeugen bei der Rallye Monte Carlo 1978 erstaunlich schnell unterwegs. Kleint kämpfte sich zwischenzeitlich bis auf Rang 15 im Gesamtklassement vor.

Jahre später, 2011, überzeugte die Firma KWL Motorsport Volkswagen, anlässlich des 35. GTI-Jubiläums einen Golf-1-GTI-Rennwagen nach damaligem Gruppe-4-Reglement neu aufzubauen. Basis war ein GTI 16S von 1981, der einen Oettinger-Vierventilkopf, ein Fünfgang-Renngetriebe von Volkswagen Motorsport, ein einstellbares Bilstein-Fahrwerk, Dunlop-Pneus auf BBS-Rädern sowie Lockheed-Rennbremsen erhielt. Der 1,6-Liter-Motor leistete 215 PS (158 kW). Das Projekt wurde innerhalb von nur drei Monaten realisiert.

Seinen ersten von insgesamt vier Einsätzen absolvierte der Wagen im Juni 2011 beim 24-Stunden-Classic-Rennen auf dem Nürburgring. Alle Starts endeten mit Klassensiegen. Darüber hinaus setzte Striezel Stuck exakt dieses Fahrzeug im Juli 2011 beim Festival of Speed in Goodwood ein.

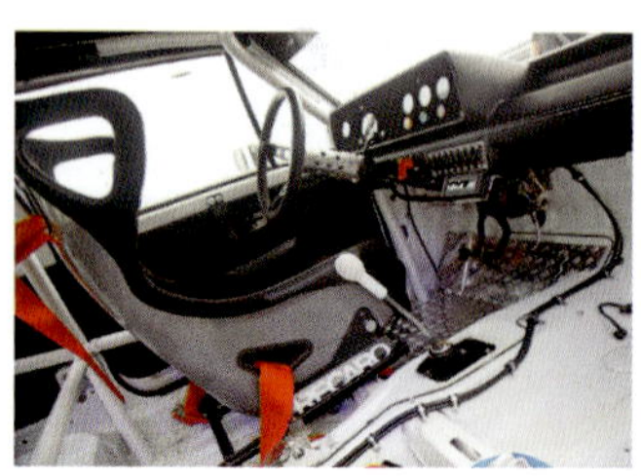

Replika GTI-Rennwagen »35 Jahre GTI« von 2011.

Golf 2 GTI 16V Gruppe A, Weltmeister im seriennahen »FIA Cup for Drivers of Production Cars« 1986.

Die Rallye-Weltmeisterschaft bot anschließend das ideale Einsatzfeld für den von Volkswagen Motorsport in Hannover aufgebauten Golf 2 GTI 16V. Kenneth Eriksson (*1956) und Peter Diekmann wurden mit diesem Fahrzeug 1986 Weltmeister in der seriennahen Gruppe A. Der nur 880 kg leichte, von VW Motorsport aufgebaute GTI verfügte über einen hochdrehenden 1,8-Liter-16V-Sportmotor mit zirka 180 PS, der den Sprint von 0 auf 100 km/h in 6,5 Sekunden erledigte. Sponsor war zunächst der VW-eigene Büromaschinenhersteller Triumph Adler, im Jahr darauf trat das Fahrzeug im Olivetti-Look an. Die schnellere Gruppe B wurde im Folgejahr verboten.

Golf 2 GTI 16V im Olivetti-Look, so eingesetzt bei der Safari Rallye Kenia 1987.

Die Rallye-Weltmeisterschaft war damals noch eine Marken-Weltmeisterschaft, in der die Fahrzeuge nach Gewichtsklassen eingeteilt wurden. Zur Gruppe A zählten Fahrzeuge ab 800 kg. Der Gesamtsieger wurde aus elf Etappen ermittelt, die sich über ein Jahr rund um den Globus verteilten. Zu den klassischen Stationen gehörten unter anderem Monte Carlo, Akropolis und Neuseeland.

Dazu kamen die erwähnten Erfolge des Golfs bei der Deutschen Rallyemeisterschaft – ergänzt durch zahlreiche Deutsche Meistertitel bei Tourenwagen- und Bergrennen und Rundstreckenrennen in Europa und darüber hinaus. Nur der Vollständigkeit halber: Die zivile Version des Rallye Golf auf Basis des Golf 2 mit G60-Motor wurde bereits im Kapitel »2er-GTI« ausführlich behandelt.

Mit diesem Rallye Golf siegten Erwin Weber (*1959)/Manfred Hiemer in der Deutschen Rallyemeisterschaft 1991.

Rallye Golf mit 270-PS-G60-Motor und Allradantrieb beim traditionellen Oldtimertreffen am 1. Mai in Braunschweig (2024).

Hinzu kamen spektakuläre Einsätze im Rallyecross, bei denen sich der bereits erwähnte Klaus-Joachim »Jochi« Kleint immer wieder eindrucksvoll in Szene setzte. Legendär war sein Einsatz mit dem Bi-Motor-Golf. Im Auftrag von Volkswagen wurde dieser Bolide bei Kurt Bergmann (1929–2021) aufgebaut – dem legendären Wiener Formel-Vau-Papst. Nach ersten Einsätzen leistete das Fahrzeug ab 1986 rund 500 PS. Ein »richtiger« GTI war dies zwar nicht mehr, als Leistungsträger gehört er dennoch in diese Chronik.

Für das Pikes-Peak-Bergrennen 1987 mobilisierten die beiden 1,8-Liter-Motoren sogar 652 PS, die Vorder- und Hinterachse des Leichtgewichts antrieben. Doch ein Defekt an der Radaufhängung, nur wenige Meter vor der Ziellinie, machte alle Hoffnungen zunichte. Stattdessen siegte Walter Röhrl auf dem Audi quattro Sport S1 – einem Gruppe-B-Boliden – und setzte mit 10:47,85 Minuten über die rund 20 km lange Strecke einen Rekord, der über Jahre Bestand hatte.

Golf 2 Bi-Motor »Pikes Peak«, heute in der Sammlung von Volkswagen Classic.

»Jochi« Kleint am Pikes Peak-Golf (Classic Days 2018).

»Höchst bedauerlich, dass der superstarke, favorisierte Bi-Motor-Golf auf den letzten Metern aufgeben musste. In den Herzen der Fans lebt er weiter.«

Cockpit des Bi-Motor-Rennwagens.

Nach den erfolgreichen Einsätzen von Golf 1 und Golf 2 im Rallyesport sowie bei Rundstreckenrennen plante die Motorsportabteilung in Hannover, das Engagement in der WRC (World Rally Championship) auch mit dem Golf 3 fortzusetzen. In Zusammenarbeit mit SMS (Schmidt Motorsport) in Nürnberg entstand 1992 der Golf A59 – ein äußerlich deutlich geschärfter Gruppe-A-Rennwagen mit 275 PS (202 kW), der perspektivisch auf bis zu 400 PS (294 kW) erstarken sollte.

Der A59 verfügte über Allradantrieb mit hydraulisch gesteuertem Zentraldifferenzial. Der turbogeladene Motor basierte zwar auf dem 2,0-Liter-Vierventiler des GTI 16S, war jedoch letztlich eine komplette Neukonstruktion. Als Höchstgeschwindigkeit wurden 270 km/h genannt. Nach lediglich zwei Prototypen wurde das Projekt jedoch 1993 eingestellt – ein Renneinsatz fand nie statt. Auch die reglementskonformen 2.500 Straßenversionen wurden nicht realisiert, obwohl bereits ein Verkaufspreis von rund 80.000 DM kalkuliert war. Ein Exemplar befindet sich heute in der Sammlung von Volkswagen Classic in Wolfsburg.

Das war natürlich längst noch nicht alles in der damaligen Golf-Generation. Ab 1990 konzentrierte sich Volkswagen verstärkt auf Tourenwagen mit dem Golf GTI in der Deutschen Tourenwagen-Challenge sowie auf Diesel-Einsätze bei Langstreckenrennen.

Während der Kit-Car-Ära der 1990er-Jahre gewann Raimund »Mundl« Baumschlager (*1959) auf dem Golf 3 GTI 16V mehrere nationale und internationale Titel für Volkswagen. In den folgenden Jahren verlor der Motorsport für den Konzern jedoch an strategischer Bedeutung. Immerhin wurden verschiedene Markenpokale etabliert, darunter der Lupo Cup (ab 1998), der New Beetle Cup (1999–2002), der Polo Cup (ab 2004) sowie der Scirocco-R-Cup (2010–2014). Zudem entstanden zahlreiche Kunden-Rennfahrzeuge, etwa Kit Cars sowie Gruppe-N- und Super-1600-Modelle.

Der allradgetriebene Golf 3 A59 läuft, ging aber nie in den Renneinsatz.

Der von Volkswagen Motorsport eingesetzte Golf 5 GTI mit erdgasbetriebenem CNG-Motor beim 24-Stunden-Rennen 2008 auf dem Nürburgring, gestartet von Kai Jordan.

Auch mit dem 4er- und 5er-Golf gingen die Renneinsätze weiter – wenn auch nicht mehr auf dem hohen Level der vorangegangenen Generationen.

Beim 24-Stunden-Rennen auf dem Nürburgring erreichte 1997 ein Golf TDI den zweiten Gesamtrang, im Jahr 2000 pilotierte Raimund Baumschlager bei fünf Läufen erfolgreich einen mit Biodiesel betriebenen Golf 4 TDI.

2007 wurde ein Golf GTI auf dem Nürburgring Achter im Gesamtklassement und Klassensieger. Insgesamt rund 50 Klassensiege sorgten dafür, dass Volkswagen bis heute den vierten Platz in der ewigen Marken-Bestenliste des seit 1970 ausgetragenen Rennens belegt.

Ein Seitenblick zu den VW-Rennmotoren und zur Formel 3: Von 1979 bis 1994 war Volkswagen als Motorenhersteller aktiv und gewann 55 internationale Titel. Mit einem VW-motorisierten Judd-F3 gewann Werksfahrer John Nielsen (*1956) 1982 sieben von neun Läufen und wurde Deutscher Meister. Auch spätere Rennlegenden wie Michael Schumacher (*1969), Bernd Schneider (*1964), Joachim Winkelhock (*1960), Tom Kristensen (*1967) und Kris Nissen (*1960) starteten ihre Karrieren in Formel-3-Fahrzeugen mit VW-Antrieb.

Später etablierte Volkswagen mit der Formel König und der Formel Volkswagen eigene Nachwuchsserien. 2007 stieg der Konzern erneut als Motorenlieferant in die Formel-3-Euroserie ein, die Eduardo Mortara (*1987) in der Saison 2010 für sich entschied. Nach Einstellung der Euroserie 2012 beteiligte sich VW an der neuen Europäischen Formel-3-Meisterschaft. Einziger Titelträger mit VW-Motor blieb Lando Norris (*1999), der 2017 für Carlin Motorsport siegte. 2018 endete auch diese Serie; in der neuen FIA-Formel-3-Meisterschaft kommen seither Einheitsmotoren von Mecachrome zum Einsatz.

In einer völlig anderen Disziplin, den Wüsten-Langstreckenrennen, feierte Volkswagen ab 2003 große Erfolge. Von 2009 bis 2011 gewann der VW Touareg die Rallye Dakar, gefolgt vom dominanten Einsatz des Polo R WRC mit WM-Titeln von 2013 bis 2016. Weitere Höhepunkte waren drei Rallyecross-WM-Titel mit dem Polo in den Jahren 2017, 2018 und 2020.

Mit der 2016 verkündeten Abkehr vom Werks-Motorsport verlagerte Volkswagen seine Aktivitäten in die neue internationale TCR-Serie (Touring Car Racing). Private Teams setzten dort viertürige Renntourenwagen ein, die vom Golf 7 abgeleitet waren. Die ersten fünf von zunächst 20 Kundenfahrzeugen wurden Anfang 2016 ausgeliefert.

»Nach der Abkehr vom Werks-Motorsport verlagerte Volkswagen seine Aktivitäten in die TCR-Serie.«

Ab 2015 wusste man, was Volkswagen für die TCR-Serie plante. Hier ein erstes Pressefoto, das an die Öffentlichkeit ging.

Diese Fronttriebler verfügten über einen modifizierten 2,0-Liter-Turbomotor mit zunächst 330 PS (243 kW), später 350 PS (257 kW) bei 6.200/min sowie 410 bzw. 420 Nm Drehmoment. Zur Wahl standen DSG- oder sequenzielle Renngetriebe. Das Exterieur war deutlich verschärft, die Karosserie um 15 cm verbreitert und mit einem großen, einstellbaren Heckflügel versehen. Serienmäßig gehörten eine Vorderachs-Differenzialsperre sowie zwei zusätzliche Wasserkühler zum Lieferumfang.

Rund zwei Drittel aller Bauteile entsprachen denen eines Serien-GTI. Die mindestens 1.285 kg schweren Fahrzeuge (inklusive Fahrer und Sicherheitszelle) besaßen jedoch keine Straßenzulassung. Der Stückpreis lag bei rund 95.000 Euro, eine komplette Saison schlug mit etwa 150.000 Euro zu Buche.

Die TCR-Golf fuhren weltweit zahlreiche Siege und insgesamt zwölf internationale Meistertitel ein. 2016 (Stefano Comini) und 2017 (Jean-Karl Vernay) gewann der Golf GTI den TCR-International-Titel. Weitere Erfolge folgten im TCR Asia (2016, 2017) und im TCR Middle East (2018).

2019 triumphierten Benny Leuchter und Johan Kristoffersson mit dem Golf beim Tourenwagen-Weltcup (WTCR) auf dem Nürburgring. Bis dahin entstanden mehr als 100 Fahrzeuge für Kundenteams weltweit. 2020/21 endete das Werksteam-Engagement – offiziell zugunsten der Fokussierung auf Elektromobilität. 2022 stellte die FIA den WTCR ein, während Formate wie die TCR Europe weitergeführt wurden.

Zur Feier des 50. Golf-Geburtstags starteten am 2. Juni 2024 gleich drei GTI Clubsport 24h mit jeweils 348 PS (256 kW) kurz vor dem Hauptrennen beim »ADAC 24h-Classic« (Drei-Stunden-Rennen) auf dem Nürburgring. Es handelte sich um ursprünglich von Volkswagen Motorsport konzipierte und inzwischen weiterentwickelte TCR-Rennwagen – zugleich war dies die Weltpremiere des neuen 300-PS-Serien-GTI Clubsport. Als Hommage an ein halbes Jahrhundert Golf teilte die Rennleitung ihm die Startnummer 50 zu.

Volkswagen TCR-Rennwagen, bis 350 PS (258 kW), 10.0J × 18-Räder und 27/65 × 18-Michelin-Reifen.

Clubsport 24h mit der Startnummer 50 neben dem Ur-GTI 1 beim Einsatz 2024.

Boxenstop für den Rennwagen (2024).

In voller Fahrt auf dem Nürburgring (2024).

Beim eigentlichen 24-Stunden-Rennen auf der Nordschleife 2024 wurde der Clubsport 24h von Benny Leuchter, Johan Kristoffersson, Heiko Hammel und Nico Otto eingesetzt. Einer der GTI wurde mit dem neuen, klopffesten und verbrauchsärmeren E20-Kraftstoff von Shell betankt. Dieser besitzt einen doppelt so hohen Bioethanol-Anteil (gewonnen aus pflanzlichen Abfallstoffen) wie E10. Der Start erfolgte daher in der Klasse AT3 für Fahrzeuge mit alternativen Kraftstoffen. Ergebnis: Klassensieg und Platz 24 von 135 Startern im Gesamtklassement.

Die beiden überarbeiteten, reglementsbedingt 30 kg schwereren Clubsport 24h leisteten nun 397 PS (292 kW); ihre Höchstgeschwindigkeit lag bei 265 km/h.

Die 24h-Version ist auch von hinten eine beeindruckende Erscheinung.

VW Golf GTI Clubsport 24h des Max-Kruse-Teams auf der Rennstrecke Barcelona/Parcmotor de Castellolí.

Der Autor durfte auf dem Beifahrersitz Platz nehmen und wahnwitzige Kurvengeschwindigkeiten genießen – am Lenkrad Fabian Vettel.

Volkswagen konzentriert seine Motorsport-Aktivitäten vorerst auf derartige breitensportorientierte Einsätze, etwa in der NLS (Nürburgring Langstrecken-Serie, ehemals VLN), sowie auf Markenpokale wie den wiederbelebten Polo Cup ab 2026 in Südafrika. Dennoch hat man weitere Pfeile im Köcher – beispielsweise den elektrischen Renn-Golf eR1. Ob und wann es tatsächlich zu Renneinsätzen kommt, ist derzeit offen.

»Schauen wir mal, ob, wann und in welcher Serie Volkswagen wieder mit vollem Einsatz auf der Piste ist.«

Motorsport-Reliquien, die Appetit machen: ganz links der Golf 7 TCR Prototyp Nr. 1 mit 350 PS (258 kW) starkem 2,0-Liter-Turbo (nie im Renneinsatz); mittig der Golf24h mit 440 PS (324 kW) starkem 2,5-Liter-Fünfzylinder-Turbo und Allradantrieb, der anlässlich des 35-jährigen GTI-Jubiläums 2011 zusammen mit zwei weiteren Exemplaren beim 24-Stunden-Rennen eingesetzt wurde – und als einziger durchhielt; vorn rechts der eR1-Prototyp von 2020 mit 617 PS (454 kW) starkem Elektromotor, der sich optisch am TCR orientierte.

SCIROCCO GTI

Die anderen GTI.

Brüder im Geiste

GTI von Volkswagen

VW war nicht der erste, der seine sportiven Modelle mit der Bezeichnung GTI adelte – allerdings sollte dies in Wolfsburg eigentlich auf den Golf beschränkt bleiben. Schon bald kamen jedoch weitere Modellreihen hinzu. Kritiker meinen, dass dies dem Image der Gattungsbezeichnung nicht gutgetan hat. Merkwürdigerweise hat keine der VW-Konzernmarken (Audi, Seat, Škoda) je Ambitionen umgesetzt, das GTI-Logo zu übernehmen.

»Erstaunlich, dass keine andere Marke des Volkswagen-Konzerns die magische Buchstabenkombination G-T-I nutzt.«

Scirocco (1976–1981) und Passat (1977)

Erster GTI neben dem Golf war der Scirocco 1: Debüt im Juni 1976 zusammen mit dem Golf, Serienmodell bis Anfang 1981 mit 1,6-Liter-Einspritzer und 110 PS. Im August 1976 kam parallel der besser ausgestattete Scirocco GLI, ebenfalls 1,6 Liter. Nach dem Modellwechsel 1981 gab es nie wieder ein VW-Coupé mit dem Namenszusatz – auch nicht als Corrado.

Beim Passat der ersten Generation (Facelift) erhielt nur ein einziges Schrägheck-Exemplar das GTI-Kürzel. Es war mit dem 1,6-Liter-Einspritzer ausgestattet und verfügte über typische Details wie das Spucknapf-Dreispeichenlenkrad und karierte blau-beige Sitzbezüge, jedoch nicht über den Golfball-Knauf für die Viergangschaltung. Der dunkelblaue Zweitürer von 1977 wird heute im AutoMuseum Volkswagen ausgestellt.

Scirocco GTI der ersten Serie.

Einzelstück Passat 1 GTI, AutoMuseum Volkswagen.

Polo 3 GTI (6N) 1998–1999

Von März 1998 bis September 1999 bot Volkswagen den Polo 3 als GTI an. Angetrieben wurde der Kleinwagen von einem 1,6-Liter-Vierventilmotor (EA111) mit 120 PS (88 kW) und 148 Nm Drehmoment. Der Sprint von 0 auf 100 km/h gelang in 9,1 Sekunden, die Höchstgeschwindigkeit betrug 200 km/h. Der Verkaufspreis lag bei 31.900 DM, die Auflage war auf 3.000 Einheiten limitiert.

Polo GTI, dritte Serie.

Polo 3 GTI (6N2) 1999–2001

Die Facelift-Version des Polo 3 GTI (6N2, 1999–2001) verfügte über einen 1,6-Liter-Motor mit 125 PS (92 kW) und 152 Nm Drehmoment. Auffällig war das rote »i« im GTI-Logo am Heck. Zu den Besonderheiten gehörten Xenonscheinwerfer mit automatischer Leuchtweitenregulierung sowie eine Scheinwerferwaschanlage. Der Polo beschleunigte in 8,9 Sekunden von 0 auf 100 km/h und erreichte eine Höchstgeschwindigkeit von 205 km/h. Der Preis lag bei 34.400 Mark, die Produktion war nicht limitiert.

Polo GTI, Facelift dritte Serie.

Polo 4 GTI FL (9N3) und Cup-Edition 2006–2009

Der Polo 4 GTI Facelift (2006–2009) war mit einem 1,8-Liter-Turbomotor (EA113) ausgestattet, der 150 PS und 220 Nm Drehmoment lieferte. Das Sportfahrwerk senkte die Karosserie um 15 mm ab, und optische Akzente setzten die Frontscheinwerfer mit schwarzem Gehäuse, serienmäßige Nebelscheinwerfer, unlackierte Schweller, 16-Zoll-Leichtmetallräder, ein verchromtes Auspuff-Doppelrohr sowie ein Dachkantenspoiler. Damit beschleunigte der GTI von 0 auf 100 km/h in 8,2 Sekunden und erreichte eine Höchstgeschwindigkeit von 216 km/h. Der Einstiegspreis lag bei 18.950 Euro. Als Studie 2007 GTI Cabrio von Karmann.

Zivile Cup-Version mit 180 PS (neben einem Cup-Polo).

Polo 4 GTI 150 PS.

Polo 5 GTI (6R) 2010 – 2014

Der Polo 5 GTI verfügte über einen 1,4-Liter-TSI-Motor mit Twincharger-Technologie und leistete 180 PS, die serienmäßig über ein Siebengang-DSG an die Vorderräder gelangten. Damit beschleunigte der kleine Sportler in 6,9 Sekunden von 0 auf 100 km/h und erreichte eine Höchstgeschwindigkeit von 229 km/h. Optisch hob sich der GTI durch eigenständige Front- und Heckschürzen, verbreiterte Seitenschweller, einen Dachkantenspoiler, 17-Zoll-Räder sowie ein verchromtes Doppelendrohr ab. Das Sportfahrwerk senkte die Karosserie um 15 mm ab, und ein elektronisches Sperrdifferenzial sorgte für verbesserte Traktion in schnellen Kurven.

Mit dem Facelift 2014 wurde der Motor auf einen 1,8-Liter-Turbobenziner mit 192 PS aufgerüstet, der ein maximales Drehmoment von 320 Nm bei Handschaltung beziehungsweise 250 Nm bei DSG bot. Kunden hatten die Wahl zwischen einem Sechsgang-Schaltgetriebe und dem Siebengang-DSG.

Polo 5 GTI, 2010.

Polo 6 GTI (AW) 2017–2020

Der 2,0-TSI-Motor hatte kam hier auf 200 PS und 320 Nm. Er beschleunigte von 0–100 km/h in 6,7 s und hatte eine Spitze von 237 km/h. Die Kraftübertragung erfolgte über das Sechsgang-DSG; die Differenzialsperre XDS war mit an Bord. Der Polo rollte auf 17-Zoll-Rädern und war mit einem Sportfahrwerk mit 15 mm Tieferlegung versehen. Innen gab es die karierten »Clark«-Sitzbezüge, außen einen rote Kühlergrillstreifen. Preis: 23.950 Euro.

Polo 6 GTI, 2018.

Polo 6 GTI Edition 25, 2023

Eine auf 2.500 Exemplare limitierte Sonderedition mit 207 PS und Sportfahrwerk mit 15 mm Tieferlegung. Einzige Farboption war Ascot Grau. Preis: 35.205 Euro.

Polo Edition 25, 2023.

Polo 6 GTI (AW) 2021–2025

Der Polo 6 GTI von 2021 wurde vom EA888-4B-Motor angetrieben und leistete 207 PS bei 320 Nm. Die Kraft gelangte über ein Siebengang-DSG auf die Vorderachse, wodurch der Sprint von 0 auf 100 km/h in 6,5 Sekunden gelang; die Höchstgeschwindigkeit lag bei 240 km/h. Zur Ausstattung gehörten ein Sportfahrwerk mit 15 mm Tieferlegung, XDS-Differenzialsperre, LED-Matrix-Scheinwerfer, 17-Zoll-Räder sowie GTI-Insignien wie der »Clark«-Karo-Bezug und der rote Kühlergrillstreifen. Lieferbar war der Wagen in Deep Black, Rauchgrau Metallic, Kings Red, Pure White und Reef Blue Metallic. Der Preis begann bei 30.300 Euro.

Polo 6 GTI, 2021.

ID. Polo ab 2026

2026 soll der ID. Polo GTI debütieren, erstmals mit elektrischem Antrieb. Der Frontantrieb wird von einem 226-PS-(166 kW)-Elektromotor APP 290 gespeist, das Drehmoment beträgt 290 Nm. Die Hochvolt-Batterie bietet 52 kWh und kann mit bis zu 130 kW DC geladen werden. Besonderheit: Die virtuelle Schaltung orientiert sich – so ließ Volkswagen verlauten – an den historischen Gangwechselpunkten früherer GTI-Modelle.

Polo, getarnter Prototyp.

Lupo GTI 2000–2005

Der Lupo GTI (2000–2005) war ein leichter Rennzwerg u PS und 152 Nm. Er sprintete in 8,3 Sekunden von 0 auf 100 km/h und erreichte 205 km/h Spitze. Typische GTI-Merkmale waren das rote «i» im Logo, Doppelrohrauspuff, Xenon-Licht und eine Tieferlegung von 20 mm. Lackierungen gab es in Flashrot, Moonsilver Metallic und Schwarz. Insgesamt wurden 6.370 Exemplare gebaut, davon 1.580 für Deutschland, der Preis lag bei 33.500 DM (17.200 Euro).

Gegenüber den anderen Lupo stark abgespeckter Lupo GTI.

Nur als Einzelstück im Vorstandsauftrag entstand 1998 der Lupo Sport mit Allradantrieb und 225 PS starkem 1.8 T-Vierzylinder.

up! 1 GTI 2018–2023

Der up! 1 GTI (2018–2023) knüpfte an die Philosophie des ersten Golf GTI an. Er hatte einen 1,0-Liter-TSI-Dreizylinder mit 115 PS und 200 Nm, 0–100 km/h in 8,8 Sekunden, Höchstgeschwindigkeit 196 km/h. Serienmäßig waren Sportfahrwerk, typische GTI-Details wie der rote Kühlergrillstreifen, Sitzbezüge im »Clark«-Karo, Xenon-Licht sowie 17-Zoll-Räder »Brands Hatch«. Optional war ein schwarz lackiertes Dach erhältlich, die Lackfarben: Pure White, Red, Dark Silver.

up! GTI, 2018.

Gol GTI (Brasilien)

Von 1981 bis 2022 baute das brasilianische Werk über sieben Millionen Einheiten des Gol – zunächst mit Boxermotor, später mit dem 1,8-Liter-Passat-Triebwerk, und anschließend mit Motoren von Renault und Ford. Ab der zweiten Generation kamen moderne deutsche Motoren zum Einsatz, später vor allem Total-Flex-Maschinen für den Alkoholbetrieb.

1989 überraschte Volkswagen Brasilien mit dem Gol GTI 16V, ausgestattet mit einem 2,0-Liter-Einspritzer (Bosch LE-Jetronic) aus dem VW Santana. Das ca. 980 kg leichte Kraftpaket leistete 114 bis 120 PS (84–88 kW) und 180 Nm, beschleunigte in 9,5 Sekunden von 0 auf 100 km/h und erreichte etwa 180 km/h Spitze. Vorn war der Zweitürer mit Scheibenbremsen ausgestattet, die Reifen maßen 185/60 R 14. Im Innenraum fanden Recaro-Sportsitze und ein Vierspeichenlenkrad ähnlich dem des deutschen Golf 2 GTI Platz.

In der ersten Hälfte der 1990er-Jahre folgte ein rundlicher, modern gezeichneter Gol GTI, optisch angelehnt an den damaligen Seat Ibiza, mit einem 140-PS-(103 kW)-16V-Motor. Dieses Modell blieb bis zum Jahr 2000 im Programm.

Gol GTI im Monacoblau, 1991.

Gol GTI 16V, ca. 2000.

Citi Golf R (Südafrika)

Im südafrikanischen Werk Uitenhage/Port Elizabeth startete der Golf 1 bereits 1978; von 1981 bis 1985 wurde auch der 1er GTI angeboten. Der zivile Golf lief als Einstiegsmodell »Citi Golf« weiter, selbst als der Golf 4 längst eingeführt war. Zwischen 1984 und 2009 entstanden 377.484 Einheiten dieser regelmäßig aktualisierten Baureihe. Zum Schluss gab es sogar einen eigenen Rennpokal: die Citi Celebrity Challenge.

Als stärkster Motor neben 1,4- und 1,6-Liter-Maschinen kam ein 1,8-Liter-Einspritzer zum Einsatz. Im Citi Golf R-Line ab 2006 leistete dieser 122 PS (90 kW) und beschleunigte in 8,6 Sekunden auf 100 km/h; die Höchstgeschwindigkeit lag bei 193 km/h. 1990 hatte Volkswagen Südafrika bereits den CTS mit 111 PS (82 kW) eingeführt, der über 180 km/h schnell war. Die 2009 aufgelegte 1000er-Auslaufserie erinnerte optisch an den ursprünglichen Golf 1; hier brachte ein 100-PS-(74 kW)-1,6-Liter den Wagen auf Trab.

Citi CTI, 1999, mit Anklängen an den deutschen GTI.

Citi Mk1 Limited Edition, 2009, mit Golfball-Design-Schaltknüppel.

Auch die GTI-Generationen 2 und danach wurden in Südafrika angeboten: der Golf 2 als 8V mit 115 PS (82 kW) und als 16V mit 139 PS (102 kW), lokal als »GTi« beworben. Besonders kurios: In einem englisch-afrikaans-sprachigen Prospekt wurde der Golf zwischen »echten« Sportlegenden wie dem 911 Turbo, dem 300 SL, dem E-Type und dem Blower-Bentley positioniert. Als Sondermodell gab es den GTi 16V Executive mit gehobener Ausstattung.

Südafrikanischer Prospekt für Golf GTI 8V und 16V.

Die GTIs der Anderen

»Unklar und ein bisschen unverständlich, warum sich Volkswagen die Bezeichnung GTI niemals schützen ließ.«

Auch andere Automobilhersteller versahen ihre besoders sportiven Modelle mit dem Kürzel »GTI«. Maserati und Monteverdi taten dies lange vor Volkswagen, später folgten nahezu alle japanischen Hersteller. Weil deren Modelle auf verschiedenen Märkten unterschiedliche Bezeichnungen führten, kann die folgende Übersicht durchaus kleine Abweichungen enthalten.

Citroën CX 25 GTi

Der CX der oberen Mittelklasse lief von 1974 bis 1991 und nutzte zunächst noch Baugruppen des Vorgängers DS. Die legendäre hydropneumatische Federung blieb erhalten, ebenso die ausgefeilte Aerodynamik, die den Wagen von Anfang an schnell machte.

Erstes GTi-Modell war der 2400er mit 2,4-Liter-Saugrohreinspritzung. Ab Sommer 1984 folgte der CX GTi Turbo mit 2,5-L-Vierzylinder und 168 PS, der 220 km/h erreichte. Mit dem Facelift 1985 kam der 25 GTi Turbo 2; die Fertigung endete im Dezember 1988.

Citroën CX 25 GTi.

Citroën Visa GTi

Der Visa war ein Einstiegsmodell mit technischen Anleihen von Peugeot (PSA) und wurde von 1978 bis 1988 produziert. Zwischen 1984 und 1988 liefen zwei viertürige GTi-Versionen: zunächst mit 1,6-Liter-Vierzylinder und 105 PS (77 kW), 132 Nm; ab 1986 mit 115 PS (85 kW) bei unverändertem Drehmoment. Diese Variante erreichte 192 km/h. Serienmäßig gab es ein modernes Fahrwerk, Scheibenbremsen und ein Fünfgang-Schaltgetriebe.

Citroën Visa GTi.

Maserati 3500 GTI

Der erste und einzige GTI der italienischen Luxusmarke war der 3500 GTI (Coupé und Spyder) aus den 1960er-Jahren – eine Weiterentwicklung des 3500 GT mit Reihensechszylinder und Lucas-Benzineinspritzung, gebaut von 1962 bis 1966.

Der 3,5-Liter-Motor leistete 235 PS (173 kW) und erreichte mindestens 235 km/h; optional gab es Scheibenbremsen vorn. Später folgte der 3500 GTI S/Sebring, eine verkürzte, zweisitzige Sportversion. Damit brachte Maserati erstmals einen GTI auf die Straße.

Maserati 3500 GTI (1962).

Mitsubishi Colt, Lancer, Galant GTI

Mitsubishi ist einer der japanischen Hersteller, die sportliche Modelle im Programm haben und sich im Motorsport engagieren. Den Colt GTI bot Mitsubishi ab den späten 1980er-Jahren an. Von 1988 bis 1992 (Generation C50) kam ein 1,6-16V-Motor mit 124 PS (91 kW), von 1992 bis 1996 (Generation CA0) ein 1,8-Liter-Motor mit 140 PS (103 kW) – versprochene Höchstgeschwindigkeit: 210 km/h.

Der Lancer, eng mit dem Colt verwandt, hatte ab 1973 GTI-Versionen. 1990/91 erschien der 1800 GTi-16V mit zunächst 136 PS (100 kW), ab 1992 mit 140 PS (103 kW). Auch die fünfte Generation nutzte diesen Motor.

Der größere Galant wurde ab den späten 1980er-Jahren als sechste Generation GTI angeboten, mit 2,0-L-16V-Motor und 143–150 PS (106–110 kW), Höchstgeschwindigkeit 207 km/h. Besonderheiten: Elektronik-Fahrwerk ECS, optionaler Allradantrieb Dynamic 4. Auch in den Generationen sieben bis neun gab es GTI-Varianten. Allerdings nur bis zum Produktionsende 2012, seitdem scheint die Nachfolge auf Eis zu liegen.

Mitsubishi Lancer GTI-16V, vierte Generation (1991).

Mitsubishi Colt GTI C50-2.

Monteverdi 2000 GTI

Der Schweizer Hersteller Peter Monteverdi präsentierte Ende der 1960er ein vergleichsweise preisgünstiges Coupé unterhalb der Luxusbaureihen. Der von Frua entworfene Wagen sollte einen 2,0-L-OHC-Einspritzer von BMW mit 130 PS (96 kW) erhalten.

Montiverdi plante mit einer Jahresproduktion von 150 Einheiten. Realisiert wurde aber nur ein Prototyp mit 100 PS, 156 Nm und Fünfgang-Schaltung, Höchstgeschwindigkeit 210 km/h.

Monteverdi 2000 GTI .

Nissan Micra, Sunny, Almera GTI

Nissan bot diverse GTI-Modelle an: 2011 präsentierte die Marke das 190-PS-Compact-Sport-Concept (Micra, 16V-Motor), das nicht in Serie ging. Der Sunny GTI-R aus den frühen 1990ern war ein homologiertes Rallyefahrzeug mit 2,0-L-Turbomotor, Allrad und 220 PS (162 kW), Fünfganggetriebe, testweise 223 km/h, Preis 60.000 DM.

Serienfahrzeuge: Sunny Coupé 16V (1,6 L, ab 1989 mit 1,8 L, 125 PS/92 kW) und Sunny 2.0 GTI (143 PS/105 kW). Der Almera GTi (1996–2000) basierte auf dem SR-Modell, mit 2,0-L-dohc-Motor, optimiertem Fahrwerk, limitierter Sportline-Version auf 100 Stück.

Nissan Almera GTi, 1996.

Nissan Sunny GTI-R.

Peugeot 205, 208, 308 GTI

1984 debütierte der 205 GTI (1,6-L, 105 PS; ab 1986 1,9-L, bis 120 PS). Über 330.000 Einheiten wurden bis 1994 gebaut. Später GTI-Versionen: 309, 206, 207. 2013 folgte der 208 GTi mit 200 PS, 230 km/h, Startpreis 22.900 Euro. Neuauflage 2025.

Peugeot Sport bot zudem den 308 GTI mit bis zu 272 PS an (»GTI gehört zu unserem Erbe«). Nach 2026 ist ein rein elektrischer 208 GTI mit 280 PS (206 kW) geplant.

Peugeot 205 GTI.

Peugeot 308 GTI.

Rover 114 und 216 GTI

1990–1998 lieferte MG Rover die 100er-Kleinwagenserie, darunter 114 GTI (1,4-L-16V, 90/103 PS, Zwei- oder Viertürer). Höher angesiedelt: 216 GTI (1989–Mitte 1990er) mit 122 PS/90 kW.

Rover 214 GTI, 1990. (Foto: M93, CC BY-SA 3.0).

Suzuki Swift GTI

Ab 1986 als Topvariante, 101 PS (74 kW), 1,3-L-Einspritzer, Scheibenbremsen vorn. 1989–1995 zweite Generation, erneut GTI mit 101 PS. Motor auch in der Suzuki Hayabusa verbaut.

Suzuki Swift GTI, 1992.

Toyota Corolla und Celica GTI

Der kompakte Corolla GT/GTI (AE86, Mitte 80er) mit 1,6-L-Vierzylinder, über 150 PS, Hecktriebler-Kult in den 1990ern. In der Schweiz als »Corolla Twincam GTI« verkauft. Zudem Corolla GTI mit 1,6-L-dohc-Motor, ca. 200 km/h.

Celica GT/GT-Four (T16 1985–1989, T18 1989–1993, 156 PS/115 kW, Turbo-Varianten), Cabrio 1992 als GTI in ausgewählten Märkten vorgestellt.

Toyota Celica 2.0 GTi (1989/1992).

Die GTI-Szene.

Massenbewegung

Faszination Wörthersee

Von Anfang an feierten die Fans und Besitzer des GTI sich selbst und ihre kultigen Fahrzeuge. Am bekanntesten wurde das Internationale GTI-Treffen im österreichischen Reifnitz am Wörthersee – weltweit das größte VW-Treffen überhaupt. Alternativ etablierten sich weitere Treffen, und im deutschsprachigen Raum gründeten sich die ersten GTI-Clubs. Das Wörtherseetreffen startete am 1. Juni 1982 und fand künftig immer über vier Tage um Himmelfahrt statt.

Ins Leben gerufen wurde das Treffen vom Wiener Schauspieler und Reifnitzer Gastronom Erwin Neuwirth (1948), nach anderer Quelle stammte die Idee von Fremdenverkehrsdirektor Karl Grausam (1954). Im ersten Jahr kamen rund 160 Enthusiasten mit insgesamt 72 Fahrzeugen. Später reisten Zehntausende an, in der Spitze bis zu 200.000 Fans. Originalität stand nicht immer im Vordergrund; vielmehr zählte der Spaß an teilweise sehr aufwendigen Modifikationen.

1983, beim 2. Internationalen Golf-GTI-Treffen, hatten sich 1.800 Teilnehmer angemeldet, erschienen waren 764 meist getunte Fahrzeuge. Am dritten Tag bildeten sie eine 4,2 km lange Autoschlange, die ins Guinness-Buch aufgenommen wurde. Prominentester Gast war VW-Entwicklungsvorstand Ernst Fiala, ein gebürtiger Österreicher. Er brachte den legendären See-Golf mit – ein stark modifiziertes GLI-Cabrio, das auf hydraulisch hochklappbaren Pontons stand, einen 150-PS-Sportmotor hatte und dank Schiffsschraube bis 22 Knoten (40 km/h) auf dem Wasser fuhr. Fiala plante, das Auto als Amphibienfahrzeug in Kleinserie zu vertreiben; heute gehört es zum Bestand des AutoMuseums Volkswagen und wurde 2024 erneut auf dem Wasser gezeigt.

Das dritte Treffen 1984 verzeichnete bereits 1.027 GTIs und rund 3.000 Besucher aus ganz Europa. »Unter 10.000 Mark Aufpreis läuft hier nichts«, zitierte Buchautor Hans-Rüdiger Etzold einen begeisterten Besucher. 1985, beim vierten Treffen, waren Rennfahrer Niki Lauda (1949–2019) und Sportstudio-Moderator Dieter Kürten (*1935) vor Ort. Mittlerweile avancierte das Event zu einem gesellschaftlichen Ereignis. 1.150 GTIs der ersten beiden Generationen und über 3.000 Besucher aus acht Nationen nahmen teil, wobei es auch zu ersten atmosphärischen Störungen kam.

1987 ließ Volkswagen einen 25 Tonnen schweren Golf-2-GTI-Granitsockel aus schwedischem Marmor nach Reifnitz bringen, in Anwesenheit von VW-Chef Carl Hahn. Gesponsort wurde der von der Steinmetzschule Königslutter gefertigte Gedenkstein natürlich von Volkswagen.

See-Golf von 1983.

1987 spendierte Volkswagen einen Granit-GTI, der bis heute in Reifnitz in Ufernähe steht.

Beim 7. Wörthersee-Treffen 1988 präsentierte Volkswagen zwei besondere Showcars: einen 120 kg leichten Flug-Golf im GTI-2-Look aus handlaminiertem Kunststoff, der an einem blauweißen Fallschirm hing, und einen ebenso leichten Boots-Golf mit Hatchback-Aufbau auf Karbon-Bootskörper, ebenfalls als GTI 2 gestaltet. Letzterer hatte einen 60-PS-Marine-Motor mit Schiffsschraube; beide Fahrzeuge benötigten jeweils sechs Wochen Arbeitszeit. Der Kunststoff-Flug-GTI landete nach einer Viertelstunde direkt neben dem Boots-GTI am Ufer.

Zwei sehr spezielle Gölfe 1987 beim Wörtherseetreffen.

»Über mehrere Jahrzehnte war der Wörthersee für GTI-Freunde der Nabel der Welt.«

Golf-Kolonnen am Südufer des Wörthersees.

Wo ausgelassen gefeiert wird, bleiben Entgleisungen nicht aus. Zwischen 1993 und 1995 wurde das Treffen wegen Animositäten abgesagt; dennoch kamen viele Fans und feierten. Ab 1996 startete ein neu organisiertes, sichereres Wörtherseetreffen, zunehmend als VW-Event. Volkswagen fungierte ab 2006 wieder als offizieller Hauptsponsor. VW-Chef Ferdinand Piëch zeigte sich begeistert, und das Event mutierte fast zur Konzern-Werbeveranstaltung: Präsentiert wurden Neuwagen aller VW-Marken, Musiker wie die Fantastischen Vier, DJ Ötzi und Peter Maffey spielten live, und es wurde in den Ausbau des Geländes inklusive künstlicher Insel investiert. Manche Fans ignorierten jedoch den offiziellen Teil und feierten bereits Wochen vorher.

Action und Showeinlagen bei den Wörtherseetreffen. Ganz oben der Clubsport S-Rekordler von 2016.

2008 initiierte die Volkswagen Akademie das Wörthersee-GT-Projekt: Auszubildende verschiedener Berufe realisierten nach eigenen Ideen und Mottos Traumwagen, darunter Cabrios und Kombis mit den magischen drei Buchstaben GTI. Bis 2018 entstanden elf Fahrzeuge in Wolfsburg und erstmals auch in Zwickau; zwei weitere Studien folgten 2019 und beendeten das Projekt.

Aufmarsch der Auszubildenen-Showcars im Markenhochhaus von Volkswagen (2018).

2022 fand das letzte Großevent in Kärnten statt. Die verantwortliche Gemeinde Maria Wörth beendete das Treffen ab 2023 wegen der zunehmenden negativen Wahrnehmung, Überforderung durch Besucherzahlen und Klimaschutzgründen. 2024 wanderte die Veranstaltung nach Wolfsburg, konnte jedoch bislang nicht das Flair des ursprünglichen Treffens am Wörthersee wiederherstellen. Inoffiziell machen sich »Gusseiserne« weiterhin auf zum See.

GTI Dark Shine mit 395 PS von 2015.

Golf Variant TGI mit 1,5-L-Vierzylinder von 2018.

GTI Next Level 2018 mit 411 PS von 2018.

FighteR (Variant mit 400 PS) und GTI Aurora (Basis TCR) von 2019.

Fantreffen in Wolfsburg

2024 lud Volkswagen nach Wolfsburg in die Autostadt ein, und die Erwartungen waren riesig, hatte der Vorstand doch das Motto »Volkswagen als Love Brand« vorgegeben. Vom 6. bis 28. Juli feierte die Szene unter dem Motto »Icons Coming Home« rund um die Volkswagen Arena: Präsentationen von Fahrzeugen, Bühnenshows, Clubtreffen, ein Korso durchs Werk und zahlreiche Aktionen für Fans – der Eintritt für U18-Jährige war kostenlos. Rund 15.000 Besucher folgten der Einladung und präsentierten mehr als 1.500 GTIs, die anschließend einen Autokorso absolvierten.

Fantreffen in Wolfsburg 2024 als Alternative zum See.

Moderator und TV-Star Sidney Hoffmann sowie Profirennfahrer Benny Leuchter führten durch den »Fan Drive« und erläuterten die Optik und Performance der von den Fans veredelten Fahrzeuge. Leuchter selbst stellte seinen Golf 7 Motorsport mit 350 PS auf Golf R-Basis vor, den Volkswagen Motorsport ursprünglich für Rennsport-Kundenteams gebaut hatte. Heute setzt er dieses Fahrzeug erfolgreich im »Max Kruse Rennteam« ein, das er gemeinsam mit dem Ex-VfL-Fußballprofi Max Kruse gegründet hat.

2025 gab es vorerst keine Fortsetzung des Fantreffens – mit dem Hinweis auf das Jubiläumsjahr 2026, in dem Wolfsburg das Thema GTI groß feiern will.

GTI-Fantreffen in Wolfsburg 2024 – die Bühne am VfL-Stadion.

GTI-Fantreffen in Wolfsburg 2024 mit tollen Exponaten.

GTI-Fantreffen in Wolfsburg 2024 – der Korso durchs Werk.

Ein neuer Weltrekordversuch wäre dabei beinahe obligatorisch: Bereits 1987 hatten 4.840 Golf am Nürburgring eine Autoschlange gebildet, die – wie bereits die Wörtherseeaktion von 1983 – ins Guinness-Buch der Rekorde einging. Später folgten weitere spektakuläre Rekordversuche. Weltweit entstanden seither ähnliche Rekordversuche, etwa in Großbritannien, den USA und auch Frankreich, wo sich VW-fokussierte Szene-Events längst etabliert haben.

Rekordversuch anlässlich des Nürburgring-Jubiläums 1987.

Die Feier zum Fünfzigsten

Die Feierlichkeiten zum 50. Jubiläum der ersten fünf GTI-Jahrzehnte begannen 2026 mit der Rétromobile in Paris vom 28. Januar bis 1. Februar, gefolgt nahezu parallel von der Bremen Classic Motorshow vom 30. Januar bis 2. Februar. Beide Messen markierten nicht nur den Auftakt der europäischen Klassik-Saison, sondern auch den Start ins GTI-Jahr 2026.

Auf der Bremen Classic Motorshow beging Volkswagen das Jubiläum mit einem 1979er GTI und einem 1983er Exemplar, das gerade das harte Le Jog-Rennen absolviert hatte. Im VW-Pavillon der Autostadt wurde derweil das reduzierte Ensemble aus Edition 50 und dem originalen Golf 1 GTI von 1978 ausgestellt.

Ebenfalls Ende Januar 2026 waren in Barcelona alle GTI-Generationen, der neue Edition 50 und einige Showcars wie der farblich umfolierte GTI Roadster (Generation 7) zu sehen. Die ganz große Party ist für Mai 2026 beim 24-Stunden-Rennen am Nürburgring geplant, bei dem VW hochmotorisierte GTIs des Max Kruse Racing-Teams einsetzen wird, mit Benny Leuchter als Gallionsfigur im Mittelpunkt.

Auf der Bremen Classic Motorshow 2026 beging Volkswagen das 50. Jubiläum mit einem 1979er GTI und einem Exemplar von 1983, das soeben das Le Jog-Rennen absolviert hatte.

Alle GTI-Generationen und der neue Edition 50 waren Ende Januar 2026 in Barcelona vor Ort. Im Anschluss durften sie von Motorjournalisten gefahren werden.

Der neue Edition 50 und seine Urahnen in Barcelona (hinten Golf 1 GTI und Golf 2 GTI).

Im VW-Pavillon der Autostadt wurde dieses reduzierte Ensemble aus dem Edition 50 und dem 1978er Golf 1 GTI zusammengestellt.

GTI der Zukunft?

Erfreulicherweise soll auch in der elektrischen Zukunft Platz sein für einen GTI, nicht nur in der Polo-, sondern auch in der Golf-Klasse. Basierend auf dem künftigen elektrischen Klein- und Kompaktwagen ID. 2all wurde im September 2023 in München der ID. GTI Concept vorgestellt – Motto: »Injection wird zu Intelligenz«. Damit soll auf die zu erwartende hohe Leistung und das blitzschnell verfügbare maximale Drehmoment hingewiesen werden. Wie in der aktuellen achten Generation der Sportwagen-Ikone kommt auch in der Studie eine Vorderachsquersperre zum Einsatz, die von einem elektronischen Fahrdynamikmanager gesteuert wird.

Noch stärker als bei den Benzinmodellen bezieht der Fahrdynamikmanager des ID. GTI Concept auch den Antrieb in die Steuerung ein, da sich die Abstimmung der E-Maschine als elektrisches System nahezu unbegrenzt variieren lässt. So können unterschiedlichste GTI-Charaktere realisiert werden: Über einen neu entwickelten »GTI-Erlebnisschalter« auf der Mittelkonsole kann der Fahrer auswählen, welchen Antriebscharakter der ID. GTI Concept haben soll. Erstmals besteht so die Möglichkeit, Antrieb, Fahrwerk, Lenkung, Sounderlebnis und sogar die simulierten Schaltpunkte im Stil historischer GTI-Modelle abzustimmen – zum Beispiel wie beim Golf GTI 1 des Jahres 1976, dem Golf GTI 2 16V von 1986 oder dem legendären Golf GTI 4 »25 Jahre GTI« von 2001. Damit wird der ID. GTI Concept zu einer hochdynamischen Zeitmaschine.

Thomas Schäfer (*1970), CEO der Marke Volkswagen, versprach: »Mit dem ID. GTI Concept bringen wir die GTI-DNA ins Elektrozeitalter: unverändert sportlich, ikonisch, technisch progressiv, erreichbar. Aber dabei neu interpretiert für morgen: elektrisch, vollvernetzt, superemotional. Fahrspaß und Nachhaltigkeit passen zusammen. So hat GTI Zukunft – für unsere Marke, für die Fans. Das Auto ist als Teil unserer E-Offensive schon entschieden.«

Andreas Mindt (*1969), seit 2023 Head of Design der Marke Volkswagen und bekennender VW-Histo-Nerd, bekannte: »Mit dem ID. GTI Concept zeigen wir, welch große Zukunft die GTI-Philosophie bei Volkswagen hat. In meinen Augen bietet der kraftvolle ID. 2all die ideale Ausgangsbasis für einen elektrischen GTI. Schon beim ersten Zeichenstrich zum ID. 2all hatte ich auch den GTI vor Augen. Jetzt wird er real. Und damit projizieren wir die GTI-Idee in das neue Zeitalter der E-Mobilität.«

Eine Krawallbüchse sei nicht zu befürchten: »Ein GTI sollte immer sportlich aussehen, aber niemals überzeichnet sein.« Erstmals umgesetzt wird das Conceptcar im vollelektrischen Polo; als Golf soll er Ende des Jahrzehnts debütieren. Man darf gespannt sein – angesichts der Automobil- und Klassiker-Empathie des Chefdesigners kann die Weiterentwicklung nur noch besser werden.

Andreas Mindt am ID GTI Concept, aus dem nicht nur ein Polo, sondern auch ein schneller Golf werden soll.

Die noch etwas klobig wirkende Heckpartie des Neuen.

Cockpit des ID GTI Concept.

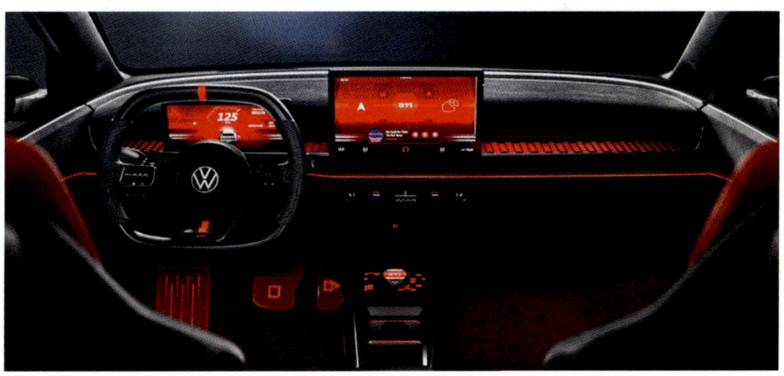

GTI
GTI | 50

Nachbemerkung, Dank und Quellen

Nachbemerkung und Danksagung

Was angesichts bereits vorliegender Quellen auf den ersten Blick sehr einfach erscheint und allenfalls als Fleißarbeit gelten könnte, erweist sich bei näherer Beschäftigung mit der GTI-Materie als kompliziert und widersprüchlich. So schleppen sich manche Fehler seit den ersten Veröffentlichungen in den 70ern von Beitrag zu Beitrag. Preisangaben und die korrekte Auflistung verschiedenster Produktinformationen haben sich als ein Trauerspiel erwiesen – das gilt übrigens auch für VW-eigene Veröffentlichungen. Mehr Klarheit brachten Szenekenner aus den Clubs und von Doppel-WOBber, die in derartigen Themen viel tiefer drinstecken als alle vermeintlichen Profis. Dennoch wird dieses Buch leider Fehler aufweisen, für die sich der Autor im Voraus ausdrücklich entschuldigt – und für jede Richtigstellung dankbar ist.

Ebenfalls nicht immer glücklich war der Autor mit den vorliegenden technischen Daten, die teilweise schon seitens Volkswagen widersprüchlich sind. Wenn greifbar, erfolgte darum die Orientierung an Prospekten und Pressemappen. Was vielleicht als Marotte gelten könnte, nämlich die Nennung von Zeitzeugen und deren Geburts- und ggf. Sterbejahr, erwies sich bereits bei anderen Buchprojekten des Autors als ein Akt der Ehrerbietung: Viel zu viele verdienstvolle Techniker, Entscheider oder Journalisten geraten nach ihrem Berufsleben in Vergessenheit – soll ihrer wenigstens in Büchern wie diesem gedacht werden.

Der Schwerpunkt des Jubiläumswälzers liegt – naturgemäß – auf den Generationen 1 und 2, wo viel Neues eingeflossen ist. Die nachfolgenden Modellreihen mussten kürzer abgehandelt werden, weil schlicht und einfach zu wenig Spezielles aufgetan werden konnte. Ganz besonders gilt dies für Generation 4. Anschließend wandte sich Volkswagen glücklicherweise wieder mit mehr Empathie dem Thema GTI zu – realisierte dies aber im Prinzip nur noch mit dem 2,0-Liter-TSI-Motor, was die inhaltliche Fülle überschaubar macht.

Entscheidend zum Zustandekommen dieses Buches und der Klärung endloser Details beigetragen haben (in alphabetischer Reihenfolge):

Dietrich Dimmler,
Andreas Peters,
Joachim Quednau,
Matthias Reinhardt,
Perry Stathakis,

sowie
Rainer Braun,
Giorgetto Giugiaro,
Carl Hahn (†),
Anton Konrad (†),
Alfons Löwenberg (†),
Herbert Schuster.

Besonderer Dank geht an

- das Team von Volkswagen, Stefan Voswinkel, Enrico Beltz, Philipp Dörfler und Tanja Wiemann,
- das Team des AutoMuseums, Hilmar Schimenas, Susanne Wiersch und Eckberth von Witzleben,
- das Team der Autostadt, Gerald Schröder und Pablo Rother, und das Team von Volkswagen Classic, Michael Winkler und Torsten Cramm.

Sollte einer der zahllosen Unterstützer und Zulieferer vergessen worden sein, bittet der Autor inständig um Verzeihung.

Literatur und Zeitschriftenbeiträge

- *ADAC Autotest*: VW Golf GTI 1.9 TDI, 12/2002
- *Alles über den Golf GTI.* Motorpresse (Monografie), 1987
- *Als die Kiste rasen lernte* in: SPIEGEL, 13.09.2000
- Katalog der Schweizer Automobil Revue, Bern, 1976 – 2025
- autosalon/autodrom, Bonn, 1976 – 2025
- Jürgen C. Braun: *Alfons Löwenberg – Der Vater des Golf GTI* in: KÜS-Magazin 15.06.2016
- Busch/Fuths/Imhof: *Das Große VW-GTI-Buch.* Heel, 1990
- Dirk-Michael Conradt/Hermann Ries: *Wer hat Angst vom bösen Golf?* Oldtimer-Markt, 6/1996
- Dirk-Michael Conradt: *30 Jahre Golf GTI,* PM AutoMuseum Volkswagen 1996
- Etzold/Lewandowski: *Das Golf GTI Buch.* Motorbuch, 1986.
- Joachim Fischer: *40 Jahre Golf GTI. Der Renner.* In: Gute Fahrt 5/2016
- Thomas Fischer: *Er ist wieder da – Golf 2 GTI.* In: auto motor und sport 3/1984
- Fuths/Lewandowski/Peters: *GTI. Drei Dekaden einer Legende.* Delius Klasing, 2006
- Gert Hack: VW Tuning. *So wird er schneller.* Motorbuch, 1995
- Russel Hayes: *VW Golf Story. Alle Generationen seit 1974.* Motorbuch, 2024
- D. Heinz: *GTI Special – Alte Liebe.* Test GTI und GTI 16V Kat. In: Gute Fahrt 4/1990
- Stefan Helmrich: *Übers Viel hinaus? Golf 8 GTI 265 PS.* In: sportauto 2/2026
- Wolfgang Hoffmann: Vergleichstest Golf 3 TDI gegen Golf 3 GTI. In: Gute Fahrt 5/1996
- Helmut Horn: *Das GTI-Treffen in Reifnitz/Maria Wörth. Die ersten 30 Jahre.* Verlag H. Horn, 2011
- Eberhard Kittler: *100 Fakten VW Golf.* Heel 2024
- Wolfgang König: *Only You.* In: Motor Klassik 5/2023
- Joachim Kuch: *Schrader Typen Chronik. VW Golf 1.* Motorbuch, 2007
- John Lemon: *Citi Golf 25 years. Re:in:car:nation.* Volkswagen SA, 1984
- Alfons Löwenberg: *Schriftwechsel zur Entstehungsgeschichte des Golf GTI mit Eberhard Kittler,* 2007

- Jens Meyer: *VW Golf 1. Alles über die Auto-Legende aus Wolfsburg.* Geramond, 2010
- Guido Naumann (*1968): *Golf-Turnier.* In: Autobild Sportscars, 10/2021
- Guido Naumann: *Wolfsburger Sport-Verein.* In: Autobild Sportscar 5/2025
- Guido Naumann: *Club-Spieler. In:* Autobild Sportscars 5/2025
- michaelneuhaus.de (Website Golf-Detailinformationen)
- Bernd Ostmann: *Hahns Dampf.* Test VW Golf G60 Limited. In: ams, 11/1989
- Werner Oswald: *Deutsche Autos seit 1945.* Motorbuch, 1992
- www.der-pirelli.de
- Bernd Renneisen: *Golf GTI. Gut Ding will Weile haben.* In: Rallye Racing, 7/1976
- Bernd Renneisen: *Der Knüller. Schluss-Report Dauertest.* In: Rallye Racing, 11/1977
- Horst von Saurma: *Supertest Golf 6 GTI.* In: sport auto 11/2005
- Paul Schinhofen: *Volksfest. Fahrbericht Golf GTI 16V.* In: ams 12/1985
- Hans J. Schneider: *Passion Youngtimer. VW Golf 1.* Schneider Media, 2014
- Knut Simon: *VW Golf. Populäre Irrtümer und andere Wahrheiten.* Klartext, 2021
- Martin Stubreiter: *50 Jahre Golf.* In: autorevue 1/2024
- Volkswagen PM *»Die GTI-Keimzelle«* vom 19.03.2009
- Volkswagen Jubiläumsbroschüre *»40 Jahre Golf GTI«*, 2016
- Volkswagen Jubiläumsbroschüre *»50 Jahre Golf«*, 1/2024
- Volkswagen Supplement/ATZ/MTZ: *Der neue Golf (4)*, 9/1997
- Bernd Weiser: *Neue Lust – der neue GTI G60 sowie GTI 8V und 16V.* In: Gute Fahrt 4/1990
- Bernd Weiser: *So oder so – Vergleichstest GTI 16V und GTI G60.* In: Gute Fahrt 9/1990
- Michael Willmann/Eberhard Kittler: *Die Erben des VW Käfer.* Motorbuch, 2019
- Michael Willmann/Eberhard Kittler: *High-Tech Motoren von Volkswagen.* Motorbuch, 2021
- Volkswagen: I*hr neuer Golf GTI. Das Buch zum 6er-GTI.* VW-Kundendienst, 10/2004
- Young Classics Bd. 4. *Volkswagen Golf 1.* Delius Klasing (Gute Fahrt), ca. 1999
- Sven Zimmermann: *Italian Stallion.* In: Gute Fahrt 2/2008

Register (Seite)

WOB GO 502